高等职业教育扩招系列教材

经济作物生产与管理

姚文秋　主编

中国农业大学出版社
·北京·

内容简介

本教材是高等职业院校作物种植类专业专用教材，内容包括向日葵、南瓜、甜菜、烟草、花生、油菜、小豆、绿豆、亚麻共9种经济作物的生产与管理，介绍了这9种作物的生物学基础知识及播前准备、播种育苗、田间管理和收获与贮藏技术，力求做到深入浅出、通俗易懂。

本书既可作为高等职业院校作物种植类专业的教材使用，也可作为基层农业技术人员和从事农业生产工作人员的学习用书。

图书在版编目(CIP)数据

经济作物生产与管理/姚文秋主编．—北京：中国农业大学出版社，2020.12

ISBN 978-7-5655-2486-8

Ⅰ．①经…　Ⅱ．①姚…　Ⅲ．①经济作物-栽培技术-高等职业教育-教材　Ⅳ．①S56

中国版本图书馆CIP数据核字(2020)第272287号

书　　名　经济作物生产与管理

作　　者　姚文秋　主编

策划编辑　康昊婷　　**责任编辑**　康昊婷　张士杰

封面设计　郑　川

出版发行　中国农业大学出版社

社　　址　北京市海淀区圆明园西路2号　　**邮政编码**　100193

电　　话　发行部 010-62733489，1190　　编辑部 010-62732617，2618

出版部 010-62733440

网　　址　http://www.caupress.cn　　**E-mail** cbsszs @ cau.edu.cn

经　　销　新华书店

印　　刷　涿州市星河印刷有限公司

版　　次　2020年12月第1版　2020年12月第1次印刷

规　　格　787×1092　16开本　11.25印张　290千字

定　　价　37.00元

教材编审委员会

编写人员

主　　编　姚文秋（黑龙江农业职业技术学院）

副 主 编　赵　姝（黑龙江农业职业技术学院）

参编人员　任学坤（黑龙江农业职业技术学院）

　　　　　张　爽（黑龙江农业职业技术学院）

　　　　　曹延明（黑龙江农业职业技术学院）

　　　　　董兴月（黑龙江农业职业技术学院）

主　　审　于　波（黑龙江农业职业技术学院）

总 序

黑龙江是农业大省。黑龙江农业职业技术学院是三江平原上唯一一所农业类高职院校，也是与区域社会经济发展联系非常紧密的农业类高职院校，具有服务国家“乡村振兴”战略的地缘优势。在过去70多年的办学历史中，涉农专业办学历史悠久，培养了大批工作在农业战线上的优秀人才。在长期培养实用型人才、服务区域经济发展的实践中，学院形成了“大力发展农业职业教育不动摇、根植三江沃土不动摇和为‘三农’服务不动摇”的办学理念。20世纪90年代初，学院在农业职业教育领域率先实施模块式教学，在全国农业职业教育教学改革中走在前列。学院不断深化改革，努力服务经济社会发展；不断创新办学模式，努力提升人才培养质量。近年来学院先后晋升为省级骨干院校、省级现代学徒制试点院校，在服务区域经济社会方面成效显著。

学院涉农专业是省级重点专业，有国家财政重点支持的实训基地；有黑龙江三江农牧职教集团，校企合作办学成效显著，有实践经验丰富的“双师”队伍，有省级领军人才梯队，师资力量雄厚。

2019年，学院深入贯彻落实教育部等六部门印发的《高职扩招专项工作实施方案》的通知、教育部办公厅《关于做好扩招后高职教育教学管理工作的指导意见》和国务院印发的《国家职业教育改革实施方案》等文件精神，创新性地完成高职扩招任务，招生人数位居全省首位。学院针对扩招学生的实际情况和特点，实施弹性学制，采用灵活多样的教学模式，积极推进“三教”改革。依靠农学分院和动物科技分院的专业优势，根据区域经济发展的特点，针对高职扩招生源的特点，出版了种植类和畜牧类高职扩招系列特色教材。

种植类专业核心课程系列教材包括《植物生长与环境》《配方施肥技术》《作物生产与管理》《经济作物生产与管理》《作物病虫草害防治》《作物病害防治》《农业害虫防治》《农田杂草及防除》共计8种。教材在内容方面，本着深浅适宜、实用够用的原则，突出科学性、实践性和针对性；在内容组织形式方面，以图文并茂为基础，附加实物照片等相应的信息化教学资源，突出教材的直观性、真实性、多样性和时代性，激发学生的学习兴趣。

畜牧类专业教材包括《动物病理》《动物药理》《动物微生物与免疫》《畜禽环境控制技术》《畜牧场经营与管理》《动物营养与饲料》《动物繁育技术》《动物临床诊疗技术》《畜禽疾病防治技术》《养禽与禽病防治》《养猪与猪病防治》《牛羊生产与疾病防治》《中兽医》《宠物内科》《宠物传染病与公共卫生》《宠物外科与产科》共计16本。教材注重还原畜禽生产实际，坚持以够用、实用及适用为原则，着力反映现代畜禽生产及疾病防控前沿的新技术新技能，突出解决寒地畜禽生产中的关键问题。

本系列教材内容紧贴企业生产实际，紧跟行业变化，理论联系实际，突出实用性、前沿性。教材语言阐述通俗易懂，理论适度由浅入深，技能训练注重实用，教材均由具有丰富实践经验的教师和企业一线工作人员编写。

本系列教材将素质教育、技能培养和创新实践有机地融为一体。希望通过它的出版不仅很好地满足我院及兄弟院校相关专业的高职扩招教学需要，而且对北方种植业和畜牧业生产，以及专业建设、课程建设与改革，提高教学质量等起到积极推动作用。

院长：

前　言

本教材是由黑龙江农业职业技术学院和中国农业大学出版社为贯彻落实教育部等六部门印发的《高职扩招专项工作方案》而共同组织编写的高等职业教育扩招系列教材之一。根据教学对象的培养目标，教材力求体现体例新颖、重点突出、深浅适度和实用够用的特点，注重理论知识和实践操作的有机融合，突出科学性、实践性、时效性和针对性，以尽可能满足扩招背景下我国农业高等职业院校培养种植类专业人才的需要。

本教材内容包括向日葵、南瓜、甜菜、烟草、花生、油菜、小豆、绿豆、亚麻共 9 种经济作物的生产与管理。每种作物的生产与管理内容包括生物学基础、播前准备、播种育苗、田间管理和收获与贮藏。本教材介绍的经济作物的品种及相应的栽培技术以北方为主。我国幅员辽阔，各地种植制度、作物品种、气候条件、栽培条件、机械化程度等差异较大，因此各地在使用本教材时，应根据当地实际情况，选择相关内容进行教学，并根据当地的实际情况补充相应的内容。

本教材由姚文秋、赵姝、任学坤、张爽、董兴月共同编写。全书最后由姚文秋统稿。其中模块一、模块三由赵姝编写，模块二、模块九由姚文秋编写，模块四、模块六由任学坤编写，模块五由曹延明编写，模块七由董兴月编写，模块八由张爽编写。

本教材在编写过程中得到了中国农业大学出版社和黑龙江农业职业技术学院的大力支持，在此表示感谢！

本教材既可作为高等职业院校作物种植类专业的教学使用，也可作为基层农业技术人员和从事农业生产工作的人员学习、参考用书。

由于编写者水平有限，编写时间仓促，本教材不足之处在所难免，恳请广大师生、读者批评指正。

编　者

2020 年 9 月

目 录

模块一

向日葵生产与管理

【知识目标】

通过本模块学习，了解向日葵栽培的生物学基础知识，掌握向日葵栽培技术，为指导向日葵生产打下基础。

【能力目标】

具备根据生产实际情况对向日葵生产进行科学选地、播种、田间管理、收获的能力，能够独立完成并指导向日葵生产与管理工作。

向日葵简介

向日葵又名太阳花、转日莲、朝阳花、葵花等，是菊科向日葵属一年生草本植物，与其他作物的区别在于其单生于茎顶的头状花序。

二维码 1-1 向日葵的经济价值和用途

向日葵起源于北美西南部地区，栽培向日葵是由野生向日葵的突变亚种演化而来的。1510 年前后西班牙探险家首次将向日葵作为庭院观赏植物引入欧洲，16 世纪末 17 世纪初，荷兰人又把向日葵种子带到东南亚一带，明朝时向日葵从越南传入中国云南。经过 5 个世纪的自然进化与人工定向选择，向日葵已成为集食用、观赏、油用、药用于一身，经济价值很高的资源植物。

二维码 1-2 向日葵在我国的历史

向日葵在我国有 400 多年的栽培历史，具有较高的食用价值和广泛的工业用途。葵花籽油不仅颜色清澄、气味芳香，而且可溶解胆固醇，能有效预防动脉硬化，减少心血管疾病，对人体有较高的营养价值和保健作用。在工业上它是制造油漆、肥皂、印刷油的理想原料。葵花籽还是人们十分喜爱的适口食品。

向日葵是继大豆、油菜和花生之后的世界第四大油料作物，也是仅次于玉米的第二大类杂交作物。向日葵主要分布在 40 多个国家，种植面积较大的有俄罗斯、乌克兰、阿根廷、印度、美国、法国、中国、匈牙利等国。2017 年世界向日葵种植总面积为 2 663.5 万 hm^2，总产量 4 741 万 t。产量前 10 位的国家有：俄罗斯 567 万 t、乌克兰 417 万 t、阿根廷 350 万 t、印度 146 万 t、美国 132 万 t、法国 131 万 t、中国 119 万 t、匈牙利 103 万 t、土耳其 85 万 t、西班牙 70 万 t，10 国的向日葵产量占世界向日葵总产量的 75%以上；单产最高的为法国。当前，各国逐渐意识到了向日葵产业的重要性，全球总产量逐年稳中有升。

在我国，向日葵的种植面积仅次于大豆和油菜，是我国重要的油料作物和经济作物。向日葵的种植地主要分布在我国东北、华北和西北地区，包括黑龙江、吉林、辽宁、内蒙古、河北、山西、陕西、甘肃、宁夏、青海和新疆等地。

项目一　向日葵栽培的生物学基础

一、向日葵的类型

向日葵的分类方法较多。按生长期可分为一年生和多年生向日葵，按习惯可分为野生向日葵、观赏向日葵和栽培向日葵。在栽培向日葵中，根据向日葵植物学特征和生物学特性以及用途、在生产上的利用情况等，又可以分类如下。

（一）按种子用途分类

1. 食用型

其植株高大，一般高为 200～300 cm，生育日数较长，从出苗期到成熟期 115～130 d。叶片、花盘大；籽仁不饱满，含油率低，一般在 25%～30%；种皮厚，皮壳率高，皮色多为黑白纹。较抗叶斑病，对锈病抵抗能力差。

2. 油用型

其植株较矮，一般高在 120～180 cm。生育日数较短，从出苗期到成熟期 85～110 d。花盘中等，籽粒较小、饱满，含油率高达 40%～50%。皮壳率低，种皮多为黑色或灰黑条纹。较抗锈病和螟虫，但易感染叶斑病。

3. 中间型

其生育性状和经济性状介于食用型和油用型之间（图 1-1）。

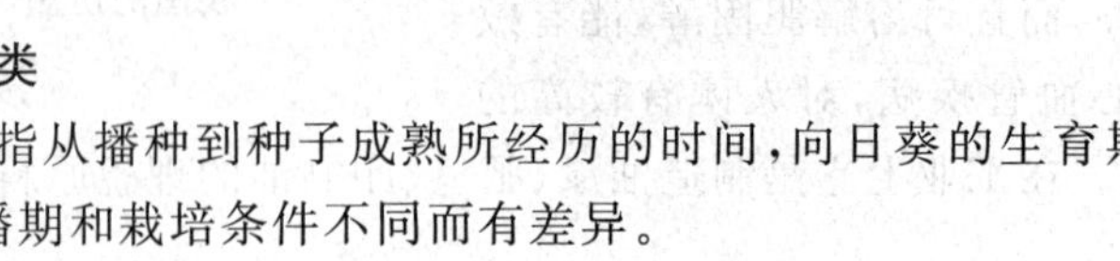

1 　2 　3

1. 食用型　2. 中间型　3. 油用型

图 1-1　向日葵种子类型

（二）按生育期分类

向日葵生育期是指从播种到种子成熟所经历的时间，向日葵的生育期一般为 85～120 d。生育期长短因品种、播期和栽培条件不同而有差异。

极早熟种：85 d 以内。

早熟种：　86～100 d。

中早熟种：101～105 d。

中熟种：　106～115 d。

中晚熟种：116～125 d。

晚熟种：　126 d 以上。

二、向日葵的形态特征

二维码 1-3　向日葵植株

向日葵植株是由根、茎、叶、花、果实 5 部分组成。

1. 根

向日葵根由主根、侧根、须根组成。种子萌发时长出一条胚根，尖端的生长点进行细胞分裂，逐渐形成主根。主根入土深度一般为 1～2 m，有的可达 3 m 以上。侧根从主根上生出，水平方向生长。向日葵根系发达，在土壤中分布广而深，其中 60%左右的根系分布在 0～40 cm 土层中。侧根上长有许多的须根，侧根和须根上着生根毛。根毛与土壤紧密接触，从土壤中吸收水分和养分。根在花盘形成前后生长最快，到种子开始成熟时，根不再生长，以后便逐渐枯萎。

向日葵在现蕾期之前根的生长速度比茎的生长速度快。当向日葵幼苗高 5 cm 时，根已经入土 14 cm。到现蕾时茎高 70 cm，根系入土可达 100 cm 以上。正因为如此向日葵苗期较耐旱。

向日葵从现蕾到开花阶段根生长最快，此时根系每天伸长 3～5 cm。由开花到成熟，根系生长逐渐缓慢，平均每天仅生长 0.4 cm 左右。

向日葵具有庞大的根系，能充分吸收和利用土壤中的养分和水分，使它具有抗旱、耐瘠薄的特性，并有支持和固定植株，防止倒伏的作用。

2. 茎

二维码 1-4　向日葵的茎

向日葵茎圆形直立，表面粗糙并被有刚毛，可以减少水分的蒸发，增强抗旱的能力。茎由皮层、韧皮部、形成层、木质部和海绵状的髓组成。生育后期，茎秆木质化，而茎内的髓部形成空心。向日葵的幼茎颜色不同，有绿色、淡紫色、紫色等，是苗期识别品种的重要标志。茎的高度，不同类型的品种差异较大，同一品种，株高受播期及栽培条件的影响，差异也很大。茎的生长速度以现蕾到开花最快，此时生长的高度约占总高度的 55%，开花后生长速度减慢，仅占总高度的 5%左右。

向日葵一般不分枝，但在肥、水充足的条件下，特别当主茎停止生长或顶部折断时，不分枝品种也有个别植株出现分枝，也叫分杈。有的品种本身就具有分枝的特性，如辽宁省沈阳市农业科学研究所育成的 181 恢复系就是分枝型(图 1-2)。

3. 叶

向日葵的叶片是进行光合作用的主要器官。刚出土时，带壳的两片叶子叫子叶，能进行光合作用，供给幼苗生长所需要的养分。子叶顶端一节长出两片对生的叶叫真叶，着生在叶柄上。对生叶常为 1～4 对。接着每个节上继续生长一片单叶，直到茎的顶端，呈螺旋状或互生排列。向日葵叶片数，因不同的品种而有不同。早熟品种一般 25～32 片；晚熟品种一般 33～40 片。同一品种在不同地区，由于栽培条件的变化，数目也不同。

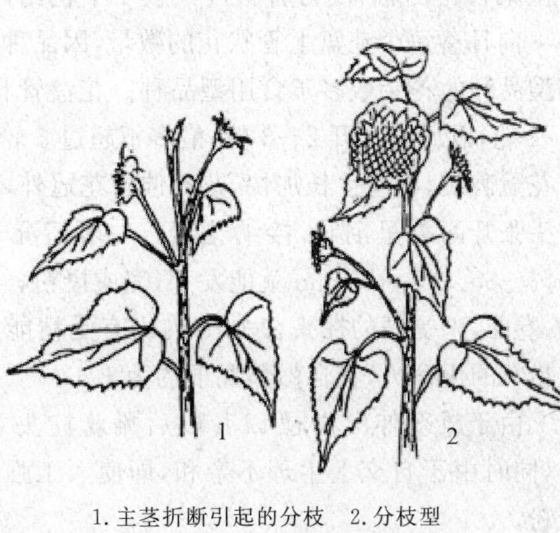

1. 主茎折断引起的分枝　2. 分枝型

图 1-2　向日葵的分枝

向日葵叶的形状，栽培种多呈心脏形。

二维码 1-5　向日葵的叶

品种不同略有差异，有的呈长心脏形，有的呈短心脏形。叶端尖钝，叶缘缺刻深浅不等(图 1-3)。叶面及叶柄上着生短而硬的毛，覆有一层蜡质层，可以减少水分的蒸发。叶脉和叶柄有紫、绿两种颜色。不同部位的叶片大小不同，中部叶片较大，上部和下部较小。叶片与茎着生角度大小也因品种而异。最好是呈 45°左右角，既能充分利用光能，又适于密植。

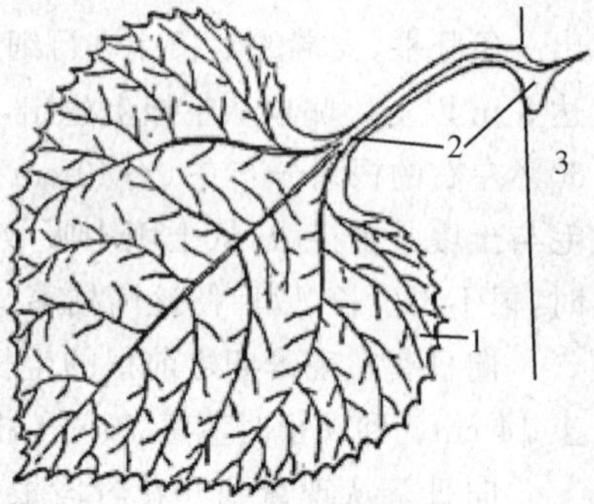

1. 叶片　2. 叶柄　3. 茎

图 1-3　向日葵的叶片形状

向日葵产量的 98%左右是由叶片制造的。茎下部叶片在开花前制造养分，主要供给根部生长，到开花时其功能基本结束。中上部叶片制造的养分主要供给花盘，促使种子形成。

4. 花

向日葵的花为头状花序，着生在茎秆的顶端，也称花盘。花盘形状因品种而异，有凸起、凹下和平展 3 种类型。直径一般为 20～30 cm。花盘外缘有 2～3 层苞叶。花盘上有两种花，即舌状花和管状花(或筒状花)(图 1-4)。

二维码 1-6　向日葵的花盘

向日葵的舌状花着生在花盘的四周边缘，有 1～3 层，它的颜色和大小因品种而异，有浅黄、橙黄和紫红色等。花瓣大，长约 6 cm，宽 2 cm，是无性花(性器官退化)。也有单性花(雌蕊)，但不孕，所以不结实。鲜艳的花瓣有引诱昆虫前来采蜜授粉的作用。管状花位于舌状花内侧，是完全花，它由 5 个花瓣合成筒状花冠，内有 5 个雄蕊和 1 个雌蕊。雄蕊有 5 个离生花丝，上部合生聚合花药管，成为管状。一般 1 个花药内有 6 000～12 000 个花粉粒。

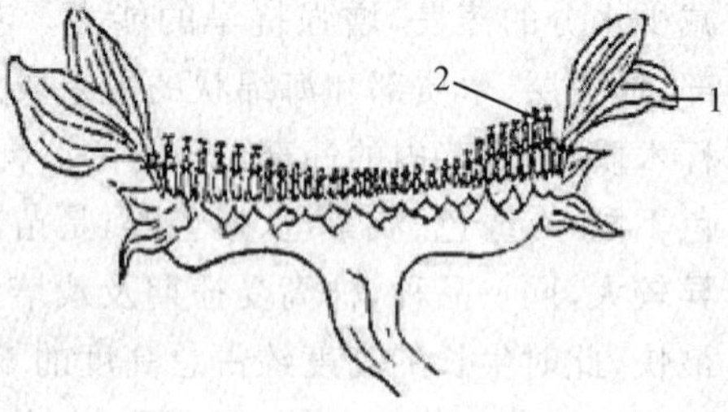

1. 舌状花　2. 管状花

图 1-4　向日葵的花盘结构

向日葵每个花盘上管状花的数量，因品种和栽培水平不同而异，一般为 1 000～1 800 朵。油用型品种的花朵数多于食用型品种。花盘管状花开花的顺序是由外向内逐层开放。第一天只开 1～2 轮，以后每天开 2～3 轮，最多不超过 5 轮。整个花盘开花时间为 8～10 d。管状花早晨开花时花冠破裂，花丝生长加快，花药伸出花冠外，1～2 h 后花药散粉。雌蕊伸出管状花之后 6～7 h，柱头张开两裂呈羽状，接纳花粉。一般情况下，花粉落到柱头上，在气温 26～27℃，相对湿度 75%～85%，5～10 min 就能发芽，完成授粉，经 24～36 h 完成受精。受精后的柱头很快萎蔫、下垂、卷曲，未受精的柱头在 10 d 内仍有受精能力，但受精能力最强的时候是在开花后第 2～3 d。花粉粒的生命力，在自然情况下约为 1 d。

由于雄蕊伸出花冠 12 h 以后雌蕊柱头才伸出，即雄蕊先熟，雌蕊后熟，因此不能自交结实，同时由于自交上生理不亲和，即使人工强制自交，结实率也不高。所以向日葵必须靠异花授粉。

5.果实

向日葵的果实为瘦果，通常称种子，是由皮壳、种皮和胚构成。大多数油用型品种的皮壳在厚壁组织和木栓组织之间有一层硬壳层又叫碳素层。它是由70%的碳组成的，可以防止或减轻向日葵螟虫危害。食用型品种很少有硬壳层，因此易受螟虫危害。食用型品种的种子较长，一般为15～25 mm，百粒重10～15 g。油用型品种种子较小，短而宽，长8～14 mm，籽仁饱满，皮较薄，一般百粒重4～6 g。同一花盘上的种子大小和形状也有差异。外圈的种子粒大、皮厚、百粒重高。花盘中心种子较小，皮较薄。中部种子介于两者之间，大小均匀、整齐，具有本品种的典型特征。向日葵种子脂肪含量比大豆高2.5倍，蛋白质则低2倍。

三、向日葵的生长发育过程

向日葵生长发育要求一定的外界条件，如条件适合，生长发育就快，反之，生长发育就受到阻滞。生长和发育也是密切相连的，只有生长好才能发育好。同时必须在完成一定发育的基础上才能继续生长，但是，向日葵生长和发育对外界环境条件的要求不是始终如一的，也就是说其发育是分阶段的，不同阶段要求不同的外界条件，只有顺利通过不同发育阶段才能开花结果。向日葵的生长发育要经过幼苗、现蕾、开花、成熟4个生育时期。

1.幼苗期

向日葵从出苗到现蕾称为幼苗期。向日葵播种后，当地温达到8～10℃时种子很快发芽，长出胚根，然后子叶伸出地面(图1-5)。该阶段地上部分生长迟缓，地下根系生长较快，很快形成强大根系，具备一定的抗旱能力。在适宜的条件下，春播从播种到出苗为12～16 d，夏播由于播种时温度高，从播种到出苗仅需3～5 d。由出苗到3～4对真叶时为叶形成阶段，此时地上部株高在20～25 cm。这一时期决定向日葵一生叶片数目的多少，栽培条件好，叶片的数目多，反之则少。由3～4对叶到7～8对叶为花原基形成阶段，这一阶段决定花盘的小花数(籽粒数)。由7～8对叶到现蕾期为小花分化、雌雄蕊形成期。这一时期决定小花是否可育，即决定花原基能否形成正常的花和能否结实。因此，这个阶段需要良好的环境条件。

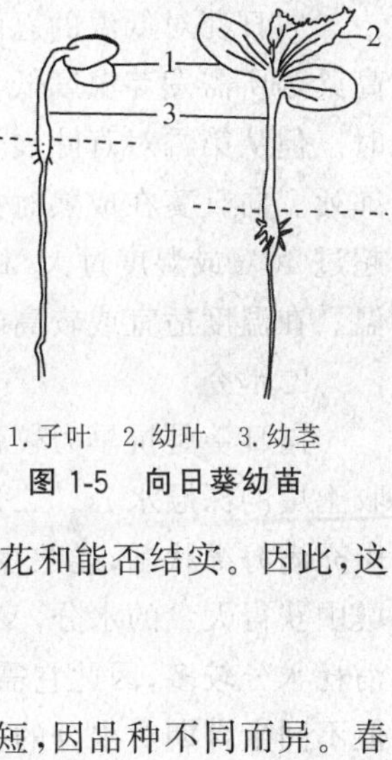

1.子叶　2.幼叶　3.幼茎

图1-5　向日葵幼苗

2.现蕾期

向日葵植株顶部出现直径1 cm的花蕾时称为现蕾期。现蕾期长短，因品种不同而异。春播向日葵现蕾期一般为35～50 d，夏播向日葵现蕾期为28～35 d。一般在现蕾前后，植株生长发育最快，此时需要消耗大量的水分和养分。这一阶段是向日葵生长最旺盛的阶段。株高可增长总高度的55%，叶面积达到最大。消耗水分和养分最多，必须在这一阶段供给向日葵充足的水分和养分，否则将影响生长，造成严重减产。

3.开花期

田间有75%向日葵植株的舌状花开放，即进入开花期，从现蕾期到开花期，春播向日葵一般需25～40 d，夏播向日葵需18～21 d。

向日葵一个花盘从舌状花开放至管状花开放完毕，需要8～10 d。从第2天至第5天是该花序的盛花期。这4 d开花数占开花总数量的75%。花多在早晨4～6点开放，次日上午授粉、受精。未受精的花可保持7～10 d不凋萎。自花授粉结实率极低，异花授粉结实率高。气温高，雨水多，湿度大，光照不足，土壤干旱等使结实率大大降低。因此，调节播期，适时施肥、浇水，防治病虫害，采取放蜂或人工辅助授粉等措施，可提高结实率。

4.成熟期

向日葵从开花到成熟这一阶段称为成熟期。春播向日葵一般需要 35～55 d，夏播向日葵一般需要 25～40 d。不同品种有差异，早熟种天数少些。开花授粉后 15 d 左右是籽粒形成阶段。此时期需天气晴朗，昼夜温差较大和适宜的土壤水分。如果雨水过多，空气湿度过大，会使病害发生严重。

四、向日葵对环境条件的要求

1.温度

向日葵的不同类型、品种对温度的要求是不同的。对温度的要求，一般用所需积温来表示。向日葵计算积温的起点温度是5℃。一般早熟品种活动积温为 2 000～2 200℃，中熟品种为 2 200～2 400℃，中晚熟品种为 2 400～2 600℃，晚熟品种为 2 600℃以上。

向日葵种子在地温达到 2～4℃时就可以膨胀萌动，4～5℃时就可以发芽，6～8℃时完全满足出苗要求，8～10℃能顺利发芽出苗。温度低，出苗时间长。温湿度适宜，出苗快，出苗整齐。

向日葵对低温的忍耐力以苗期为最强，幼苗可忍耐短时间－7℃的低温。向日葵较玉米、高粱等所需发芽温度低，幼苗又耐低温，因此，有的地方根据这一特性，提前播种，用以错开农时。但从第二对真叶展开到花盘开始形成阶段不耐低温，遇到－3～－2℃低温受冻害，－5℃冻死。向日葵在成熟时如遇到－1℃的低温，叶片就要脱落。在开花到成熟阶段如温度过高，超过 40℃或湿度过大，相对湿度达到 90％时，生长就要停止。向日葵耐低温，并不是喜欢低温。在温度适宜或较高时，生长发育明显加快。因此，晚播生育期显著缩短。

2.水分

向日葵是抗旱力较强的作物。抗旱的原因：一是具有强大的根系，入土深，分布广，能够吸收土壤的深层水分。二是茎上有密生的白色茸毛，可以降低茎表面温度，减少水分蒸发。茎秆中充满海绵状髓，能贮存很多水分。三是叶面上有一层蜡质层，能减少水分的蒸发。既能从土壤中获得大量的水分，又有节约用水的特性，所以向日葵抗旱性强。但向日葵株高，叶密而大，消耗水分较多，因此它需水多，是玉米的 1.74 倍，每制造 1 g 干物质，需要消耗 469～569 g 水。但不同生育期对水分的要求是有差异的。

向日葵播种后，种子发芽需吸收种子本身重量 56％的水分，因此要求土壤有足够的水分。

向日葵从出苗到现蕾是抗旱力较强的阶段。因为这段时期地上部生长缓慢，叶面积小，蒸发量小，主要是根系生长。因此，这个阶段需水不多。此时，适当的干旱，有利于根系发育，使植株健壮，避免徒长，有“蹲苗”的作用。

从现蕾到开花是向日葵一生中需水最多的时期。这一阶段时间较短，约有 17 d，而需水量却占整个生育期总需水量的 43％左右，要求土壤含水量保持在最大持水量的 65％以上。因为这一时期正值高温季节，植株生长速度很快，茎叶繁茂，水分蒸腾量大。同时这一时期又是花盘发育、籽实形成的关键时期，如果水分不足，花盘小、百粒重降低，对产量有严重影响。因此，这时如遇干旱应及时进行灌溉，对于提高向日葵产量和含油量有决定作用。从开花到成熟这一时期需水量较少，此时晴天多，对向日葵生长有利，如雨水过多，将会引起叶斑病发生，造成减产。

3. 光照

向日葵是喜光作物，它的幼苗、花盘都有强烈的向日性。花盘随着太阳转，在地球上纬度不同的地区表现有些差异。在高纬度地区，花盘转动的方向是早晨向东、中午向南、傍晚向西。在低纬度地区早晨向东，中午向上，傍晚向西。这种现象，在向日葵大部分小花完成授粉以后就停止了。原因是这时小花受精，籽实逐渐形成，“头”越来越重。向下的重力超过了横向的转动力，因此，花盘就不再随太阳转动了。花盘停止转动后，花盘90%以上是向东南方向倾斜的。

向日葵属于短日照作物。一般品种对日照反应不敏感，特别是生育期较短的早熟品种对日照反应更不敏感，只有在纬度高、日照很长的地区，早期对向日葵遮光才能使向日葵成熟期提前。光照对向日葵正常生长发育有很大作用。生长前期有充足的光照能使幼苗健壮，防止徒长；生育中期充足的光照能促进茎叶繁茂，花盘生长发育正常；生育后期充分的光照有利于养分的制造和贮藏，保证籽粒饱满。此外，向日葵的边际效应是比较突出的，很大程度反映了对光照需要的迫切。

4. 土壤

向日葵个体发育大，对养分的需求量也多，因此，土壤肥沃，土层深厚疏松对生长有利。但它对土壤选择并不严格，在瘠薄、盐碱地上也能生长，特别是耐盐的能力比一般作物强。一般含盐在0.4%以下的盐碱地上，都可以种植向日葵。向日葵耐盐碱能力强的原因是与细胞吸收水分的能力强有关，盐碱地盐分较多，土壤溶液浓度大，一般作物细胞液浓度低，因吸水难而枯死，而向日葵细胞液浓度比土壤溶液浓度高，能从土壤中吸收水分，所以能够生长。它的耐盐力比玉米约高1倍，比小麦高60%。实践证明，在盐碱地上种植向日葵以后土壤中的盐分和碱化度有所减轻，所以，向日葵被称为生物治碱的“先锋作物”。

5. 营养

向日葵一生需要很多种营养元素。需要量大的是氮、磷、钾，对钾素营养的需要高于其他作物。

氮素在向日葵体内含量占干物质重量1%～3%。虽然含量不多，但对向日葵生命活动起着重要作用。在构成活细胞原生质主要成分的蛋白质、核酸、磷脂中，都含有氮素。显然没有氮素就没有蛋白质，也就没有生命现象。向日葵进行光合作用、呼吸作用必须有催化剂“酶”的作用，而酶本身就是蛋白质的一种形式。所以氮素参与酶的合成，又通过酶间接影响作物体内物质转化过程。氮素又是叶绿体中叶绿素的组成元素之一。因此，合理施用氮肥，能使向日葵生长旺盛，叶色浓绿，光合作用效率高。如果氮肥不足，向日葵苗期生长缓慢，茎细叶黄，中期下部叶片早期变黄，花盘小。如果氮肥施用过多，会造成向日葵茎叶徒长，贪青晚熟，而且影响油分的形成。

磷素在向日葵种子胚中含量最多。它是核糖核酸的组成部分，核酸又是形成细胞核中核蛋白的主要组成成分。控制植物遗传的染色体是由核蛋白组成的。所以核酸是向日葵生长发育、繁殖和遗传变异中重要的物质。磷素不足，影响细胞的形成和增殖，植株生长就会受到抑制。磷素还参与向日葵体内糖类的合成和运转过程。缺磷时向日葵体内碳水化合物、蛋白质的合成受阻，影响幼芽和幼根部分细胞的分裂和生长。同时会影响叶里糖分的形成，使运转到根和种子等部位的糖减少，阻碍根系生长，影响种子的饱满。所以栽培向日葵不可忽视磷肥。

钾素是向日葵生长需要最多的一种营养元素，它能促进多种代谢反应，对光合作用、光能利用及光合产物的输送、蛋白质的合成、水分利用、作物抗病、抗低温、抗倒伏以及耐干旱、耐盐等特性都有一定的促进作用。当钾素不足时，植株生长缓慢，油分也要降低，抗逆性和抗病力都要减弱。严重缺钾时，细胞将严重脱水，造成整个细胞死亡。因此，应供应充足的钾素。

微量元素对向日葵也是必不可少的，如硼和锰对油分形成有一定的影响。在缺硼、锰元素的土壤上施用硼、锰微肥，籽仁含油量可提高1%左右；籽实产量提高11%～13%。

项目二 向日葵播前准备

一、轮作

轮作对于向日葵具有特别重要的意义。因为向日葵植株高大，从土壤中吸收的养分比一般作物多，连作使土壤养分消耗过多、失去平衡，地力难以恢复，而向日葵本身也难以生长良好。

在向日葵生长发育过程中，常伴有寄生性杂草列当，列当寄生在向日葵的根上，它从向日葵的根上吸收水分和养分，使向日葵生长发育不良。连作可使列当蔓延，危害严重，造成减产。轮作可抑制列当的寄生。此外，向日葵病害较多，如褐斑病、黑斑病、菌核病、霜霉病、黄萎病、锈病等，大部分病害的病原菌都在土壤中越冬，通过土壤侵染向日葵。一些虫害如向日葵螟和地下害虫等在土壤中以卵或幼虫越冬，下一年继续为害。实行作物换茬轮作，可以减轻或避免病虫害的发生，是防治病、虫、草害最经济有效的办法。

二维码 1-7 向日葵的轮作

向日葵的前作应选浅根系的禾本科作物，或选豆科作物如豌豆、菜豆等作物为前茬，可以提高向日葵的产量。

向日葵至少实行3年以上轮作，在某些病害或寄生性杂草列当发生严重的地区，轮作年限还要延长。我国北方向日葵主产区，特别是东北三省、内蒙古等地向日葵轮作一般为期较短，3～4年不等，其方式主要为以下几种。

春播薄地：向日葵—谷子—玉米；向日葵—玉米—谷子；向日葵—大豆—玉米(高粱)。

新垦盐碱荒地：黑豆(糜子)—向日葵—谷子(糜子)—玉米。

夏播复种：冬小麦复种向日葵—玉米—油菜复种玉米；油菜复种向日葵—玉米—冬小麦复种玉米—冬小麦复种向日葵。

辽宁中、南部：麦、向日葵复种—玉米—大豆—高粱等四圃式轮作。

近年来，为确保农作物优质高产，有把绿肥草木樨引入轮作的5年轮作周期模式。向日葵—草木樨—玉米—谷子—小麦；向日葵—玉米—高粱(谷子)—草木樨—谷子(玉米)。

二、选地

向日葵对土壤的适应性是很广的，一般pH为5.5～8.5，偏酸到偏碱性的土壤，重黏土到轻沙质土壤，有机质达10%～15%的黑钙土到南方的砖红壤和有机质低到1%的淡黑钙土上均可种植。但仍以在土层深厚、腐殖质含量高，结构良好，保水、保肥强的黑钙土、黑土以及肥沃的冲积土上栽培最适宜。我国向日葵大多数种植在盐碱地、干旱瘠薄等地区，其原因是多方面的，但主要是向日葵具有耐盐碱、瘠薄的特性，可以在其他粮食作物生长不良的环境条件下生长，并取得较好的经济收益。且能够充分利用土地资源。

三、深耕与整地

向日葵根系庞大，干重为全植株的20%～25%，在肥沃的土壤上，根系的66%分布在0～40 cm土层内，横向分布直径达1～1.5 m。其根容量可比玉米高20%～50%，特别是向日葵从现蕾到开花阶段，吸收大量水分与养分，全都要通过土壤来供给，所以创造一个深厚的保水保肥、通气性良好的土层是很必要的。在机械耕作的地区，应从秋翻地开始就为土壤积蓄水分、养分创造条件，如尽可能早翻地以便积蓄大量的秋冬雨雪，防止径流损失。早翻的地块在吸收大量水分后，经过冬、春冻融，春季经过耙、压、拖，形成细碎疏松、结构良好的土壤，如把有机肥、过磷酸钙等在翻地前均匀施入，翻到地里效果就更好。

我国北方机耕地区一般耕深在20～22 cm。宜在生育期间结合中耕用深松犁进行深松，以打破犁底层，加厚土层。深松深度一般可达30 cm以上，可与深翻地有互补作用。在小麦、油菜等早播作物收获后，夏播向日葵可在播前撒施有机肥后耕翻，结合深松或浅耕灭茬后在播种部位深松。中耕时深松宜在第一遍中耕时在垄内进行，不宜过晚，以免伤根，并促进根系生长。

浅耕耙地栽培可用圆盘耙或缺口重耙来进行，可起到浅耕灭茬、耙平耙细、疏松表土的作用，也可结合施肥来进行。耙地后立即耢平，做到上虚下实，防止跑墒，同时可使播种深度一致。

四、品种选择

向日葵播种用种，首先应选用纯度较高的优良品种或杂交种；其次应选较大饱满的种子。据试验，千粒重85 g的比67 g的种子可增产150 kg/hm^2。同一品种，粒小、粗蛋白含量低的种子生长势弱，出苗10 d后根重1 g，地上茎重3 g；而大粒种单株根重2.2 g，茎重6.1 g。同时，粒大的种子由于植株发育早，提前形成强大根系，初花期可提早2～5 d，对提高产量有明显的作用。

我国栽培向日葵的主要优良品种有油用杂交种和食用种两类。

1.油用向日葵杂交种龙葵杂5号

龙葵杂5号属中熟种，生育日数105 d左右，生育期活动积温2 250℃左右。株高180 cm，茎粗2.1 cm，叶数35片。花盘平展，倾斜度4级，花盘直径21 cm。籽实黑色，卵圆形，百粒重5.9 g，皮壳率28.35%，结实率80%以上，籽实含油率53.60%。中抗菌核病。抗旱、耐瘠薄、耐盐碱。

人工点播或用精量点播机播种，保苗37 500株/hm^2。选择中等肥力以上，不重茬、不迎茬的地块，细致整地，施足底肥。

2.油用向日葵杂交种龙葵杂6号

龙葵杂6号的生育日数97～102 d，生育期活动积温2 150℃，株高150～180 cm，茎粗2.1 cm，无分枝，花盘直径20 cm，平盘。结实率80%以上，百粒重6.0 g，籽实黑色，卵圆形，籽实率71.5%，籽实含油率59.36%。

2004年，吉林省向日葵研究所对参加全国油用型向日葵杂交种生产试验进行的田间鉴定表明：该杂交种没有发生霜霉病、黄萎病和菌核病，褐斑病和黑斑病发病为1级，没有发现其他检疫对象。

该品种适应于东北三省、山西、内蒙古巴盟地区及新疆石河子地区等种植。

3.食用向日葵品种龙食葵1号

龙食葵1号为中晚熟种,生育期115 d,需活动积温2 300℃左右,株高230 cm,花盘直径25 cm左右,百粒重17 g,籽粒灰白条,长锥形,籽粒饱满,籽实率53.5%,结实率80%左右,籽实蛋白含量35.77%。

该品种具有中抗菌核病、抗叶斑病(褐斑病、黑斑病)等多抗性特点。

4.食用向日葵大粒品种龙食葵2号

该品种生育日数117 d,需活动积温2 350℃,属中晚熟种,株高235 cm,茎粗3.0 cm,花盘直径25 cm,百粒重19 g,皮壳率48%,结实率80%左右,籽实蛋白含量34%。籽粒黑色白边,粒长2.5~3.3 cm,宽约0.9 cm,食味香酥,品质优良。

该品种抗菌核病,也抗霜霉病和锈病,叶斑病侵染特轻,只有零星病斑。

5.食用向日葵品种龙食杂1号

该品种是食用型向日葵杂交种,属中早熟种。生育期105 d。株高200.8 cm,叶数32.2片,茎粗2.6 cm,花盘直径20.1 cm,花盘为平盘,花盘倾斜度3级,倒伏率4.0%,折茎率1.35%。百粒重18.4 g,粒长形,粒色黑褐边,粒长2.5 cm,粒宽0.8 cm,单盘籽实重93.9 g,结实率69.29%,单盘粒数1 107.6粒,籽实率55.26%,籽实蛋白质含量17.19%。保苗37 500株/hm^2左右。

项目三 向日葵播种技术

一、播期

向日葵的播种期,基本上取决于当地无霜期长短和所用品种生育日数或积温的多少。一般油用种多属早熟或中早熟种,需有效积温1 700℃以上,食用种多属中熟或中晚熟种,需有效积温1 900~2 000℃,其播种期因品种不同而略有差异。但是,由于向日葵对短时间的早霜和晚霜均有耐受力,幼苗可忍耐短时间−7℃的低温,从第2对真叶展开到花盘开始形成阶段可耐−2℃以上的低温,因此,实际播种时间伸缩性较大。

春播适宜播期应在6 cm深土层地温连续4~5 d稳定到8~10℃时为好。过早播种,温度不足,不能出苗,种子埋藏过久,易受病菌感染,或鸟、鼠、虫害,造成幼苗瘦弱或缺苗;过晚播种,对积温利用有损失,可能影响成熟和减产。因此,各地均应通过试验掌握自己的适宜播期。食用种生育期长,应比生育期短的油用种适当提早播种。总之,各地气候条件不同适宜播期应通过试验加以确定。

二、播种量

机械播种用播种机进行等距点播,播种量确定是根据公顷计划保苗株数、种子千粒重、发芽率以及田间损失率按公式计算而来:

$$\text{播种量}(kg/hm^2)=\frac{\text{每公顷计划保苗数}\times\text{千粒重}(g)\times\text{每穴播种粒数}}{\text{发芽率}\%\times\text{净度}\%\times 10^6\times[1-\text{田间损失率}\%]}$$

田间损失率一般以计划保苗株数的10%~20%计算。

三、播种方法及播种深度

向日葵播种方法最普遍的是人工穴播、犁耧播种法及机械开沟点种法。

穴播法可以任意选择株距，在行上按要求的株距用镐刨埯、撒种、点肥、覆土。覆土较浅，5 cm 左右。在干旱地区或春旱年份需要坐水种的地方也多采用刨埯种，可以节约用水。一般在东北干旱地区播种，用扣种法，覆土较浅，在 3～5 cm，生育较好。华北一般用耧种，覆土也较浅，有利于出苗。播种前种子要先进行清选，使种子净度达到＞99%，发芽率＞96%，可用 35%多克福种衣剂拌种，防治苗期病虫害。

机械播种一般多用播种机开沟，等距排种点播。有的地方平播到底。东北一般实行垄上播种，用于调节根系生长条件，有利于雨季蓄水、排水和干旱时进行沟灌。

播种深度主要视土壤墒情和各地土壤保墒力而定。墒情好宜浅，墒情差宜深，黑土、黏重土壤、盐碱土宜浅；沙壤土宜深。在干旱地区一定要把种子点到湿土上，并加强镇压，适当厚覆土以提墒、保墒。如在沙质土上可覆土 7 cm 左右。播种过浅，幼苗出土把皮壳带出，子叶被夹住不能展开，影响生长。在一般地块上覆土 5 cm 左右，在湿润黏重土壤上则以 3～4 cm 深为宜。

总之，向日葵是双子叶植物，且带壳拱土，比单子叶植物出苗困难，在墒情许可的情况下，播种宜浅不宜深。此外，在一块地上播种，深浅应力求一致，以免出苗不整齐，造成整个生育期间生长不一致，影响管理效果和收获。

四、种植方式

向日葵在种植方式上有清种，间作、混作，套种和复种等多种方式。

1. 清种

清种也叫单作。无论春播或夏播，清种都是主要方式。这种方式由于一地一种作物，田间管理比较方便，便于机械化耕作。

2. 间作、混作

近年来向日葵与绿肥作物间作、混作的种植方式采用比较广泛，特别是间作，其目的实际上就是利用矮棵作物搭配来为向日葵创造密植增产条件，并且把用地和养地结合起来。既种了绿肥，又不减少当年经济收益。这种方式特别有利于我国目前主要以高秆农作物品种为主的生产。

间作主要是在清种的基础上进一步扩大了向日葵的行距，改善了光照、通风、温湿度等小气候条件，避免了清种密植引起的过度遮阳郁闭，从而既可以通过缩短株距来增加单位面积密度，又保持密植情况下个体生长良好。向日葵生长喜欢较多的光照，幼苗、叶片及花盘都有强烈的向日性，遮阳对其生育是很不利的。

间作产量增加是由个体性状改善而来的，如边行花盘直径大于中行的 5 cm，籽粒较多等。如适当增加边行密度，产量还可提高。间作行数一般以两行为好，可以较充分地利用边行效应，发掘个体增产潜力。间作中株距，一般 2 行应种清种 3 行以上的株数。此外，间作是集约栽培方式，在提高密度的基础上，必须相应地加强水、肥管理，以充分发挥其最大的综合增产作用。

向日葵间、混作的矮秆作物，在北方大多为草木樨及大豆等豆科作物或绿肥作物，其中以草木樨应用较为广泛。原因是豆科作物作为间作物可以起到培肥土壤、恢复地力的作用。

3. 套种

套种大致有 3 类。

第一类是在向日葵行间套种草木樨，在东北西部地区近年来发展迅速。这种方式在不影响向日葵生长的情况下，可使低产土壤得到适当的培肥。这种套种方法是在 6 月末，清种向日葵在最后中耕封垄后进入雨季前，将草木樨种子撒在行间垄沟及垄帮上，然后浅覆土。雨后很快即可出苗，可以高度密植。以后不加管理，到 8 月中、下旬，向日葵下部叶片老枯脱落，草木樨可获较多光照。向日葵 9 月初收获后，草木樨还可生长 20 d 以上，到秋末株高可高于 20 cm，二年生草木樨还可形成越冬芽，如利用其返青，可缩短一年种草时间，或翻压肥田，可培肥土壤。这种套种方法，草木樨因受遮阳，生长并不太好，但不占地，所以目前各地套种面积均不小。

第二类是华北地区的三种三收套种方式，如麦、葵、草间套种，即春麦（或胡麻）套种向日葵，麦收后再套种草木樨。套种向日葵的时间是在小麦照垄以后，过早、过晚均不适宜，因为两个作物，生长势均很强，容易相互抑制。

第三类是冬小麦春季套种玉米，麦收后再套种向日葵的方式，即在 2.3～2.7 m 宽的畦内种小麦 1.7～2.0 m，畦埂 67 cm 套种 2 行中熟种玉米，小麦收获后再套种 4～5 行向日葵，增产效果也很显著。

4. 复种

复种向日葵是近年来在生育期较长地区的一种种植方式，辽宁中、南部和华北地区均很普遍，成为我国发展向日葵的重要途径之一。复种向日葵一般多在冬小麦收获之后，也有在春小麦、油菜、大麦、豌豆和绿肥压青之后复种。由于这些作物收获后还有相当长的生育期，所以，播种向日葵早熟种可以成熟。

采用复种方式时，夏播比春播有更多优点。由于多数在麦茬上复种向日葵，土壤比较肥沃，一般是上、中等地，小麦施肥、灌水多，深层水分充足，有余肥；土地有灌水条件，遇旱能灌，夏播温度高，营养生长期短，油用种植株矮小，有利于密植，开花期可躲过高温多湿季节，病害较少。此外，由于土地条件好，农民乐于投资，一般对向日葵还进行追肥，因此产量较高。夏播向日葵除产量较高外，出油率也较高。

五、合理密植

向日葵植株高大，根深叶茂，生长迅速，合理密植是保证增产的重要环节。合理密植要根据具体条件，正确处理好个体和群体之间生长发育的关系。密度过大，个体营养面积缩小，环境条件不能满足生长需要，导致个体生长细弱，向日葵盘小，秕粒多，产量下降。反之，密度过小，个体营养面积扩大，虽然环境条件改善，生长发育很好，但个体生产力不可能无限提高，这样产量也会下降。在个体生长良好的前提下，争取最大的密度、最大的群体，以充分利用地力和光能，获得群体的最高产量。

种植向日葵，肥地宜稀，薄地宜密；施肥条件好的宜稀，施肥条件差的宜密。这主要是因为肥地和施肥多的地块，向日葵生长繁茂，过密易造成过度遮阳，导致徒长倒伏，病虫害蔓延，中、下部叶片光合作用减弱，干物质积累少而影响产量。而薄地及施肥条件差的地块，根系发育不良，占地少，植株矮小，只有增加株数才能合理利用地力和空间，提高产量。

向日葵合理密植除了可以增加籽实产量外，还可以一定程度地提高含油率，降低皮壳率。

但是，合理密植不是孤立的，和品种、土壤、气候、施肥、灌水等栽培与环境条件有密切关系。种植密度增减必须和环境条件相适应，有栽培条件相应的配合。提高产量是综合因素相辅相成的结果，同时也是相互制约的。

向日葵食用种一般植株高大，根深、叶茂，占地面积较大，生产上一般保苗株数为16 500～22 500株/hm^2。油用型品种或杂交种则不同，一般株高在2 m以下较适于密植，株数一般为40 500～45 000株/hm^2。

项目四　向日葵田间管理

一、补苗与间苗

1.补苗

向日葵幼苗出土时要带壳拱土，所以出苗比较困难。在瘠薄地、盐碱地、干旱地，地表结成硬块，出苗更难。另外，由于春旱及播种粗放，覆土过深、过浅，种子发芽率低，病虫危害都可以造成缺苗，因此在出苗后要及时进行查苗，并根据苗情及时补苗。向日葵由于苗期根系发育较快，移栽后成活率较高。一般多补栽少补种，以免影响植株的整齐度。补栽也应移早、移小，要在1对真叶展开时进行，便于移栽，否则苗越大，伤根缓苗耽误生长时间越长。补栽用苗最好在播种时先在行间地头播好预备苗。

2.间苗

向日葵大多为人工点播或穴播，一般每穴3～5粒种子，甚至更多。出苗后拥挤，如不及时疏苗间苗，幼苗徒长细弱，影响壮苗的培育。因此需要在1～2对真叶时早间苗，在长出3对真叶时进行定苗，以防止早定苗遇虫害造成缺苗，定苗最晚不要超过4对真叶。

二、中耕除草

中耕除草目的在于疏松土壤，调节土壤水、气、热状况，促进根系发育和消灭杂草。一般应进行2～3次。向日葵叶片面积大、数量多，对杂草有较强的抑制作用，但在苗期由于株行距较大，仍需注意消灭杂草。第一遍应用手锄结合间苗进行除草，如果杂草较多或在盐碱地上，为了破除地表板结层，促进出苗，可在出苗前铲萌头土。但要严加注意，不要铲苗带，以免伤及幼芽。第二次除草，最好结合定苗进行，避免定苗后除草伤苗，第三次中耕除草则应于封垄前进行，不宜过早或过晚，过早过深影响生长，过晚易伤根损苗，最好在锄地后5 d左右进行，结合封垄，消灭锄后草，并防止倒伏。

三、打杈

大部分向日葵品种为单株单花盘，但也有些品种在植株生长发育过程中，常常在茎秆的中部和上部的叶腋里长出许多分枝来。这些分枝在良好的肥水条件下也能形成花盘，但绝大多数由于营养不足使花盘中途夭折，即使形成花盘，籽粒也多半是空壳，因此，应及时将分枝打掉，否则，会因分枝的发育而影响主茎花盘发育，导致产量低、品质差。打杈工作要及时，做到“枝杈一冒，立即打掉”。此外，在种植密度过大、通风透光不良或有徒长现象的地块，应在授粉后打掉部分老叶，使营养集中在主茎花盘上，保证籽粒饱满充实。

四、人工辅助授粉

向日葵自花不结实是其生理特征之一。向日葵辅助授粉在开花期间进行。一般采用两种方法,一种为蜜蜂授粉,另一种为人工辅助授粉。

放养蜜蜂时,蜂箱的分布要均匀,一般每公顷摆放 6 个蜂箱,蜂箱距向日葵地越近,授粉效果越好,可以提高结实率。

人工辅助授粉时间在上午 9～11 时露水消失后进行为宜,这时花粉较多,生活力旺盛,授粉效果好。若过早,花粉易受露水黏结;过晚,天气炎热,花粉粒生命力减退。下午 3 时以后,如有花粉,也可以进行人工授粉。人工辅助授粉有两种方式:一种是软扑授粉法,授粉时用软扑轻轻摩擦花盘,使花粉粘在软扑上,然后连续摩擦其他花盘,使各株花粉相互传送,达到授粉的目的。另一种是花盘接触法,在开花期间将两个相近的花盘互相摩擦授粉。但这种方法容易扭伤花盘,最好用软扑授粉法。向日葵人工辅助授粉应进行 2～3 次,第一次应在整个田块有 70%的植株开花后的 2～3 d进行,以后每隔 3～4 d进行一次。

五、施肥与灌溉

(一)施肥

1. 基肥

基肥多以有机肥料为主,如家畜粪尿、人粪尿、家禽粪、堆肥、绿肥和土杂肥等。这些肥料的有机质含量高,长期施用,可以提高土壤肥力,为生长发育创造良好的土壤环境。同时肥效持续的时间长,养分齐全,配合施用化肥就能够保证为向日葵持续不断地供给充足的营养。

基肥的施用方法有撒施、条施和穴施,因不同地区、不同耕作方式和肥料数量的差异,采用不同的施肥方法。在春播地区,如基肥数量充足,则采用撒施。随着秋耕或春耕,将肥料均匀撒在地面,然后耕入土层。如肥料数量少,一般采用穴施,即伴随着播种同时刨埯将肥料施在种子的上面或下面;或采用条施,将有机肥施入垄底。条施和穴施的肥料比较集中,分解释放的养分便于根系吸收利用,但对培肥整个地力较差。

复种地区,因向日葵的前茬作物收获后,要及早抢种,劳动力紧张,一般多在前作施用较多的有机肥料,向日葵利用其后效。这种施肥方式同样能提高产量。

基肥的施用数量主要根据土壤肥力水平、肥料质量和栽培密度来确定。肥力水平低,密度大,肥料数量要加大些。肥料质量低,也要加大基肥的数量,一般施 22.5～30.0 t/hm^2。

2. 种肥

向日葵的种肥以速效性肥料为主,如尿素、硝酸铵、过磷酸钙、重过磷酸钙、磷酸二铵、氯化钾、硫酸钾等化学肥料,以及腐熟后的人粪尿、草木灰等农家肥料。人粪尿含氮比较高,容易分解,肥效快,效果好,所以人们也把它当作速效性氮肥,作为向日葵的种肥。草木灰含钾量最多,也含有较多的钙和磷以及少量的镁、铁、硫、钠、硼、锰等元素,可以作为向日葵的种肥,但施用前需加水,或混些湿土,以免降低种子层的湿度,影响种子的发芽。

用作种肥的磷素化学肥料有过磷酸钙和重过磷酸钙(也称三料过磷酸钙)。低量施用不会发生烧伤种子和幼根的现象。但肥料本身含有游离酸,对种子发芽有一定影响,直接接触肥料对种子是不利的。在盐碱地上种植向日葵,以过磷酸钙作种肥,保苗效果更好。由于向日葵的磷素营养临界期早,加之磷在土壤中易被固定,移动性小,所以磷素化学肥料作为向日葵的种肥，对其生长发育和增产均有明显的效果。

用作向日葵种肥的钾素化学肥料有硫酸钾和氯化钾，均为化学中性和生理酸性肥料。我国土壤虽含有较多钾素，但在施用氮、磷水平高的条件下，增施钾肥的增产效果是明显的。

种肥的用量应根据土壤肥力水平高低、基肥用量多少、种植密度大小来定。肥沃土壤，基肥用量又多，可少施种肥；瘠薄土壤，基肥用量又少，应增加种肥用量。用氮素化学肥料，施纯氮 45～75 kg/hm^2，用磷素化学肥料，施五氧化二磷 80～90 kg/hm^2；用钾素化学肥料，施氧化钾 117 kg/hm^2 左右或草木灰 1 875 kg/hm^2 左右。

在施用种肥的方法上，应按肥料性质和栽培措施的不同进行合理施用。最应注意的是在施用化学肥料时，特别是施用量大的氮素化学肥料，必须和种子保持一定距离，至少 3.5 cm 以上。不论施在种子旁或种子下都应有土层隔离，否则将产生不良后果。对于腐熟良好的有机肥料，直接接触种子或盖在种子上，均不会影响出苗。

3. 追肥

向日葵是需肥较多的作物，在肥力水平低的土壤上，仅靠基肥和种肥，不能满足其现蕾后对养分的需要。所以根据不同生育时期的需肥状况进行适量的追肥是必要的。

追肥应以氮肥为主，配合一定量的钾肥。一般追施磷肥效果不显著，所以磷肥均作为种肥，而不作为追肥施用。追肥的肥料种类有硝酸铵、尿素、碳酸氢铵、氯化钾等化肥以及腐熟的人粪尿、草木灰等速效肥料。此外还包括一部分锌、钼、锰、铜等微量元素肥料。

向日葵的追肥数量和时期的确定，主要根据其不同生育时期需肥状况、土壤供肥能力、气候条件以及施用基肥和种肥数量等因素。同时在生产上，还要和田间管理措施结合起来。

向日葵从现蕾到开花这个时期正是营养生长和生殖生长同时进行的旺盛生长阶段，需要养分多而集中，所以追肥应安排在这个时期之前。一般氮肥和钾肥在 7～8 对叶时追施效果较好。如果播种时没施肥，必须早施追肥。播种时单施磷肥，则第一次中耕时应施氮肥。氮肥的施用量，一般追施硝酸铵 150～225 kg/hm^2，或尿素 120～150 kg/hm^2。钾肥的施用量，一般追施氯化钾 225 kg/hm^2。

生产上追肥多采用穴施法。一般是在距向日葵根茎基部 10～17 cm 处刨小坑施肥，随即覆土。施肥深度视追肥种类及土壤墒情而定。

（二）灌溉

向日葵由于根系发达，吸水力强，故有较强的抗旱能力。但向日葵因植株高大，叶多叶大，蒸腾量大，需水较多，每形成 1 g 干物质需水 469～569 g，是玉米的 1.74 倍，是高粱的 2.37 倍，所以，在干旱情况下灌溉增产效果显著，灌溉对向日葵播种、保苗、增产和增油都有重要作用。灌溉有播前灌、播种时坐水和生育期灌 3 种方法。

六、病虫草害防治

（一）向日葵病害

目前，全世界已报道的由真菌、细菌和病毒引起的向日葵病害至少有 30 种，其中大多数病害为真菌性病害，尤以向日葵菌核病、向日葵锈病、向日葵黄萎病、向日葵霜霉病、向日葵黑斑病、向日葵褐斑病、向日葵拟茎点病等危害大。

1. 向日葵菌核病

(1)症状　其在向日葵整个生育期均可发病，造成茎秆、茎基、花盘及种仁腐烂。常见的有根腐型、茎腐型、叶腐型、花腐型4种症状，其中根腐型、花腐型受害重。

根腐型从苗期至收获期均可发生，苗期染病时幼芽和胚根生水浸状褐色斑，扩展后腐烂，幼苗不能出土或虽能出土，但随病斑扩展萎蔫而死。成株期染病根或茎基部产生褐色病斑，逐渐扩展到根的其他部位和茎，后向上或左右扩展，有同心轮纹，潮湿时病部长出白色菌丝和鼠粪状菌核，重病株萎蔫枯死，组织腐朽易断，内部有黑色菌核。

茎腐型主要发生在茎的中上部，初生椭圆形褐色斑，后扩展，病斑中央浅褐色具同心轮纹，病部以上叶片萎蔫，病斑表面很少形成菌核。

叶腐型病斑褐色椭圆形，稍有同心轮纹，湿度大时迅速蔓延至全叶，天气干燥时病斑从中间裂开穿孔或脱落。

花腐型最初在花盘背面生褐色水渍状圆形斑，扩展后可达全花盘，组织变软腐烂，湿度大时长出白色菌丝，菌丝穿过花盘在籽实之间蔓延，最后形成网状黑色菌核，花盘内外均可见到大小不等的黑色菌核，果实不能成熟。

(2)发病规律　菌核病的发病主要原因是病菌在土壤或病残体以及种子中潜伏越冬，翌年气温回升至5℃以上，土壤潮湿，遇向日葵种子萌发侵入寄主。种子上的越冬病菌可直接为害幼苗。菌核上长出菌丝也可侵染茎基部引起腐烂。

该病发生程度主要取决于菌源多少和当年降雨量的多少。向日葵花盘受害主要在谢花以后，如此期以前多雨，对菌核产生子囊盘和子囊孢子极为有利，花盘受害重。如谢花后继续多雨，病害迅速扩展，为害更重。幼苗及成株期茎部被害程度主要取决于菌源量及降雨量。如越冬菌核多，来年在发生期多雨，有利于子囊盘的形成与侵入，发病也重。

(3)防治方法　与禾本科作物实行5～6年轮作；将土壤进行深翻；清除田间病残体，拿到田外毁掉，以减少土中的菌核数量；种植耐病品种；适当晚播，增施磷、钾肥，增加植株抗病力；种子消毒灭菌；药剂防治。

2.向日葵黄萎病

(1)症状　向日葵黄萎病主要危害向日葵成株。开花前后叶尖叶肉部分开始褪绿，随后整个叶片的叶肉组织褪绿，叶缘和侧脉之间发黄，后转褐色；后期病情逐渐向上位叶扩展，横剖病茎发现维管束褐变。发病重的植株下部叶片全部干枯死亡，中位叶呈斑驳状，严重的花前即枯死，湿度大时叶两面或茎部均可出现白霉。

(2)发病规律　病菌在土壤、病残体和种子中越冬。种子果皮带菌，胚和胚乳不带菌。病菌在土中可长期存活。播种后病菌从伤口或幼根直接侵入导致发病，潜育期一般为7 d。病菌生长温度10～33℃，以23℃最适。重茬年限越长发病越重。低洼地、种植密度大易发病。

(3)防治方法　选用抗病品种；与禾本科作物实行3年以上轮作；加强栽培管理，适期播种，合理密植，增施磷、钾肥，增强植株抗病性；及时清理田间病残体，减少病源；药剂防治。

3.向日葵锈病

向日葵锈病是向日葵的重要病害，在此病流行期，可导致向日葵严重减产。

(1)症状　向日葵各生育期都能发生，特别是叶片发生最显著。苗期在子叶及第一对真叶正面出现黄色病斑，其中产生微细小黑点，即病菌的性孢子器。随后在叶背面病斑处，生出许多黄色小粒点，即病菌的锈孢子器。夏初叶背面散生褐色小疱，小疱表皮破裂后散出褐色粉状物，即病菌的夏孢子堆和夏孢子。

(2)发病规律　该病发生与上年累积菌源数量、当年降雨量关系密切，尤其是幼苗和锈孢子出现后，降雨对其流行起重要作用。

(3)防治方法 选用抗病品种；将病株清除出田间并烧毁；加强前期管理，及时中耕，合理施用磷肥；药剂防治。

(二)向日葵虫害

向日葵螟是东北地区向日葵的主要害虫，属于鳞翅目，螟蛾科。

1. 为害症状

向日葵螟一般只为害向日葵一种作物和菊科飞廉属的一些野生植物。以幼虫为害，主要咬食向日葵种子。其次，也咬食花盘和萼片，受害的花盘被蛀成许多隧道，其中充满被咬下的碎屑和排出的粪便，遇雨湿易引起腐烂，降低产量和质量。

2. 形态特征

老熟幼虫体长 15 mm 左右，灰黄色，腹面带有浅绿色，背面有 3 条暗色或淡棕色纵带，头部淡褐色，前胸背板淡黄色，气门黑色。

3. 生活史及习性

向日葵螟一年发生 1～2 代，第 1 代危害最重。以老熟幼虫在土中做茧越冬。第 1 代成虫于 7 月中、下旬开始出现，发生盛期约在 8 月上中旬，第 2 代成虫发生于 8 月下旬至 9 月上旬。成虫有趋光性，白天潜伏在向日葵地附近的杂草地里，受惊后可短距离飞翔；夜间在花盘上取食花蜜、产卵。幼虫期 18～20 d，共 4 龄，1～2 龄幼虫取食筒状花，一般 3 龄蛀食籽实，一头幼虫可食害籽实 5～8 粒，第 2 代幼虫多为害发育较晚的花盘中心部分，或为害分枝型向日葵的分枝花盘。幼虫为害时，在花盘上吐丝结网，粘连虫粪及蛀食碎屑，沿籽实排列的缝隙，形成丝网的隧道，幼虫在隧道中活动取食。老熟时立即落入土中作茧越冬。

4. 防治方法

早春及时耕翻，消灭越冬幼虫；选用耐害的硬壳品种；适当提早播种，可减轻或避免第 1 代幼虫危害；药剂防治。

(三)向日葵草害

我国不同地区的向日葵产区，其田间杂草种类和群落组成及发生规律存在很大差异。为害比较严重的杂草有藜、小藜、灰绿藜、地肤、猪毛菜、碱蓬、苍耳、苦苣菜、刺菜、向日葵列当、稗、马唐、狗尾草、金色狗尾草、野燕麦和芦苇等。由于不同地区杂草群落不同，杂草防除应根据向日葵不同生育期和杂草种类选择除草剂。

目前，能用于向日葵田的除草剂主要有地乐胺、氟乐灵、高效盖草能、精稳杀得、精禾草克、拿捕净、农思它、扑草净、施田补、收乐通和威霸等。

项目五 向日葵的收获与贮藏

一、收获

适时收获是保证向日葵籽实产量和质量、丰产丰收的重要环节。什么时候收获最好，取决于籽实成熟度和含水量。一般在生理成熟时可收获，但由于籽实含水量过大，收获后晾晒困难，极易霉烂变质，所以，还需经过几天自然干燥、脱水，使含水量降到 15%左右，达到工艺成熟期，再收获效果较好。

向日葵的生理成熟期半月之前是油分旺盛形成期，约25 d，这个期间可形成籽实含油量的80%，如一个含油量为42%的品种，这一时期能形成油分30%～32%，平均每天形成1.3%左右。在生理成熟前12～15 d，油分形成势头减慢，但未停止，这一时期可形成含油量5%～6%，过早收获，生理成熟过程没有结束，将造成损失。但也不能收获过晚，过晚种子过干，遇风易引起落粒，遇雨易致烂头还受鸟害，产量损失很大。

我国的向日葵收获大都用人工割盘，在场院里摊晒、脱粒，扬净后入库。脱粒用石磙压堆，或人工敲打。机械收割可用普通联合收割机，适当加以改装，主要是加大间隙，降低转速。如需用葵盘作饲料，一般不采用机械收割，以免打碎，难以利用。

二、贮藏

向日葵的安全贮藏主要取决于种子含水量。食用种的安全含水量要求达到10%～12%，用手较易按裂的程度。其次是杂质，由于杂质多为打碎的茎秆、花盘、花萼等有机物，其含水量往往大于种子2～4倍，很易引起种子含水量的提高，因此必须加以清除，清洁度应达98%以上。

油用种比食用种贮藏困难得多，由于油用种含油量高，水分存在的亲水胶体部分较小，临界水分也较低。所谓临界水分，就是种子中酶活动停止的水分含量。超过这个水分含量，酶就打破休眠开始活动。酶活动产生呼吸，引起自热和油分的分解，降低油的质量。油用种的皮壳薄，在收获、脱粒、运输，特别是机械收获脱粒的过程中，易破碎、脱壳，形成有机杂质，极易受霉菌侵染，引起自热和变质。

向日葵在贮藏期间保持干燥低温，可以延长种子寿命。高温、高湿则易使种子衰老、变质而丧失发芽能力。因此，库房要有通风、降温设备。

模块小结

本模块学习了向日葵的类型、形态特征、生长发育过程、对环境条件的要求，以及向日葵的播前准备，播种技术，田间管理和收获与贮藏技术。通过对本模块的学习，我们可以全面掌握和了解关于向日葵的生物学基础知识和向日葵的栽培技术，可以科学地进行向日葵的生产与管理工作。

模块巩固

1. 向日葵的油用型和食用型有哪些不同？
2. 向日葵为什么耐旱？
3. 向日葵一生分为哪几个生育时期？每个生育时期的生长发育有何特点？
4. 向日葵为什么间作时产量要高于清种？
5. 有杈的向日葵品种为什么要打杈？
6. 如何为向日葵进行人工辅助授粉？

模块二

南瓜生产与管理

【知识目标】

通过本模块学习，了解南瓜栽培的生物学基础知识，掌握南瓜栽培技术，为指导南瓜生产打下基础。

【能力目标】

具备根据生产实际情况对南瓜进行科学选地选茬、播种育苗、田间管理、收获的能力，能够独立完成并指导南瓜生产与管理工作。

南瓜简介

南瓜起源于美洲，属于葫芦科南瓜属一年生蔓生性草本植物。原产墨西哥到中美洲一带，现世界各地普遍栽培，以亚洲栽培面积最大，其次为欧洲和南美洲。南瓜于明代时传入中国，现在我国南北各地广泛种植。我国是南瓜的世界第一大生产国和消费国。其中东北地区种植最广，黑龙江省尤为广泛。南瓜常见别称有倭瓜、番瓜、金瓜、饭瓜等。南瓜对环境的适应性很强，在我国各地均有种植，是高产稳产作物，是重要的菜粮兼用的救荒作物。南瓜的营养价值很高，它含有丰富的多糖类物质、氨基酸、矿物质、类胡萝卜素等，具有很好的保健作用。

南瓜是人类最早栽培的古老作物之一，它的种类、品种繁多，果实形状、大小、品质各异，色彩缤纷，多样化十分突出。

二维码 2-1　南瓜的营养价值

我国的南瓜种植产业目前正在发展壮大中。其原因一是随着我国保护地生产的迅速发展，特别是日光温室的大力推广，南瓜栽培的品种更加多样化；二是南瓜引种、育种有了新的突破，一批早熟的西洋南瓜从国外引入，同时国内也相继培育出新的南瓜品种，品质优良，经济效益好，拓宽了南瓜市场；三是南瓜的营养价值和药用价值越来越被人们所重视；四是南瓜中干物质含量高，来源丰富，具有较好加工适应性，南瓜籽和果肉适宜开发各种类型的加工食品；五是南瓜的类型和品种多样，果肉色彩丰富，是最富于变化的作物种类和极具观赏价值的植物。近年来，对南瓜生产及其重要性的认识已逐渐发生重大变化，南瓜产品备受国内外消费者的欢迎，尤其是南瓜籽及南瓜粉已成为我国重要出口创汇产品，为此，我国的南瓜种植面积在不断扩大。

南瓜是我国传统食物，特别是在粮食短缺的年代，因为它耐贮藏。艰难困苦时期的“红米饭、南瓜汤”，不但揭示了南瓜在井冈山革命根据地的利用方式，也说明了在困难时期南瓜的救荒价值，尤其在不适合五谷种植的山区，南瓜的种植优势明显。看到南瓜，不仅让人想起课本里曾学过的“红米饭，南瓜汤”的文章，感受那段革命年代的风雨沧桑。如今南瓜仍然在我国人民的餐桌上占有重要的一席之地，是一种营养膳食和美味佳肴，倍受广大人民的喜爱。

项目一　南瓜栽培的生物学基础

一、南瓜的植物学特征

1. 根

南瓜的根系很强大，入土深，分布广，主根入土可深达 2 m，大部分根群分布在耕作层 10～40 cm 的范围内，在根系发育最旺盛时整株南瓜根系可占有 10 m^3 的土壤体积。南瓜播种后 42 d 主根可深达 70 cm，在地表以下 40 cm 的范围内，许多侧根向水平方向伸展，其长可达 40～70 cm。因为它的根系强大，所以吸水和吸肥的能力都很强，生长后期具有耐旱、耐瘠薄的特性，对土壤的要求不甚严格。但南瓜的根系不耐移栽，在干旱地区栽培以直播为宜；早熟栽培育苗时，苗龄不宜过大，以免移栽时伤根、断根太多而妨碍幼苗生长。

2. 茎

南瓜的茎为蔓生，有长蔓与短蔓之分。南瓜的茎蔓分主枝、侧枝及二级侧枝。一般主蔓长 3～5 m，有的品种蔓长达 10 m 以上，少数有短缩的丛生茎蔓，一般茎蔓为空心，茎节上易生卷须，借以攀缘。多数南瓜品种分枝性较强，在栽培中需进行植株调整。茎中空，表面有粗刚毛或软毛，具有明显或不明显的棱，茎的颜色多为绿、深绿及黑绿色。在南瓜匍匐茎节上，能发生不定根，不定根可深入土中 20～30 cm，起固定茎蔓并辅助吸收水分和营养的作用。

二维码 2-2　南瓜植株的形态

南瓜茎在肥、水条件适宜时，主茎上的叶腋容易抽出侧枝即子蔓，子蔓上再抽生的侧枝叫孙蔓。茎蔓的横断面呈圆形或五角形。

二维码 2-3　南瓜的卷须

3. 叶

南瓜叶互生，叶片肥大，浓绿色或鲜绿色，有的品种沿叶脉呈现白斑，有的品种叶面无白斑。叶面白斑的多少、大小和叶色浓淡因品种而有差异。叶片近于圆形、心脏形和掌状。

叶面有茸毛，粗糙。叶柄细长而中空。叶腋处着生雌花（或雄花）、侧枝及卷须。南瓜的叶片形状、叶面茸毛及斑纹是品种特征之一。南瓜叶片由于宽大，蒸腾作用很强，故不宜进行大苗移栽。

二维码 2-4　南瓜的叶

4. 花

南瓜的花型较大。雌雄同株异花，异花授粉，借助昆虫传粉。花着生于叶腋，雌花大于雄花，花色鲜黄或黄色，筒状。雌花子房下位，柱头 3 裂，花梗粗。从子房的形态可以判断以后的南瓜形状。雄花比雌花数量多，出现早，并先开放，有雄蕊 5 个，南瓜的果实是由花托和子房发育而成的。南瓜花在夜间开始开放，早晨 4～5 时盛开。短日照和较大的昼夜温差有利于雌花形成，并可降低着生的节位，有利于早熟。雌花着生的节位因种类、品种而有很大的不同。同时也和黄瓜一样，雌雄花的着生具有很强的可塑性。主茎基部侧蔓雌花着生节位高，主茎上部侧蔓雌花着生节位低，甚至在第1～2节即可着生第一雌花。

二维码 2-5　南瓜的雄花

南瓜自然授粉多在6～8时，花开放时花粉粒较大，具有芳香气味，有引诱昆虫的作用，大多数花朵可借蜜蜂、蝴蝶等昆虫传粉。南瓜雌花受精力最高的时期比花粉发芽力最高的时期要迟；受精力和结果率最高的时间为4～5时，花朵完全开放后；此时花粉量最多，受精率最高，芳香味最浓，此后受精力下降，实行人工授粉时必须掌握好这个良机。

二维码 2-6　南瓜的雌花

南瓜雌花授粉后15 min，花粉粒开始发芽，1 h后花粉发芽完毕。花粉管在花柱内伸长的速度相当快，1 h达7～8 mm，8～10 h达到子房末端。

二维码 2-7　南瓜的果实

5. 果实

南瓜的雌花凋谢后，由花托和子房发育形成果实。南瓜果实的形状有扁圆、长圆、梨形、纺锤形、圆筒状、长筒状、瓢形。果皮硬，成熟果肉颜色多为黄色、橙黄色、白色、浅绿色等，果肉致密或疏松，果实含淀粉较多，果实形状与果皮颜色因品种不同而异。果面平滑或有明显的棱线、瘤或纵沟。果肉色多为黄、深黄、白或浅绿色等。单瓜重量因品种差异甚大，小到几克，大到几千克。果实分外果皮、内果皮和胎座3部分。一般为3个心室，6行种子着生于胎座上。果肉厚一般为3～5 cm，有的厚达9 cm以上。瓜梗硬，木质化，断面呈5棱，与瓜连接处有明显扩大，呈五角形的座。我国种植的南瓜瓜梗硬，木质化强，断面呈5棱，上有浅棱沟，与瓜连接处显著扩大，呈五角形的座。果柄长短及基座形状是区别南瓜不同种的重要依据。

在生产实践中，南瓜会出现结果间歇的现象。当南瓜蔓上第一个果实开始发育时，以后再产生的3～4个南瓜会停止发育而化瓜或落蕾，必须在第一个果实收获若干大后，再开的雌花才能结成果实。此后出现的情况，依然如前。这种现象产生的原因是由于养分争夺所致。另外当南瓜果实开始肥大后，如果是阴雨连绵或者叶子发生病害，大量受到损坏时，果实就会停止发育而化掉南瓜。南瓜结果间歇现象的产生，主要是先结的果实优先调用了养分，使后来的花、果实由于养分来源不足，引起化瓜；待果实收获后或者间隔一定节位，营养生长又积累了足够的养分之后，才具备再度结果的能力。

6. 种子

南瓜类作物的种子由种皮、胚乳、胚3部分组成。子叶中贮有糊粉粒和油脂等养分。种子成熟度对发芽率有影响，由雌花授粉至种瓜采收一般需40～45 d，采收后放阴凉处后熟10～15 d，可提高发芽率。

二维码 2-8　南瓜的种子

我国种植的南瓜种子颜色多为淡黄、白色或淡褐色。其形状扁平，千粒重125～350 g，种子寿命一般5～6年。南瓜种子的大小、形状和颜色，周缘的有无，在脐部上形成的珠柄痕等性状，都是鉴别不同品种的重要依据。

南瓜籽的营养非常丰富，含蛋白质 33%左右，脂肪 48%左右，碳水化合物 5%左右，不溶性膳食纤维 5%左右，还含有磷、钾、钠、钙、铁、锌、硒、铜以及多种维生素等营养物质。

二、南瓜的生长发育过程

(一)生育期

南瓜从出苗至成熟所经历的天数称为南瓜的生育期，不同品种的南瓜生育期差异很大，变化幅度为 45～200 d。

(二)生育时期

1. 发芽期

从种子萌动至子叶开展、第 1 片真叶显露为发芽期。南瓜浸种一般用 40～50℃温水浸种 2～4 h，在 28～30℃的条件下催芽 36～48 h。当胚根伸长 0.3～0.5 cm 时，为播种适期。浸种催芽后在正常条件下，南瓜种子自播种至子叶展开需 4～5 d，从子叶展开至第 1 片真叶显露也需 4～5 d。

2. 幼苗期

自第 1 片真叶开始长出至具有 5～7 片真叶、出现卷须前为幼苗期。这个时期植株直立生长。幼苗期发生的叶片较少，但根系开始迅速生长，幼苗期结束时，根的水平伸展已有 0.5～1 m，深达 30 cm 以上，腋芽也开始活动。这个时期在 20～25℃气温下，需 25～30 d，如果温度低于 20℃，生长缓慢，需要 40 d 以上。

3. 抽蔓期

南瓜从第 5～7 片真叶、卷须长出至第 1 朵雌花开放，为抽蔓期。此期茎叶生长加快，节间逐渐伸长，从直立生长变为匍匐生长，卷须抽出，花陆续开放，为营养生长旺盛的时期，茎节上的腋芽迅速活动，抽发侧蔓。同时花芽也迅速分化。此期要根据品种特性，注意调整营养生长与生殖生长关系，同时注意压蔓，促进不定根的发育，以适应茎叶旺盛生长和结瓜的需要，为开花打下良好基础。低温短日照下，雌花节位低。

4. 开花结瓜期

从第 1 朵雌花开放至果实成熟。此期茎叶生长与开花结瓜同时进行，到种瓜生理成熟需 50～70 d。早熟品种在主蔓第 5～10 节出现第 1 朵雌花，中熟品种在主蔓第 10～18 叶节出现第一朵雌花，晚熟品种迟至第 24 叶节左右才出现。在第 1 朵雌花出现后，每隔数节或连续几节都能出现雌花。不论品种熟性早晚，第 1 朵雌花结的南瓜小，种子也少，在早熟品种上尤为明显。

南瓜发芽期根、茎、叶总生长量较小。幼苗期和抽蔓期生长量不大，生长速度缓慢。幼苗期主枝生长迅速，抽蔓期为营养生长旺盛时期，结果期迅速生长，生长量较大。南瓜生长发育过程中，光合产物首先保证叶片自身的再生长，以扩大生产能力，直至结果中期以前，茎叶为生长中心。其后，果实才成为光合产物的分配中心和生长中心。

南瓜的花芽分化在幼苗期即已开始，低温、短日照条件有利于雌花的分化。在白天 20℃，夜晚 10℃，日照 8 h 的条件下，雌花多，子房和花瓣肥大。多数品种在 7～8 节开始着生雌花，以后每隔 4～5 节再着生雌花；侧蔓通常在 4～5 节着生第 1 朵雌花，以后每隔 3～4 节再着生雌花。

南瓜果实的发育因品种而有差异，其果实发育呈多态性，从开花至果实成熟，果实的鲜重和干重不断增加，至果实发育后期才逐渐减慢。果实的纵径和横径以果实发育的前半期增长快，后半期很少增长，说明南瓜果实先有大小的增长，然后才逐渐充实。

三、南瓜对环境条件的要求

1. 温度

南瓜原产于美洲热带地区，所以喜温；同时又对温度有较强的适应性，故分布的范围比较广。发芽的最低温度为13℃，20℃以下不仅发芽率低，而且发芽不正常的达到20%～30%。正常发芽时，幼根先从发芽孔伸出，其次是幼芽发生；而发芽不正常时则是子叶先出，幼根后出，因而幼苗不壮。发芽最适温度为30℃，最高温度为35℃，高于40℃不发芽。南瓜开花结果要求的温度在15℃以上，果实发育最适温度为22～23℃，在低温条件下利于雌花的分化。南瓜生长、开花和结果需要高温，植株生长必须不低于12℃，最适宜温度为18～32℃。

2. 水分

南瓜根系强大，具有较强的吸水能力和抗旱能力，特别是直播栽培时表现更为显著，所以在干旱地区无灌溉的情况下，以直播栽培更为有利。因为南瓜叶片大而多，蒸腾作用旺盛，缺水时必须适时灌溉，方能获得高产。但水分过多时，易徒长，会影响根系的吸收和正常发育，引起地上部的生理失调。雌花开放时，若遇阴雨天气，则易落花落果。

3. 光照

南瓜属于短日照作物，只有当日照长度短于其临界日长时才能开花，在一定范围内，暗期越长，开花越早，如果在长日照下则只进行营养生长而不能开花。

南瓜对于光照强度要求比较严格，在充足光照下生长健壮，弱光下生长瘦弱，易徒长，并引起化瓜。但在高温季节，如果阳光强烈则易造成严重萎蔫。所以，高温季节栽培南瓜时，可适当套种高秆作物，有利于减轻直射阳光对南瓜造成的不良影响。由于南瓜叶片肥大，互相遮盖严重，田间消光系数高，影响光合产物的产生，所以要注意必要的植株调整。

4. 土壤和营养

南瓜的根系是很强大的，主根入土深度可达2 m，大部分根群分布在耕层10～40 cm的范围内，许多侧根向水平方向伸展其长度可达50 cm。因其根系强大，所以吸肥能力很强，对土壤的要求不甚严格，瘠薄的土地也能栽培，但为了获得高产优质的产品，仍以沙质壤土或壤土为宜。南瓜的适宜土壤酸碱度为pH 5.5～6.8。在土壤肥沃的情况下，必须加强管理，防止徒长，才能获得高产。南瓜在生长初期，必须有充足的氮肥，以扩大其叶面积，而在生长中期特别是在开花结果期，如果氮肥施用过多则容易引起茎叶徒长，导致落花落果以及加重病害，这时必须有充足的磷、钾肥料。南瓜苗期对营养元素的吸收比较缓慢，抽蔓以后吸收量明显增加。第一个南瓜坐稳后，是需肥量最大的时期。此期营养充足，可促进茎叶生长，有利于南瓜高产。南瓜对有机肥料有良好的反应，在施用基肥、追肥中应注意增施有机肥。

项目二　南瓜播前准备

一、选地选茬

1. 选地

南瓜对土壤的要求不严格，瘠薄的土壤上也能种植南瓜，但为了获得高产优质的南瓜产品，仍以沙壤土或壤土为宜。适宜的土壤 pH 为 5.5～6.8。土壤肥沃时注意加强管理，以防徒长。在前茬作物收获后，要及时清洁田园，翻耕土地，以改良土壤的物理性状，从而提高地温，以利早发。每亩可施优质腐熟的有机肥 2 000～3 000 kg，结合深耕深层施或结合耙地、旋耕全层施入。

南瓜对前茬作物施用除草剂敏感，需要一定的间隔期，不同的除草剂间隔期有所不同。前作施用氯嘧磺隆（豆磺隆）后种南瓜需间隔 36 个月，施用烟嘧磺隆后种南瓜需间隔 18 个月。氟磺胺草醚（胺草醚、虎威）、三氟羧草醚（杂草焚）、乙氧氟草醚（果尔）、甲羧除草醚等种南瓜需间隔 18 个月。含有咪唑乙烟酸成分（普施特）种南瓜需间隔 40 个月。施用含有异噁唑草酮成分后种南瓜等需间隔 18 个月。施用含有异噁草松（广灭灵）成分后种南瓜需间隔 12 个月。

2. 选茬

南瓜种植前茬以小麦、玉米、高粱、谷子、糜子等禾本科作物为最好；大豆茬、马铃薯茬较好；向日葵茬、白菜茬、甜菜茬消耗养分较多，是较差的茬口；西瓜茬、甜瓜茬、西葫芦茬、黄瓜茬口不能种植南瓜，南瓜的轮作周期为 3 年以上。

二、整地

1. 深翻

深翻要伏翻或者早秋翻，以利蓄水保墒。麦茬可先浅耕灭茬，诱使杂草萌发，再进行深翻，做到伏翻，秋起垄，秋镇压，为春播创造条件。玉米等其他大田作物前茬应及早秋翻。翻、耙、起垄相结合。若秋翻结合秋施肥，土肥相融，沃土集中，土壤细碎，则有利于获得高产。

2. 深松

南瓜根深，深松有利于促进南瓜根系发育。在遇到大雨，田面积水时还可把水分导入犁底层以下，减少耕层积水，避免南瓜被雨水长时间浸泡。在排水不良的田块，深松整地尤为重要。

3. 三犁起垄

有深翻基础的前茬垄作地块，在用农机具起垄时，最好早春顶浆打垄，表土化冻 10 cm 左右时，先用小铧蹚原垄沟加深耕层，并条施底肥，当化冻一犁深时，破开原垄合成新垄形，再于新垄沟掏墒形成新垄，镇压后待播种。三犁起垄耕层较深，又能保墒，肥土集中，利于幼苗生长。

三、品种选择

我国栽培南瓜的主要优良品种有以下几种。

1. 金辉一号

该品种为籽用南瓜，植株生长势强，无杈率较高，中晚熟，第 1 朵雌花着生于主蔓第 8～10 节，在黑龙江省生育期 120 d。老熟瓜橘红色，圆形。单瓜质量 10 kg 左右，单瓜产籽 300～400 粒，百粒重 28 g 以上。瓜籽雪白色，籽宽 1.2 cm 左右，籽长 2 cm 左右。抗病性较强；果肉适于加工。每亩产瓜籽 75～85 kg。适宜黑龙江省第二、三级积温带种植。

2. 金辉二号

该品种第一朵雌花节位着生于 5～7 节，坐瓜节位 6～8 节。老熟瓜金黄色，瓜形高圆形。单瓜重 2～3 kg，单瓜产籽 250～350 粒，百粒重 25 g 以上，亩产瓜籽 75～100 kg，高产可达 150 kg 以上。瓜籽宽 1.10～1.15 cm，籽长 1.7 cm。抗病毒病。早熟，生育期 90～100 d。

3. 银辉一号

银辉一号南瓜生长势较强，无杈率较高。第 1 朵雌花节位着生于 6～8 节，坐瓜节位 10～

12节。老熟瓜灰绿色，瓜形扁圆形。单瓜重3～4 kg，单瓜产籽250～350粒，百粒重30 g以上，亩产瓜籽65～75 kg，高产田可达100 kg以上。瓜籽雪白色，籽宽1.2～1.3 cm，籽长2.0 cm。抗病毒病。种子维生素C含量7.96 mg/100 g，蛋白质含量38.31%，脂肪含量59.76%。中早熟品种，生育期105～110 d。

4. 银辉二号

该品种植株生长势强，主茎有少量分枝，第1雌花着生节位为第6～8节，坐瓜节位为第10～12节，生育期115 d左右，老熟瓜为灰色，瓜形扁圆。单瓜质量4～6 kg，3～5个心室，单瓜产籽300～350粒，瓜籽雪白色，籽宽1.2 cm以上，籽长2.16 cm，大板率70%～75%，百粒重35～40 g，每亩产瓜籽75～100 kg。较抗病毒病和白粉病。适宜在黑龙江、天津、北京、河北、山东、内蒙古等地种植。黑龙江省第1～4积温带均可种植，但第3积温带下限和第4积温带地区应覆盖地膜或育苗移栽种植。

5. 东选1号

东选1号南瓜为籽肉兼用型。植株长势中等，分枝能力中等。抗病性较强。中早熟，从播种到采收110 d，第1雌花着生于8～10节。老熟瓜灰色，扁圆形，瓜纵径15 cm，横径22 cm，单瓜质量2.5～3.5 kg。单瓜产籽250～350粒，百粒质量32 g，籽粒长2.0 cm，宽1.2 cm，雪白色。亩产瓜籽75～90 kg。

6. 东引1号

该品种为籽、肉兼用型。植株长势强，分枝能力强。抗病性强。晚熟，从播种到采收120～130 d，第1雌花着生于12节左右。老熟瓜橘红色，扁圆形或高扁圆形，瓜纵径25～30 cm，横径25～35 cm，单瓜质量7.5～15 kg。单瓜产籽300粒左右，百粒质量27 g，粒长1.8 cm，宽1.15 cm，雪白色，种皮薄。亩产瓜籽75～125 kg。瓜肉可用于加工。

7. 梅亚雪城1号

该品种为籽用型。植株生长强健，茎粗2.3 cm左右，分枝弱。叶缘浅裂。生育期104 d。第1雌花着于主蔓第6～8节，以后每隔3～4节出现一雌花。果实扁圆形，嫩瓜有10条白条带，老熟瓜银灰色，果肉橘黄色，肉厚2.6～3 cm，单瓜重3 kg。单瓜种子数250～300粒，种皮雪白，宽1.2 cm，长2.2 cm。百粒重38 g。耐瘠薄，耐干旱。抗花叶病毒。每亩产瓜籽83 kg左右。瓜籽维生素C含量79.4 mg/ kg，蛋白质含量35.81%，粗脂肪含量59.65%。

8. 梅亚雪城2号

该品种为籽用型。植株生长势强，分枝性弱。花粉活力强，易坐瓜。生育期105 d。第1雌花着生于主蔓第9～10节。果实圆形，果皮银灰色，单瓜种子数300粒左右，种子雪白，宽1.2 cm，长2.2 cm。百粒重36.5 g。抗病毒病，耐白粉病。每亩产瓜籽90 kg左右。

9. 甜栗王

该品种由韩国引进而来，具有早熟、生长势强、低温下坐果能力强、糖度高、果肉厚、耐储运、商品性好等特点。该品种全生育期85 d左右，雌花着生在第6～8节；瓜扁圆球形，瓜皮深绿色，具浅绿色条纹，表面光滑，瓜肉面、杏黄色，瓜重1.5 kg左右；耐低温，抗大小斑病、花叶病、较抗病毒病。

10. 裸仁南瓜

裸仁南瓜是南瓜的一种，与其他南瓜的区别是具有看似无壳的裸露的种子，实际上其种皮各层都有，但不像一般南瓜种子的外皮那样厚和硬，而是已退化成了一层薄薄的膜。一般栽培裸仁南瓜主要不是菜用而是取其种子加工成“瓜子仁”供食用，其优点是裸仁南瓜可省去剥皮的繁琐工序，在食品工业上有较高的应用价值。

二维码 2-9
裸仁南瓜的营养价值

其从播种到成熟 100～105 d，属中熟品种，需有效积温 2 100℃。其生长势强，分枝中等。茎棱状多刺，蔓长 2～3 m，易生不定根，叶片大，呈掌状，缺刻深，颜色深绿。雌雄同株异花，果实高圆形，单瓜重 4～5 kg。种子为灰绿色，形状扁平，无种壳，籽粒长 2.1 cm，宽 1.1 cm，单瓜结籽数为 350～400 粒。种子含蛋白质 34.95%，脂肪 49.91%，种子含钙 294 mg/kg，含铁 79.8 mg/kg，具有品质优，抗病性强等特点。

11. 桦南大白板

该品种是黑龙江省白瓜籽研究所培育出的无杈南瓜新品种。该品种特点是籽粒大，籽粒多，籽粒形状扁平，雪白，千粒重 250～400 g。品质好，侧枝少且弱，适合密植，生育期 95 d 左右，属早熟品种。

12. 龙园采香

该品种是食用南瓜。主蔓结瓜为主，雌花着生早，易坐瓜，单株结瓜 2～4 个。果实扁圆形，绿色皮，覆白色条带，外观整齐，均匀度高，平均单瓜重 2.0 kg。果肉厚，可食用率高，果肉橘黄色，肉质紧密，粉质性强，香甜干面。抗旱性强，耐贫瘠土地，耐寒耐热，早熟，从播种到采收 80 d 左右。既可集中采收，又可分批采收，且耐贮藏，可供应期长。抗白粉病、病毒病等多种病害。亩产 3 500 kg 左右，适宜黑龙江省各地种植。

二维码 2-10
迷你型南瓜果实

13. 迷你型南瓜

迷你型南瓜是近年来从日本、美国等引入的小型南瓜品种，属食用、观赏兼用型品种，统称“迷你型”南瓜。一般单个南瓜重 200～600 g。有贝贝、贝贝 2 号、贝贝 3 号、翡翠橘、金星、银星、迷你白等不同皮色类型的品种。我国也先后自主选育出贝贝绿 1 号、金香玉等新品种。

二维码 2-11
迷你型南瓜品种

四、种子处理

(一)选种

南瓜种植要选择质量好、新鲜的南瓜种子。这样的种子表面洁净而具有光泽，发芽率高；陈旧种子表皮发黄而无光泽，发芽力低。选种时应清除杂籽、秕籽及虫蛀、带病伤、破碎的种子，选留籽粒饱满，完整的种子。

(二)种子消毒

南瓜种子上可能带有多种病原菌，因此一般多采用温汤浸种或药剂处理的方式进行种子消毒。

1. 温汤浸种法

将干种子浸入 50～55℃温水中约 10 min，期间不断搅拌，待水温降到 25～30℃，为了保证浸种及消毒效果，用水量应是种子量的 5 倍左右，然后将种子继续浸泡 3～4 h。淘洗干净后进行催芽。这种方法是利用高温来杀死种子表面和内部的病原菌。

2. 药剂消毒法

常用 0.1%的多菌灵浸种 1 h，用清水冲洗后再用清水浸种 12～14 h；或用 0.1%～0.2%

高锰酸钾溶液浸种 30 min；或用 1%硫酸铜浸种 5 min；或用 500 倍 50%可湿性多菌灵粉剂浸种 1 h，取出冲净，可防治炭疽病；或用 10%的磷酸三钠溶液浸种 20 min，捞出后洗净，对南瓜花叶病毒防治效果较好；或用 500 倍 10%抗菌剂 401 溶液浸种 30 min，可杀死种子携带的枯萎病、炭疽病病菌；或用 2%～4%的漂白粉溶液浸种 30 min，取出后用清水洗净，可杀死种子表面细菌。

药剂消毒一般要求在浸种前进行，药剂浸种后应立即用清水冲洗，以免发生药害，浸泡所用药液温度为 25～30℃，药剂浓度不能过高或过低。

3. 高温烫种

在两个容器中分别加入等量的冷水和开水，水量为种子量的 3 倍。先将选好的种子倒入开水中，迅速搅拌 3～5 s，然后立即将另一容器中的冷水倒入，搅拌到 30℃左右，在室温下浸种 3～4 h，可杀死种子表面的病原菌。

4. 强光晒种

春季选择晴天，将种子摊在草席或纸等物体上，厚度不超过 1 cm，在阳光下暴晒，每隔 2 h 翻动 1 次，使其受光均匀。晒种除可杀菌外，还可促进种子后熟，增强种子活力，提高发芽势和发芽率。但晒种时，种子不要直接放在水泥板、铁板或石头等物上，以免温度过高而影响种子的发芽率。

（三）浸种

南瓜种子如果在室温下浸种，需要 6～10 h，每隔 2 h 搅拌一次。如果在 25～30℃的恒温下浸种只需要 3～6 h。

浸种要点，浸种时间要适当。时间过长会导致吸水过多，造成裂嘴而影响发芽；时间过短则种子吸水不足，发芽迟缓，甚至难以发芽。利用不同消毒灭菌方法处理的种子，浸种时间有所区别。采用高温浸种、恒温浸种、药剂处理以及破壳处理的种子，其浸种时间应适当缩短；浸种完毕，将南瓜种子在清水中洗几遍，并反复擦搓，洗去种子表面的黏质物，以利南瓜种子萌发。

五、种子催芽方法

催芽的目的是在人工控制条件下，促使南瓜种子快速发芽，然后再播到大田中可快速出苗。南瓜种子发芽的最适宜温度为 28～30℃。有条件的可用恒温培养箱进行恒温催芽，将完成浸种的种子用湿布包好，放入 28～30℃恒温箱内即可，此法出芽速度快，出芽整齐。在生产实际中，也可采用以下几种简便易行的方法进行催芽。

1. 电热毯催芽

将能正常使用的电热毯平铺放好（为保证种子萌动所需温度，电热毯下可垫一层棉被等物以利升温保温），然后将准备好的塑料布平铺在电热毯上面，将用于催芽的毛巾等经开水消毒后，将毛巾拧干（程度以手拧毛巾时不滴水，但手指间有水渗出为宜），铺放在塑料布上，将浸种消毒后的南瓜种子稍沥干，平铺在毛巾上，摆放均匀，不重叠；再在种子上平铺一层半湿毛巾，插上温度计，再盖上一层塑料布。为确保发芽所需温度，发芽床上可再覆盖一层毛毯等物以利保温。通过电热毯的功率开关挡并结合揭盖发芽床上层覆盖物控制种子温度在 28～30℃。一般情况下，24～30 h 种子可全部露白；当种子有 80%开始露白时，应严格控制温度，并可适当降温，防止温度过高。

2. 简易催芽箱催芽

自制一个简易木箱，留一扇门用于方便操作。将 40 W 的电灯泡直接接入箱内，为使箱内温度均匀，一般上、中、下各放一只灯泡，然后将用毛巾及塑料布包好的种子直接放入箱内，插好温度计。通过通电的电灯泡的数量及木箱覆盖的严密程度来控制种子发芽所需温度。保持箱内温度在 28～30℃，一般 30 h 后即可露白。

催芽注意事项：南瓜种子催芽过程中要经常翻动种子；催芽温度要尽量稳定在适宜范围内，最高不要超过 33℃；催芽长度以刚露白为最好，最长不要超过 3 mm，否则易折断。若出芽不整齐，可将出芽的种子挑出来先播种；或用湿布包好放在 15℃左右的条件下，待其他种子基本出齐后再一起播种。

项目三 南瓜播种技术

一、直播田播种技术

南瓜播种前，种子一定要进行精选，最好进行晒种消毒，尤其在种子的质量不能得到可靠保障时，必须进行发芽率试验，要确保种子的纯度达到 95%以上，净度达 97%以上，发芽率在 90%以上。选好的种子还要在播前晒种，一般晴天晒 1～2 d，以提高发芽率。

1. 播种期

当昼夜平均温度稳定在 13℃以上时即可播种，黑龙江省南部地区适宜播期为 5 月 10－20 日，北部地区在 5 月下旬开始播种。

2. 播种量

多数南瓜品种每穴播两粒种子，播种量一般为 10～20 kg/hm^2。

3. 种植密度

南瓜的播种量因品种和种植方式的不同而异。短蔓品种：采取单垄种植，垄宽 70 cm，株距 50 cm，保苗 1 860～2 000 株/亩。长蔓品种：采取 2：2(种二垄空二垄)种植，垄宽 70 cm，株距 40～50 cm，保苗 950～1 000 株/亩。

4. 播种方式

(1)干籽直播 墒情好的地块，干籽可直接下种，每穴播种 2～4 粒。

(2)浸种后直播 在土壤墒情及温度条件极佳的情况下，或在温度适宜、且有坐水种的条件下，采用浸种后直播的方法。

(3)浸种催芽后直播 此种方式能较前两种方式更快的出芽，但要求熟练掌握催芽技术，尤其在种子量大的情况下。种芽以刚破壳时进行播种为宜，不宜过长，如果一天播不完则要将剩下的种子放于阴凉处以免芽长得过长，播种时伤芽。

5. 封闭灭草

南瓜在播种后 1～3 d 内施用苗前除草剂，可用 96%异丙甲草胺加 75%噻吩磺隆，加水混匀后均匀喷施在土壤表面。生育期间及时进行人工除草，田间杂草要随发现随铲除。

二、苗床播种及育苗技术

(一)南瓜育苗移栽的意义

1. 延长生育期

苗床较露地可提早播种，延长南瓜生育期，提高南瓜产量。特别是在黑龙江省，热量资源有限，采用育苗移栽的方式可以延长南瓜生育期，保证南瓜充分成熟，也可以选用更加晚熟高产的品种。

2.培育壮苗

育苗移栽可以人工调控幼苗的生长，使植株矮壮，根系发达，幼苗健壮；移栽时可淘汰弱、病苗；实行等距定位栽植，使植株田间分布更加合理，能充分利用光能和地力，达到苗全、苗匀及苗壮，为南瓜丰产打下有利基础。

3.有利于早结南瓜

南瓜育苗播种早，可使南瓜幼苗处于相对较短的日照条件下和较低的温度条件下，而低温、短日照条件有利于雌花的分化，因此可以促进雌花早开，早结南瓜。

(二)南瓜作床播种及苗床管理措施

南瓜育苗主要有营养土块育苗和营养钵育苗。近年来，黑龙江省各地实践表明，采用营养土块育苗效果较好。此法简单易行、省工，便于大面积推广。有条件的地方可采用营养钵育苗，效果更好，但成本较高。

1.品种选择

南瓜育苗播种早，因此可以选择比当地直播田生育期长的品种，以发挥其增产潜力。

2.选地做床播种

育苗地点最好靠近移栽地块直接做床，要选用背风向阳、地势平坦、土质肥沃、排灌方便的地块做育苗地。为保证育苗按时进行，以秋整地秋做床为好，春整地春做床要在育苗前一周完成。

营养土块育苗法做床时，先在床底铺一层腐熟的马粪、沙子等做隔离层，以便起苗，然后将准备好的过筛优质腐熟有机肥 1 份与过筛肥沃土壤 3 份混拌均匀，营养土再加入磷酸二铵 1 kg/m^3，硫酸钾 0.25 kg/m^3，将混拌好的营养土撒入床内，约 10 cm 厚，垫上木板人工踏实，使床土达 7～8 cm 厚，浇透水，待水渗干时，在床面撒上一层干土，用刀切割成 8～10 cm 见方的营养块以待播种。在割成的营养块中间，扎 1 cm 深的小孔，每孔放 1 粒催芽的种子，后覆土 2～3 cm。播种后应立即覆地膜以利保温保湿。播种时间应在移栽前的 30 d 左右。第一积温带于 4 月 15 日左右播种；第二积温带于 4 月 20 日左右播种。

营养钵育苗法育苗时，营养钵的大小为 8 cm×8 cm 左右，营养土配制，选用未种过瓜类的沙壤土 60%、腐熟过的圈粪 40%(若用纯粪肥则比例不超过 30%)，要过筛后使用，营养土再加入磷酸二铵 1 kg/m^3，硫酸钾 0.25 kg/m^3。将配置好的营养土装在营养钵内，装土要实，钵上留 2 cm。装好的营养钵在畦内紧密摆好，用喷壶浇透水，然后用喷雾器将 50%的多菌灵可湿性粉剂 500 倍液均匀喷洒在营养土表面，待水渗后等待播种。每钵放入 1 粒催芽后的种子，要平放，覆盖潮土，厚度 2 cm 左右。播完之后加盖一层塑料薄膜以利保温保湿。

3.苗床管理

(1)温度管理　南瓜苗床温度管理通常可分为 3 个阶段。第一阶段是从播种至出苗，出苗前棚膜要密封，保持较高温度、湿度，促进种子萌发出苗。昼温保持在 25～28℃，夜温 12～15℃。此期若气温骤然下降，夜间要注意防冻。第二阶段是从出苗到二片真叶前后，管理重点是控制床温，使其保持在昼温 23～25℃，夜温为 10～12℃。一方面要防止幼苗徒长，另一方面也要防止出现冻害。棚膜要逐步做到昼揭夜盖，一般在上午 9 时左右揭膜，揭膜大小根据棚温而定。下午 3 时左右再盖上棚膜，使棚内保持一定热量，以免夜间受冻。第三阶段是在两片真叶以后至移栽前，重点是炼苗，如无霜冻，晚间可不盖膜，使南瓜苗逐渐适应外界气候条件。炼苗是培育壮苗，缩短缓苗时间的重要措施。炼苗有两方面作用：一是把床内温度调节适宜，降低土壤水分，使南瓜苗缓慢生长，促进根系发育，培育壮苗。二是把床内的小气候逐渐改变，使之接近床外气温，使苗逐渐适应自然条件，以增强苗的适应性和抗逆性。

(2)水分管理　南瓜苗期对水分反应较为敏感，水分过多过少都会影响幼苗生长，严重时会导致育苗失败。播种前已浇足底水的苗床，出苗前一般不需浇水。南瓜出苗后，当苗床营养土发白时，可用喷壶浇温水，每 2～3 d 浇一次，每次浇水应在傍晚前后进行，最后结合少量追肥进行。到移栽前 2～3 d 内，不宜再浇水以利炼苗。

4. 移栽

(1)移栽时间　移栽要根据当地气象部门的短期气象预报来确定。一般要在当地晚霜过后再进行移栽。黑龙江省早春气温很不稳定，寒流、暖流交替。移栽时要抓住寒尾暖头进行移栽，以便南瓜苗迅速扎根，增强抗寒能力。适合移栽的秧苗一般苗龄为 30 d 左右，移栽时间为：黑龙江省第一积温带可于 5 月 15 日左右；第二积温带可于 5 月 20 日左右。

(2)移栽技术　起苗要多带土，少伤根，尽量保持根系的自然状态。运苗时要防止压苗，减少震动，使营养块保持自然状态，不“散花”。在整好地施足肥的地块上，采用人工等距刨埯定向栽植。具体方法是：先划印，后等距刨埯，把苗放入中间，然后覆土压实，特别是要压实营养块周围的回填土，使营养块与土壤密接。如果土壤含水量低于 20%时需坐水移栽。一般先栽苗后浇水，待水渗干后再用覆土封埯。

5. 移栽后管理

南瓜苗在移栽后立即深蹚一犁，以防风及防止土壤水分蒸发，提高地温，消灭杂草，疏松土壤，促进根系发育，缩短缓苗时间。

当植株缓苗后，可结合浇水追肥一次。以后的管理同直播田南瓜的管理技术和方法。

三、地膜覆盖播种技术

(一)地膜覆盖的增产原理

1. 增温

地膜与地面之间形成狭小的空间，产生温室效应。同时薄膜又具有透光、隔水、隔热和不透性的功能，从而减少土壤热量再辐射散失，地膜又能防止因空气流动而带走热量，能蓄热增温，可提早播种，使南瓜提早上市或选用稍晚熟的品种。

2. 保墒

地膜覆盖能切断部分土壤水分同大气水分的交换，形成地膜与土壤之间的水分循环系统，减少土壤水分蒸发，在干旱时可使耕层含水量明显高于裸露地面。

3. 加速土壤有机质的分解，提高土壤供肥能力

覆膜后土壤温度、湿度增加，为微生物活动创造了良好的条件，可加速土壤养分的分解释放，减少水土流失和养分的挥发，使速效氮、磷含量增加，为南瓜的生长发育提供了充足的养分来源。

(二)地膜覆盖栽培措施

1. 精细整地

选地选茬与直播田南瓜基本相同。地膜覆盖种植南瓜，由于前期不进行中耕，因而对整地质量要求较高。只有提高整地质量，才能使膜与垄面贴合，防止薄膜破裂，以充分发挥覆膜的

增温保墒作用。要求将前茬作物的根茬拣净，防止扎破地膜。

2. 覆膜播种方法

覆膜方法有两种：一是先覆膜后播种；二是随播种随覆膜。先覆膜后播种要在播种前5～7 d覆膜，然后等距扎眼埯种；这种做法比较省工，但播种深度不易一致，易造成出苗不齐。随播种随覆膜具有保温保墒好的优点，出苗整齐一致。但出苗后放苗费工，如不及时放苗易造成烧苗。无论哪种方法，覆膜前都必须把垄形整好，使薄膜紧贴地表，并用湿土把两边压严，做到压严、铺平、铺紧。同时每隔1 m左右，在垄上压一个小土堆，防止膜被风吹起。

覆膜播种一般可比当地直播早7 d左右。播种深度以4～5 cm为宜。春旱严重时，也可采取催芽坐水种，然后覆膜，或先覆膜后扎眼浇水播种的方法。

3. 适时揭膜

适时揭膜可促进根系发育，并接纳雨水。当南瓜封垄后，覆膜增温效果已经丧失，可以揭掉薄膜。黑龙江省的南瓜地揭膜时间大约在6月20日前后。揭膜后与露地种植南瓜管理相同。

项目四 南瓜田间管理

一、查田补苗

南瓜较其他作物种植密度相对较低，缺苗对产量影响更大。因此，南瓜苗出齐后要对缺苗的地方进行补苗。补苗的方法主要有两种：一是催芽补种，即提前浸种催芽，适时补种，补种时可视情况选用早熟品种；二是移苗补栽，在播种时行间多播一些预备苗，如缺苗时移苗补栽。补栽苗龄以1～2片真叶为好，苗龄过大在移栽过程中伤根太重影响成活率。补栽宜在下午或阴天带土移栽，栽后浇水，以提高成活率。移栽苗要加强管理，以促苗齐壮，否则形成弱苗，影响产量。

二、间苗与定苗

南瓜田要适时间苗、定苗，可避免幼苗相互拥挤和遮光，并减少幼苗对水分和养分的竞争，达到苗匀、苗齐、苗壮。间苗过晚易形成“高脚苗”。南瓜长到1～2片真叶时，每埯留间隔较远的2株壮苗，将那些不具本品种特性，或弱苗、畸形苗和病苗拔除。当苗长到3～4片真叶时即定苗，每埯选留一株壮苗。定苗时以选下胚轴短粗、子叶肥大平展、颜色浓绿的壮苗为好，淘汰弱苗、无生长点的苗、带病的黄化苗。

三、苗后化学除草

南瓜田苗后防治禾本科杂草可用茎叶处理除草剂，如12.5%歼禾灵、15%精稳杀得、10.8%精喹禾灵等。

四、中耕

中耕具有除草、松土、提高地温、培土防倒伏、防旱防涝等多种作用，对南瓜很有益处。南瓜定植的株行距都较大。每亩种植的株数较少，宽大的行间，水、肥适宜，光照充足，气温不断升高，杂草容易发生。南瓜出苗后要进行3次中耕，最后一次要在伸蔓前结束。因为伸蔓后中耕易损坏南瓜生长点，造成南瓜减产。但如果封行前没有将杂草除尽，进入高温多雨季节后杂草丛生，此时要用手拔除杂草。

南瓜的中耕除草要做到 3 铲 3 蹚，幼苗出齐后，进行第 1 遍浅铲浅蹚，定苗时第 2 遍铲蹚，在伸蔓前必须结束第 3 遍铲蹚。随着南瓜秧倒蔓就不宜中耕了。

育苗南瓜第 1 次中耕除草是在浇过缓苗水后，在宜耕期内进行，根系附近浅一些，离根系远的地方深一些，以不松动根系为好。第 2 次中耕除草，应在南瓜秧将要开始倒蔓、向前爬时进行，这次中耕可适当地向南瓜秧根部培土，使之形成小高垄，这样有利于雨季到来时排水。随着南瓜秧倒蔓就不宜中耕了。

五、领向培土

领向培土是指伸蔓后在苗的迎风面根部培土，迫使苗向顺风横垄方向生长，通风透光，防止落花落果，易于田间管理。当瓜苗长出 8～9 片真叶时，即开始伸蔓时，根据当地夏季风向，在瓜秧基部迎风面培一次定向土，使瓜秧向顺风方向生长，促使瓜秧基部生出不定根，避免翻秧和无序乱爬造成叶片之间纵横交错。

六、肥水的管理

南瓜肥水管理要根据不同的生育阶段、土壤肥力和植株长势的情况进行。整地前一般施厩肥 1 000～2 000 kg/亩，生长期前期勤施、薄施，果期重施，同时要注意多种肥料配合施用。如果管理不当，就会发生种种问题。如在苗期和第 1 雌花坐果期，如果氮肥和水分过多就会引起植株徒长，雌花的分化和坐果就会受到影响，或者雌花出现晚，或者产生化瓜现象。相反，如果初果期留瓜过多而采收又不及时，南瓜生殖生长占优势，营养生长受到严重抑制时，又会产生坠秧现象，即因早期的瓜采收不及时而消耗大量同化物，致使后生的瓜因不能得到足够的营养而不能坐住或虽然坐住但生长缓慢从而对产量有很大影响。所以必须从管理方面调节好营养生长和生殖生长之间矛盾，使两种生长顺利进行，平衡发展。故苗期以氮肥为主，但却不可过多，以防徒长，结果以后，重施一次肥料，同时必须配合施用磷肥和钾肥，以促果实肥大。

据研究，每生产 1 000 kg 南瓜果实需吸收氮 4.5～5.2 kg、磷 1.6～1.8 kg、钾 5.3～6.0 kg、钙 4～6 kg、镁 1～3 kg。由此可见，南瓜对氮、钾的需要量大，其次是钙、磷、镁。

南瓜不同生育期氮、磷、钾的吸收特点是：氮在南瓜结果前期吸收缓慢，并逐渐增加，在南瓜果实膨大期吸收急剧增多；磷的吸收比较平稳；钾的吸收与氮吸收过程相似，但在南瓜果实膨大期吸收特别突出；钙的吸收在南瓜结果前期逐渐增加，吸收量与氮、钾相似，但后期吸收比氮、钾少；镁的吸收在南瓜结果前和结果期类似于磷，果实内种子发育时需要量增加，容易缺镁。

南瓜喜有机肥料，在施用化肥时要求氮、磷、钾配合施用。有试验表明，在一定的氮、钾肥基础上，增施磷肥可提高南瓜的坐果数，并可促进果实的发育和产量的提高。如每公顷施用磷肥 125 kg、250 kg 和 500 kg 时，产量随着磷肥施量的增加而增加。施用 125 kg 磷肥，平均单果重为 1 510 g，比对照增加 25.7%；施用 250 kg 磷肥，增加 36.7%；施用 500 kg 磷肥，增加 44.0%。施肥量应按南瓜植株的发育情况和土壤肥力情况来决定。如南瓜蔓生长点部位粗壮上翘、叶色深绿时，不宜施肥；否则，会引起南瓜徒长、化瓜。如果叶色淡绿或叶片发黄，则应及时追肥。

在南瓜定植后到伸蔓前的阶段，如果墒情可以，尽量不要浇水，以利扎根。应抓紧中耕，提高地温，促进根系发育，以利于壮秧。在开花坐果前，主要应该防止茎、叶徒长和生长过旺，以免影响开花坐果。伸蔓期追施尿素 5～10 kg/亩，过多会造成贪青徒长。当第一个瓜坐稳后，果实膨大期(瓜长到苹果大时)追含磷、钾高的复混肥，用量为 10～15 kg/亩，在离根部 8 cm 处扎眼施肥。这次追肥对促进南瓜果实的迅速膨大和多结南瓜有重要意义，必须及时进行。这个时期如土壤墒情不好，应该及时浇水并结合追施化肥，以便尽快发挥肥效。在开花期与果实膨大期还可用 0.2%磷酸二氢钾、腐殖酸类、硼钼微量元素肥等叶面肥进行叶面喷施，7～10 d 一次，连喷 2～3 次。

在果实开始收获后，追施化肥，可以防止植株早衰，增加后期产量。如果不收嫩瓜，而是采收老瓜，后期一般不必追肥。根据土壤干湿情况浇 1～2 次水即可。在多雨季节要注意及时排涝。

七、理蔓、压蔓

南瓜的理蔓和压蔓是合理设计蔓、叶在田面上的位置，形成合理的群体，以充分利用空间，改善植株的通风、透光条件，增强叶片的光合效率。因此，理蔓、压蔓也是瓜田管理中一项重要的工作。理蔓、压蔓最好在午后进行，因为上午操作时茎叶容易折断损伤。

1.理蔓

主蔓抽蔓后至第一朵雌花开放前，每隔 3～4 d 对瓜苗整理一次，使主蔓有规律地向前伸展。开花后，不再进行理蔓。

2.压蔓

压蔓具有固定叶蔓的作用，同时在被压的节位可生出不定根，辅助主根吸收养分和水分，满足植株开花结果的需要。在瓜秧倒蔓后，如果不压蔓就可能四处伸长，经风一吹常乱成一团，影响正常的光合作用和田间管理操作。通过压蔓操作可使瓜秧向着预定的方向展开。压蔓前要先行理蔓，使瓜蔓均匀地分布于地面。当蔓伸长 60 cm 左右时进行第一次压蔓，方法是在蔓旁边用铲将土挖一个 7～9 cm 深的浅沟，然后将蔓轻轻放入沟内，再用土压好，生长顶端要露出 12～15 cm，以后每隔 30～50 cm 压蔓一次，先后进行 3～4 次。对于实行高度密植栽培的早熟南瓜，则可以仅压蔓一次，甚至不压蔓。当它们进入开花结果期，在已经有 1～2 个南瓜的时候，可以选择个大、形状好、无伤害的南瓜留下来，顺便摘去其余的南瓜，同时摘除侧蔓，并打顶摘心。为了提高产量和品质，早熟南瓜可进行支架种植，棚架栽培均比爬地南瓜通风透光好，结瓜率高，瓜个大，品质好，增产多。需采用单蔓整枝的方式进行整枝。

八、整枝

南瓜的分枝能力很强，每个叶腋都能形成侧枝，主蔓上形成子蔓，子蔓分生孙蔓。整枝就是有目的地剪除部分藤蔓，使养分集中在需要保留的藤蔓上，形成藤粗、叶大的长势，提高叶片的质量，从而提高同化能力，增加通风、透光，减少病害的感染和发生。对南瓜整枝能改善田间通风透光条件，控制植株长势，调节叶面积，是促进坐瓜的有效措施之一。

南瓜生长旺盛，雌花出现较晚。早熟种在主蔓第 7～8 节出现第 1 朵雌花，中熟品种在 16～18 节开始结瓜，至于晚熟品种则需到达 20 节以上才开始着生第一朵雌花。不过它们的侧枝结果较早，从 7～8 节开始便可结瓜。南瓜整枝方法基本有两种。一种是单蔓整枝。一般主蔓结果早的早熟品种应用单蔓整枝方法，即侧枝除去，只留主蔓进行结果，每蔓留 2～3 个瓜，在最后 1 个瓜后留 2～6 片叶打顶，便于养分集中，加快果实的膨大。但以采收大果和老瓜为目的，虽属主蔓结瓜晚的晚熟品种，也有将侧枝早日摘除，使主蔓上只结一个大果的。另一种是多蔓整枝。主蔓结果过晚，而侧蔓结果早的类型和品种，一般于主蔓5～7叶时摘心，而后选留2～3个侧蔓，使各蔓结果1～2个，以嫩果供食。研究表明，整枝对于生长势较弱或中等的南瓜品种，有显著增产作用，增产率平均在于28%左右。同时土壤肥力水平的高低对南瓜开花结瓜率也有影响，所以应根据土壤肥力水平的高低，采取不同的整枝方法。在低肥条件下，应少留蔓，在高肥条件下可多留蔓。

九、人工授粉

南瓜是雌雄同株异花昆虫传粉作物，依靠蜜蜂、蝴蝶等昆虫媒介传粉而受精结实。在自然授粉的情况下，异株授粉结实率占65%，本株自交授粉的结实率可占35%。从人工授粉和自然授粉的效果看，人工授粉的结果率可达72%，而自然授粉的结果率仅有25%，所以，人工授粉对提高南瓜的结果率非常重要。特别是在阴雨天气，湿度大、光照少、温度低时，往往会影响南瓜授粉与结实。所以昆虫不出来活动需人工辅助授粉，授粉最佳时间是早晨4时至9时。所以人工授粉要选择晴天上午8时前进行。可采摘几朵开放旺盛的雄花，用蓬松的毛笔轻轻地将花粉刷入干燥的小碟子内；而后再蘸取混合花粉轻轻涂满开放雌花的柱头上，授粉以后，顺手摘片南瓜叶覆盖，勿使雨水浸入，以提高授粉效果。采用混合授粉能提高雌花对花粉选择机会，有利于提高坐果率和果实质量，提高种性。也有的将雄花采摘后，去掉花瓣直接套在雌花上，使花粉自行散落在雌花柱头上；或将雄蕊在雌花柱头上轻轻涂抹，这样也可达到人工授粉的目的。特别是对于籽用南瓜而言，授粉质量的好坏，直接影响坐瓜的多少、籽粒的多少、产量的大小及种子质量的优劣。

十、病虫害防治

（一）南瓜病害防治

1. 南瓜白粉病

白粉病是南瓜、黄瓜和甜瓜等葫芦科作物普遍发生的一种世界性病害，并成为我国南瓜绿色生产的主要障碍。南瓜白粉病是南瓜种植中最严重的一种病害。近年来导致南瓜白粉病危害的地区和发生频率逐渐扩大。

该病以菌丝或分生孢子在寄主上越冬或越夏，成为第二年初侵染源。主要侵染叶片，叶柄和茎也有发病。初期叶片两面出现近圆形白色粉状小霉点，以叶面为多，随后逐渐扩大为直径1～2 cm的白色霉斑，白粉斑逐渐连成大块，发病严重时全叶布满白粉，白粉下面的叶组织先由淡黄色变为褐色，后期变为灰白色，致使病叶枯黄变脆或卷缩，但不脱落。在秋季，病叶上还可产生黑色的点状物，此即是病原菌的闭囊壳。叶柄和嫩茎的症状与病叶相似，但白粉较少。白粉病能否流行取决于湿度和寄主的长势，一般湿度大有利于其流行。

南瓜白粉病的综合防治措施。

（1）农业防治措施　加强管理，控制种植密度，注意通风透光，以增强植物抗性；及时除去病梢、病叶，以减少侵染源。

（2）化学防治　发病初期，喷洒15%三唑酮可湿性粉剂1 500倍液或多硫悬浮剂500～600倍液。技术要点：早预防、午前防、喷周到和大水量。保护地可采取烟雾法，硫磺粉熏烟或45%百菌清烟熏剂。

(3)选择品种　通过选育和利用抗病品种成功地控制病害的流行，已在生产中获得了巨大的经济效益。利用抗病品种，还减少了对化学防治的需求，降低了生产成本，更为重要的是减少污染，降低了农药残留，具有显著的经济效益、社会效益和生态效益。黑龙江省较抗白粉病品种有银辉二号、梅亚雪城 2 号、龙园栗香南瓜等。

2. 南瓜疫病

近年来，由于南瓜种植面积不断扩大，疫病的流行，给南瓜种植业造成重大损失。据调查在黑龙江省南瓜疫病损失一般在 10%～30%，已成为南瓜生产的限制因子。黑龙江省籽用南瓜疫病的发生一般在 6 月中下旬开始侵染茎蔓，以后扩展到叶和瓜上。在 8 月中旬进入果实发病高发期，连阴雨后骤晴、气温迅速升高时发病迅猛。当田间温度为 25～30℃、相对湿度高于 85%时发病重，因此疫病又叫“水灾病”。一般在雨季或大雨后天气突然转晴气温急剧上升的情况下，病害易流行。土壤湿度在 95%以上并持续 4～6 h，病菌即可完成侵染，2～3 d 就可发生一代。属发病周期短、流行速度迅猛异常的毁灭性病害。

南瓜茎染病，可发生褐色软腐状不规则斑，蔓延迅速，湿度大时，病部也产生白色霉层。南瓜幼苗发病，茎基部会出现水渍状软腐，多呈暗绿色，常会造成南瓜苗倒伏。叶片染病初生圆形暗色水浸状斑，软腐、下垂，干燥时呈灰褐色，易脆裂。果实染病初生大小 1 cm 左右凹陷水渍状暗色斑，后迅速扩展，并在病部生出白色霉状物。

南瓜疫病综合防治措施主要有以下几个方面。

(1)选用优秀抗病品种　播种前使用 30%恶霉灵水剂 1 200～1 500 倍液对种子进行消毒处理，或对土壤进行杀菌消毒。

(2)选地　选择种植南瓜的地块排水要良好、不旱不涝。茬口以禾本科作物种植过的土壤最好，一般不用甜菜茬，忌同科、同属作物及茄科作物重、迎茬。尽量实行 3 年以上的轮作制。

(3)加强田间管理　进入高温雨季，尤其要注意暴雨后及时排除积水，雨季应控制浇水、严防田间湿度过高或湿气滞留。仔细查看茎蔓处，多次田间调查，及时拔除病株，清除烂瓜及其附近土壤，携出田外，集中处理。

(4)化学防治　发病初期，可用 25%甲霜灵可湿性粉剂或 58%甲霜灵·锰锌可湿性粉剂 400～500 倍液或 64%杀毒矾可湿性粉剂的 500 倍液进行喷雾；发病中、后期采用 72%普力克(霜霉威)水剂 600～800 倍液叶面喷雾，每隔 7 d 喷 1 次，共喷 2～3 次。

3. 南瓜病毒病

南瓜病毒病由多种病毒单独或复合浸染所引起，主要有甜瓜花叶病毒、西瓜花叶病毒、南瓜花叶病毒、黄瓜花叶病毒、西葫芦花叶病毒等，所以其初侵染源比较复杂。

(1)症状　南瓜病毒病的症状有 4 种类型。

①花叶型。典型症状是叶片和瓜果不规则形褪绿或现浓绿与淡绿相间斑驳，植株叶片受侵害后先产生淡黄色不明显的斑驳，后期呈现浓淡不均浅黄绿镶嵌状花叶，叶片会变小，叶缘向叶背卷曲并变硬变脆。老叶常有角形坏死斑，小叶簇生。瓜果表面上形成褪绿斑纹或突起。危害严重时病叶和病瓜畸形皱缩，叶脉明显，植株生长缓慢或矮化，结瓜小。

②黄化型。植株上部新生叶颜色逐渐变成浅黄色，受害叶片的叶脉呈绿色，叶肉变黄绿色至淡黄色，有时在发病初期叶脉间出现水渍状小斑点，后期病叶变硬并向叶背面卷曲。植株上黄下绿，矮化并伴有落叶现象。

③皱缩型。新生叶沿着叶脉呈现浓绿色隆起皱斑或沿着叶脉坏死，典型症状是叶片增厚、

叶面皱缩，有时变成蕨叶、裂叶，甚至叶片变小。有的植株枝杈顶端生长点部位的幼嫩叶片变褐坏死。有的植株节间变短，枝叶呈丛生状。发病瓜果上出现黄绿相间花斑，或瓜果畸形，或果面出现凹凸不平瘤状物，容易脱落。发病严重的会逐渐枯死。

④绿斑型。在新生叶上先出现黄色小斑点，后变为浅黄色或暗绿色斑纹，在暗绿色病部会隆起呈瘤状。后期叶脉透化，叶片变小，斑驳扭曲。有时病叶在白天会萎蔫，植株表现矮化。在瓜果表面上产生浓绿色花斑纹或产生瘤状物，变成畸形瘤。少数情况下在叶片和果实上现红褐色或深褐色不规则形病斑，呈斑驳坏死状，随后叶片迅速黄化脱落。

(2)传播途径　蚜虫是南瓜病毒病的主要传播媒介，南瓜病毒病可由 60 多种蚜虫传播并很容易由机械传播。田间农事操作如间苗、定苗、整枝、打杈、摘心等都能传播，使病害扩大蔓延。在高温干旱强日照条件下病毒病发病较重。

(3)防治方法　南瓜病毒病的防治方法有以下几种。

①南瓜种子播种前先进行消毒，可采取温汤浸种法以及药剂浸种法，详见“种子消毒”内容。

②采用除草剂清除田间及四周杂草，以有效减少毒源植物；育苗前应进行大棚消毒，彻底消灭棚内虫源。采用防虫网室育苗，防止蚜虫潜入；发现病株应及早拔出，在田间整枝、绑蔓、授粉时要注意先进行健株后进行病株，接触病株后要用肥皂清洗，避免人为传播。使用银灰膜、铝箔膜等措施可达到避蚜防病的目的。

③及时防治蚜虫和其他害虫，减少传播媒介。可选用 10%吡虫啉可湿性粉剂 2 000 倍液，3.2%烟碱·川楝素水剂 300 倍液，1.1%苦参碱粉剂 1 000 倍液，25%吡蚜酮可湿性粉剂 4 000 倍液等喷雾防治，可以有效防止病毒病的传播。

④药剂防治。发病初期可选用 1.5%植病灵(烷醇·硫酸铜)乳剂 1 000 倍液，或 0.5%抗毒剂 1 号(菇类蛋白多糖)水剂 300 倍液，或 20%盐酸吗啉胍·乙酸铜可湿性粉剂 1 000 倍液等喷雾防治。

(二)南瓜虫害防治

为害南瓜的害虫主要有马铃薯瓢虫，该虫属鞘翅目、瓢甲科。寄主植物有马铃薯、茄子、番茄等茄科植物以及瓜类 、菜豆等。成虫和幼虫都有为害，初孵幼虫群居于叶背啃食叶肉，仅留表皮，形成许多平行半透明的细凹纹，稍大后幼虫逐渐分散。成虫和幼虫均可将叶片吃成穿孔，严重时叶片只剩粗大的叶脉。此外，还可为害嫩茎、花瓣、萼片、果实。

1. 形态特征

其成虫体长 7～8 mm，半球形，赤褐色，体背密生短毛。前胸背板中央有一个较大的剑状纹，两侧各有 2 个黑色小斑(有时合并成 1 个)。两鞘翅各有 14 个黑色斑；两鞘翅合缝处有 1～2 对黑斑相连。卵炮弹形，长约 1.4 mm，初产时鲜黄色，后变黄褐色。幼虫老熟后体长 9 mm，黄色，纺锤形，背面隆起，体背各节有黑色枝刺，枝刺基部有淡黑色环状纹。蛹长 6 mm，椭圆形，淡黄色，背面有稀疏细毛及黑色斑纹，尾端包被着幼虫末次蜕的皮壳。

2. 生活习性

其成虫早晚静伏，白天取食、飞翔、迁移、交配和产卵，以上午 10 时至下午 4 时最为活跃。卵多产于叶背面，1 龄幼虫多群集于叶背面取食，2 龄后逐渐分散为害。

3. 防治措施

(1)人工捕杀　在马铃薯瓢虫产卵盛期(在黑龙江省大约在 6 月下旬至 7 月上旬)，摘除卵块，并兼捕成虫和幼虫。

(2)农业防治　种植南瓜避免与马铃薯、茄子等茄科蔬菜邻作或间作。早熟马铃薯收获后，及时处理残株深埋或烧毁，可以消灭大量残留的瓢虫，减少成虫转移到南瓜上的数量，从而减轻对南瓜的危害 。

(3)药剂防治　在幼虫未分散期或低龄幼虫期抓住时机适时用药，防治效果较好。可用2.5%溴氰菊酯 2 500 倍液喷雾；2.5% 功夫菊酯乳油 3 000 倍液喷雾；2%阿维菌素可湿性粉剂 20～30 g/亩加水稀释喷雾；10%吡虫啉可湿性粉剂 10～20 g/亩加水稀释喷雾，注意叶片正反两面都要喷到。

项目五　南瓜的收获与贮藏

一、采收

南瓜的适时采收，是提早供应、增加产量和收益的有效措施。特别是早熟品种，如果采收不及时，就会妨碍植株的正常发育，使继后生长的南瓜因得不到充足的营养而降低产量，甚至形成僵果，降低总产量。

南瓜的嫩瓜和老熟瓜均可采收，早期瓜和早熟种南瓜在花谢后 10～15 d 可采收嫩瓜；中晚熟种在花谢后 35～60 d 才能采收充分老熟的南瓜。采收嫩南瓜后，再通过加强肥水管理措施，促进植株继续开花结果，可实现分批分期上市。对于习惯食用老熟南瓜的地区，要待果实达到生理成熟时采收。采收老瓜时要掌握当南瓜表面出现一层蜡状物质，有许多小瘤状凸起，手指掐不进瓜皮时，才标志着完全成熟，即可采收。在分批采收供应市场后，再将其他南瓜贮藏。

二、贮藏

(一)贮藏南瓜的挑选

(1)南瓜选择　贮藏南瓜要选择老熟、无伤、无病的活藤南瓜，远销的南瓜应选取老熟果。采收标准为果皮坚硬，显现出固有的色泽，果面布有蜡粉。采收时要保留 2～3 cm 长果柄。凡由于人为碰伤、晒伤或因病虫害造成病斑、烂斑以及死秧的南瓜和不成熟的南瓜均不宜贮藏，可及时供应市场。

(2)果实采收　南瓜采收时要轻放，不要碰伤，采摘时应连带果柄摘下。收南瓜最好在连续数日晴天后的上午采收，阴雨天或雨后采收的南瓜由于含水量高而不易贮藏。

(二)南瓜的贮藏保鲜

南瓜的贮藏场所应选择通风、阴凉的室内或棚内。由于南瓜比较耐贮藏，常采用下面几种方法贮藏。

1. 堆藏

南瓜的堆藏是把选好的南瓜直接堆放在室内。堆放前地面先铺一层木板、干草或麦秸，上面堆放南瓜。摆放的方向和生长时的状态相同，可将瓜蒂朝里，瓜顶朝外，依次堆码成圆堆，每堆 15～25 个，高度以 5～6 个瓜高为好。同时留出通道，以便检查。也可装筐堆藏，每筐不宜装得太满，离筐口应留有一个瓜的距离，以利通风和避免挤压。瓜筐堆放以 3～4 个筐高为宜。贮藏前期，外界气温较高，要在晚上打开窗口通风换气，白天关闭遮阳，避免日光直接照射，室内空气要新鲜干燥，并保持凉爽。外界气温较低时，特别是到严寒冬季，注意防寒，温度应保持在 0℃以上。贮藏期内要经常检查，一般 15～20 d 翻堆 1 次，及时去掉腐烂的南瓜，以防病害蔓延。只要贮藏方法适当，一般可贮藏 3～4 个月，也有的可长达半年之多。

2. 窖藏

南瓜采收时谨防机械损伤，特别要禁止滚动、抛掷，否则内瓤震动受伤易导致腐烂。南瓜采收后宜在 24℃～27℃下放置 2 周，使瓜皮硬化有利于贮藏，这对成熟度较差的瓜尤为重要。

3. 架藏

南瓜架藏的仓位选择、质量挑选、降温、防寒和通风等要求与堆藏相同。所不同的是仓库内用木、竹或角铁，搭成分层贮藏架，铺上草包，将瓜堆放在架上。或用板条箱垫一层麦秸作为容器。瓜放入后码成垛进行贮藏。这种方法透风散热效果比堆藏好，仓位容量也比堆藏大，观测、检查比较方便。目前多采用此法贮藏南瓜。

模块小结

本模块学习了南瓜的植物学特征、南瓜的生长发育过程、南瓜对环境条件的要求以及南瓜的播前准备、播种和育苗技术、地膜覆盖技术、田间管理技术和收获、贮藏技术。通过对这些知识的学习，我们能够全面了解和掌握南瓜的生物学基础知识和栽培技术，在生产中我们需要综合运用这些知识，因地制宜地指导南瓜的生产工作。

模块巩固

1. 南瓜为什么具有耐旱、耐瘠薄的特性？
2. 如何为南瓜选茬？
3. 南瓜催芽有哪些注意事项？
4. 南瓜出苗后如何进行追肥？
5. 如何为南瓜压蔓？
6. 如何对南瓜进行整枝？
7. 如何对南瓜进行人工授粉？

模块三

甜菜生产与管理

【知识目标】

通过本模块学习，了解甜菜栽培的生物学基础知识，掌握甜菜栽培技术，为指导甜菜生产打下基础。

【能力目标】

具备根据生产实际情况进行甜菜科学选地选茬、播种、田间管理、收获的能力，能够独立完成并指导甜菜生产与管理工作。

甜菜简介

甜菜是我国两大主要糖料作物之一，是我国制糖工业的主要原料之一。我国南方主要用甘蔗制糖，北方主要用甜菜制糖，每 7.2 t 甜菜块根可生产 1 t 食糖。糖是人民生活、医药和食品工业生产中的必需品，随着人民生活水平的逐步提高，食糖消费量也在逐年增加，作为制糖工业原料的甜菜必将在我国国民经济中占有越来越重要的地位。据统计，目前有 65 类、2 300 种食品工业生产都以糖作为重要原料。

甜菜除用于制糖外，甜菜的茎叶、青头、根尾等副产物及制糖后的菜丝均含有丰富的营养物质，是牲畜的良好饲料。制糖的另一副产物糖蜜，经发酵或其他化学方法处理，可生产甲醇、乙醇、甘油、味精、丙酮等，还可制成三磷酸腺苷、金霉素、维生素 B 复合体、蛋白酵母片等药品及柠檬酸等。

如上所述，发展甜菜生产，不仅对制糖业及相关的食品、医药、化工等行业有直接的促进作用，同时对我国的畜牧业及农业发展都将起到积极推动作用。

二维码 3-1　我国甜菜生产和甜菜制糖工业的发展历程

就甘蔗糖和甜菜糖而言，总的发展趋势是甘蔗种植面积和甘蔗糖产量增加，甜菜种植面积和甜菜糖产量减少，世界糖产量的增加主要在甘蔗糖。目前甜菜种植面积比较大的国家有俄罗斯、法国、德国、美国、英国、波兰、土耳其、乌克兰、埃及和中国。欧洲是甜菜最大产区，约占世界总产量的 75%以上。我国目前甜菜种植面积 20 万 hm^2 左右，甜菜糖占国内食糖总产量的 10%左右。

2017 年中国食糖进口 229.05 万 t，目前中国食糖主要进口来源国为巴西、古巴、泰国、澳大利亚和韩国等。巴西是世界上最大的食糖生产国，年产糖量占到世界总产量的 21%，食糖出口居世界之首，对国际市场糖价产生举足轻重的影响。

项目一　甜菜栽培的生物学基础

一、甜菜的形态特征

(一)根系和块根

1.根系的生长

甜菜属直根系。种子萌发后,胚根继续伸长形成主根,主根上产生支根。待根增粗形成块根后,于块根两侧根沟中形成侧根,因此,甜菜根系由主根、支根和侧根组成。

初生根由胚根发育而来,以后发育为主根,主根生长速度很快。4 片真叶时,初生根达 30 多 cm,多数侧根长 5 cm;在 10～12 片真叶时,主根能伸长到 60 cm,侧根达 20 cm 多,根直径膨大至 1 cm 左右。到叶丛繁茂期的后期,主根的基部显著膨大,但主根的伸长比侧根慢。到生长后期,主根生长趋于停止,而侧根仍在继续生长,尤其与地面平行的侧根生长更快。成熟植株的主根长 2 m 多(图 3-1),侧根向四方伸展达 1 m 左右,支根长 50～60 cm。地表下 50 cm 乃至更深的土层里,侧根数量最多,甜菜根分布的深度和广度为其他作物所不及。因此,甜菜比一般作物耐旱性好,吸肥力强。

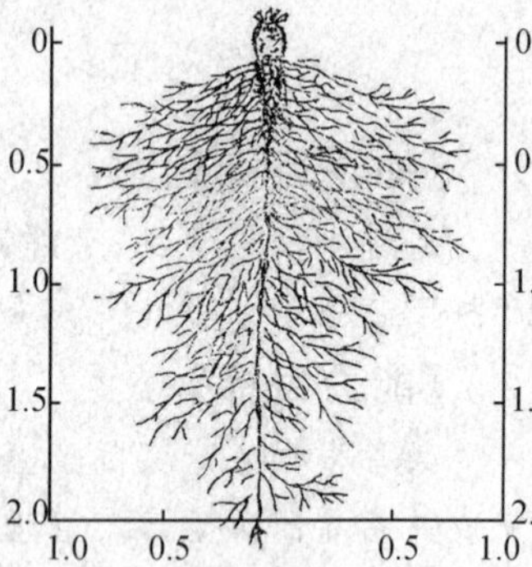

图 3-1　甜菜根系的分布(单位:m)

甜菜根系具有如下特点:一是入土深,甜菜的根系属直根系,主根生长快,出苗后不久,初生根已通过耕层能够吸收土壤深层的水分和养分,增强了幼苗抗旱性、耐盐碱性。二是生长快,甜菜幼苗出土一个多月时,主根入土已达 60 cm 深,并已形成大量支根。三是分布广,根系在土壤中分布深广,当表层土壤水分不足时,生长中期的甜菜能够很好地利用 2 m 以下的土壤水分。因此,当久旱不雨时,其他作物呈严重萎蔫甚至部分旱死,而甜菜却能正常生长。

2.块根的形态

甜菜块根分根头、根颈、根体和根尾 4 个部分(图 3-2)。根头是缩短的茎,由下胚轴形成,上面叶片呈螺旋状着生。根颈位于根头与根体之间,上部以叶痕为界限,下部以根沟的顶端为界。根颈上既不长叶,也不生根。根体由胚根形成。由根颈下部至主根直径 1 cm 以上部分为根体。直径 1 cm 以下的细根称为根尾。一般根头和根颈的长度占块根总长度 20%～30%,而根体占 70%～80%。

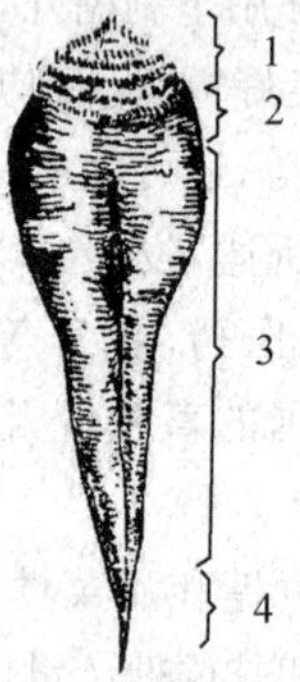

1.根头　2.根颈　3.根体　4.根尾

图 3-2　甜菜的块根

甜菜根体两侧各有 1 条根沟,侧根由根沟中长出。根沟的方向与子叶展开的方向是一致的,因此在人工间苗或移栽时要进行定向留苗或栽苗,即保留子叶展开方向与垄向垂直的苗,以利于侧根的发育。

甜菜根表皮的颜色有白色、黄色或红色。甜菜块根的形状具有遗传性,常见的有楔形、圆锥形、纺锤形、锤形等。在不良的栽培条件下,经常形成螺旋根,多头根等畸形根。

3.块根构造

甜菜成熟块根的横断面上,可看到表皮层、维管束环、环间薄壁组织。糖用甜菜块根的维管束环数一般为9～13环,其中心由初生木质部构成星状体。维管束环是由许多维管束组成,其内侧为导管,外侧为筛管。维管束间充满了薄壁细胞。不同类型的品种,其块根维管束环的数目和分布的疏密不同。一般的趋势是,高糖型品种维管束环数多,密度大;丰产型品种维管束环的数目少,密度小,环间薄壁组织带较宽。而维管束环的含糖率远大于环间薄壁组织的含糖率,所以高糖型品种的含糖率要大于丰产型品种。就同一品种而言,块根越大,环间薄壁组织所占的比重越大,因此,过大的块根含糖率反而降低。

4.块根的化学成分

甜菜的块根由水分和干物质构成。成熟期块根含水量一般占块根总重量的75%,干物质占块根总重量的25%。块根中的干物质主要是蔗糖,蔗糖占干物质总重量70%～80%,其次为非糖物质。

糖分在甜菜块根里分布是不均匀的。从块根的纵向看根体中含糖率最高,根颈次之,根头中含糖率低;从横向看从中心起向外3/4处含糖率最高,内层次之,外层最少。

在非糖物质中有些化合物,在制糖过程中能产生胶体物质,它吸收蔗糖的颗粒而形成可溶性化合物,妨碍蔗糖结晶析出,降低出糖量。有害非糖物质包括:有害氮(氨基酸、甜菜碱、硝酸盐)、有害灰分(钾盐、钠盐)、转化糖(葡萄糖、果糖)、果胶质等。

有害非糖物质在制糖工业中对出糖率影响很大。1份有害氮的存在,妨碍25份蔗糖的结晶。1份有害灰分的存在,妨碍5份蔗糖的结晶。果胶质在制糖加工澄清过程中,不能渗出沉淀,因而妨碍蔗糖的结晶。转化糖会加深糖汁的色泽。在有害非糖物质中,对制糖影响最大的是有害氮,在栽培中降低有害氮含量的途径是:在增施氮肥后,相应增加磷、钾肥的施用,可以降低有害氮的含量。丰产型品种块根含糖量和有害氮的含量低,产量高。高糖型甜菜块根产量低,含糖量高,有害氮含量也高,应选用丰产型品种。从块根大小来看,同一品种中,随着块根增大,根中糖分会减少,全氮和有害氮含量都增加。所以,降低块根有害氮含量,要合理密植。块根收获过早或收获过晚块根受冻有害氮含量都增加,应适时收获,以提高块根品质。

(二)叶

1.叶的形态

甜菜叶是单叶,由叶片和叶柄组成。叶片的形态变异很大,即使同一品种的植株间,甚至同一植株上各叶的形态也有很大差异。常见的叶片形状为团扇形、心脏形、柳叶形、舌形等(图3-3)。

叶片表面有的有皱褶,有的光滑。叶表面光滑或者皱褶,因生产条件和品种而变化。如施肥多,雨水足,空气湿润,密度小,均能使叶片趋向于皱褶。在品种类型间,丰产型品种叶片多趋向皱褶,而高糖型品种则多趋向平滑。

甜菜叶片的颜色,有淡绿色、绿色、深绿色。叶色与品种、栽培条件、氮肥施用水平有关。在同样水肥条件下,丰产型品种多趋向深绿色,而高糖型品种趋向于淡绿色。施肥多,水分充足,日照强,叶色趋向于深色。因此,不同品种不能单纯通过叶色来判断是否缺氮。

2.叶的生长

甜菜出苗后,陆续生出3对对生真叶,以后出生的叶片为单叶,互生。后生真叶呈镶嵌排列。一株甜菜平均生出50～70片叶,最多可达100多片叶。苗期的真叶平均每3 d左右生出

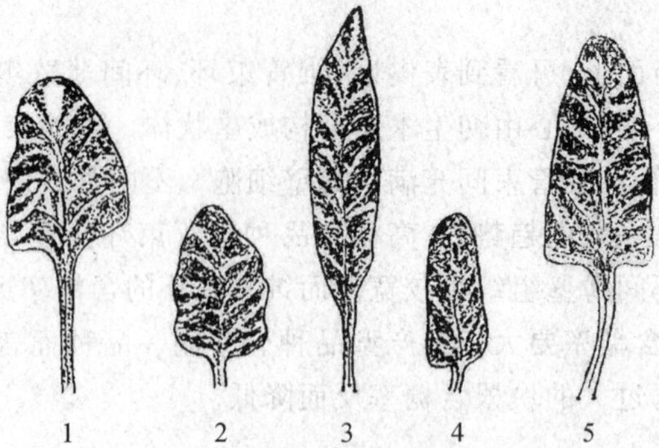

1. 圆扇形　2. 心脏形　3. 柳叶形　4. 舌形　5. 铲形

图 3-3　甜菜的叶形

1 片。最初 10 片真叶寿命最短，一般不超过 40 d，在叶丛繁茂期形成的叶片最多，每 2～3 d 生出一片，这些叶子面积大，光合作用强，寿命长，对甜菜块根产量和品质起着重要作用。后续叶片生出较慢，越晚生出的间隔时间越长，叶片寿命也较短，在收获前形成的叶片，有效功能期仅为 1～2 周。栽培水平高的甜菜地块，直到收获时叶片死亡不多，一株仍能保持 20～30 片叶，整个甜菜地不出现“开垄”现象。

（三）甜菜的种子

生产上所称的甜菜种子，实际上是果实，通常称为种球。根据种球里面的种子数量不同，甜菜种球可分为单果型和复果型两种，简称单粒种和多粒种。

二维码 3-2　甜菜多粒种

复果型种球内有 3～5 个种子，为不规则的球状。播种后发出几个芽（图 3-4），形成几株苗。虽有利于保苗，但间苗花费劳力多，且给机械化栽培带来困难；单果型种球略显盘状，内含 1 个真正种子，只发 1 个芽，是机械化栽培的理想种子。外国已开始大量采用遗传性单粒种和多倍体单粒种，使甜菜栽培完全适应机械化生产的需要。

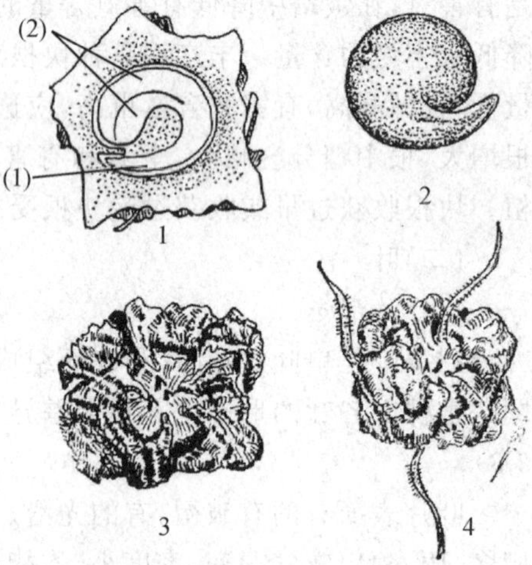

图 3-4　甜菜多粒种萌发

甜菜种子两种类型的种球外都有宿存花萼，果皮均为黄褐色或深褐色。宿存花萼和果皮均由厚壁死细胞组成，这些细胞都具有非常厚的木质化细胞壁，从而使果皮坚硬。种皮红褐色，种子直径为 1.53 mm 左右，厚度为 1.5 mm 左右，其重量不超过 5 mg。

甜菜种子复果型种球根据种球粒重可分为大粒种子（千粒重在 20 g 以上）、中粒种子（千粒重 15～20 g）、小粒种子（千粒重在 15 g 以下）。大粒种子出的苗更壮，其根重和含糖量均较高。小粒种子在生产中无种用价值。

二、甜菜的生长发育

甜菜是二年生作物，第一年进行营养生长，在我国北方春播甜菜区的自然条件下，母根经窖藏越冬并通过春化阶段，第二年春季栽植后进行生殖生长，继而进行开花结实，完成一个生命周期。以收获块根制糖为目的的甜菜生产，当块根在第一年达到生理成熟时即可收获。甜菜在第一年的营养生长过程中分为以下几个生育时期。

1. 种子萌发期

甜菜种子萌发要求温度较低，甚至在 1℃时也能发芽，这就为早播提供了条件，不过低温下发芽缓慢，迟迟不能出苗，容易感染立枯病。种子萌发时，温度适宜，吸水速度快，酶的活性高，呼吸作用增强，发芽所需日数少(表 3-1)。正常发芽的温度为 4～5℃，最适温度为 25℃，最高温度为 28～30℃。生产上当 5～10 cm 土层温度稳定达到 5～6℃时，即可播种。黑龙江省一般在 4 月中下旬至 5 月上旬播种。

表 3-1　甜菜种子发芽速度和温度的关系

(苏联甜菜研究所)

温度/℃	1～2	3～4	6～7	10～11	15～25
发芽天数/d	45～60	25～30	10～15	8～10	3～4

2. 幼苗期

从子叶出土到生出 6～8 片真叶，幼根初生皮层脱落是甜菜幼苗期。黑龙江省甜菜幼苗一般是 30～40 d。幼苗期的生育特点是叶片生长缓慢，根系纵向伸长快，76%以上的光合产物供应地上的叶丛生长，甜菜幼苗期真叶生长缓慢，5～6 d 出现一对。这批叶片寿命较短，不超过 40 d 便逐渐干枯脱落。适于幼苗生长的最低温度为 12～14℃。

二维码 3-3　甜菜子叶期

二维码 3-4　甜菜幼苗期

3. 叶丛繁茂期

甜菜由幼根脱皮结束至叶丛量达到最高值时为叶丛繁茂期。此期一般持续 40 d 左右。这时甜菜叶丛迅速生长，每隔 2 d 就可生出 1 片新叶，日增长量达到整个生长期最高峰。此时期生长的叶，寿命最长，可存活 60～70 d，它对块根产量和糖分的形成起着重要作用。叶丛繁茂期植株以氮素代谢为主，40%以上的光合产物分配到叶丛，末期田间开始封垄，地下部块根纵向伸长最快。

二维码 3-5
甜菜叶丛繁茂期

4. 块根、糖分增长期

甜菜从叶丛量达到最高值到块根增长量开始减慢为块根、糖分增长期。此期持续时间约为 40 d。进入这个时期甜菜生产中心由地上部开始转移到地下部，叶丛生长逐渐减弱，叶丛重量也随之下降；块根迅速膨大，根重和根中糖分同时增长，每日增长的干物质有 56%以上用于地下部生长和以蔗糖形式贮积在块根中，在这个时期增长的块根重量占整个营养生长期增长的块根总重量的 50%以上，因此这个时期是促进甜菜高产的关键时期。

二维码 3-6
甜菜块根、糖分增长期

甜菜在叶丛繁茂期和块根、糖分增长期要求较高的温度，充足的水分和养分以及强光照。平均温度22～24℃，土壤含水量为田间持水量的70%左右最有利于块根增长。温度过高不利于块根中的糖分积累。

5.糖分积累期

甜菜从块根、糖分增长期以后，到块根达到工艺成熟为糖分积累期，持续时间40多天。这个时期，甜菜营养生长基本停止，绿叶显著减少，枯叶大量增加。在生产上，秋季叶片死亡速度减缓，田间能在较长时间内保持较大的叶面积，不过早地出现开垄现象，是高产甜菜的长相。

这个时期块根重量增长缓慢，日增长量仅2 g左右，光合作用产物几乎全部以蔗糖贮藏在块根中，其含糖量显著提高。这个时期积累的糖分，接近整个营养生长期糖分积累的一半以上，因此是甜菜获得高糖的关键时期。

秋季日照充足，土壤湿润，白天气温15～20℃，夜间温度5～7℃，昼夜温差大的天气条件，有利于块根中糖分积累。但如果土壤湿度过大，容易引起块根腐烂。因此应注意田间排水。

三、甜菜的抗逆性

1.耐寒

甜菜出苗时，可耐-4～-2℃低温；一对真叶展开时耐寒力增强，可以短期内忍耐-8℃以下的低温；收获时可忍耐-5～-4℃的低温。在-12℃下母根经过5 d才死亡。甜菜最适宜生长的气温为20～23℃。

2.耐旱

甜菜植株生长量大，叶片多达50～70片或更多，叶面积大，蒸腾量大，块根产量高，因此，需水量大。一般在干旱地区，甜菜整个生长季节耗水3 600～6 000 m^3/hm^2(不包括对地下水的利用)。但甜菜根系深而且出苗后根系生长迅速，因此能够从土壤深层吸收水分，虽然其需水量大，但耐旱性却强于一般作物。

3.耐盐碱

甜菜适宜在中性或微碱性土壤中生长，最适土壤pH为7.0～7.5。它对酸性敏感，随土壤酸度加大，减产显著；当土壤pH$<$5时，其叉根增多。但土壤pH过高也不利其生长，pH$>$8.5时，减产25%。在含盐较重的地区发展甜菜生产，对改良和利用盐碱地是有利的。

四、甜菜的类型

生产上按块根产量和含糖率将甜菜品种划分为3种类型。

1.丰产型

此类型品种的甜菜叶色较绿，叶数多，植株生长快，生长期长，块根和叶丛产量均高，工艺成熟期较晚，块根常为纺锤形，含糖率较低，但由于块根的产量高，因此单位面积产糖量较高。适合于生长期长和肥水条件好的地区或地块种植。

2.高糖型

此类型品种的甜菜叶色绿或浅绿，生长期较短，块根产量较低，工艺成熟期较早，块根常为圆锥形或楔形，含糖率高，单位面积产糖量较低，适合于提早加工。宜在生长期较短和肥水条件差的地区种植，一般作为搭配品种。

3. 标准型

此类型品种的甜菜介于以上两者之间，属于中间类型。

另外生产上还有标准偏丰产型和标准偏高糖型品种。

五、甜菜的产量形成和品质

甜菜的产量构成因素是单位面积上块根的数量、平均单株块根重量和块根含糖率。在一定的栽培条件下，甜菜群体密度增加，块根会变小，也就是说单株块根重量会降低，含糖率会相对较高。甜菜种植密度越大时，块根短、根颈细、根头小；种植密度小时则块根长、根颈粗、根头大，而根头和根颈的含糖率是比根体低的，所以它们的比例增加会降低块根的含糖率。甜菜种植密度对其群体产量有决定性的影响。

甜菜研究结果表明，块根的大小与含糖量有关，个体过大或过小其含糖都低，块根质量0.8～1.0 kg的含糖最高，在单位面积上要获得较高的块根产量和产糖量，必须因地制宜、合理密植、形成合理的群体结构，使每个个体得到充分的营养面积，发挥叶片的光合性能。

项目二　甜菜直播田播种技术

一、选地、选茬

1. 选地

甜菜是深根喜肥作物，适于种植在地势平坦、排水良好，土质肥沃的平川地或平岗地上。低洼地土壤黏重、透水性差、易板结，地温也低，有机质分解慢、妨碍甜菜根系的发育、容易使甜菜感染立枯病和根腐病。高岗地容易跑风跑水，常引起风害和旱害。沙性土因保肥保水性能差，若种植甜菜必须增施有机肥料。

甜菜适宜生长在中性和微碱性土壤，适宜的pH为7.5～8.5。甜菜耐盐碱能力强，含盐量在0.1%～0.3%的土壤上都能正常生长，黑龙江省西部盐碱地区种植较多。黑龙江省东部白浆土呈微酸性反应，种甜菜容易得立枯病，而且白浆土透水透气性差，不宜种甜菜。最理想的土壤是黑土，特别是“黑油沙土”种甜菜，产量和含糖量都高。

2. 选茬

甜菜对前作要求较严格。最好的前茬是麦类(小麦、大麦等)，以及油菜、亚麻等夏收作物。这类作物根系浅，消耗土壤深层养分较少，与甜菜轮作，可均衡利用土壤中不同层次的养分。同时，夏收作物可伏耕晒垡，实行半休闲，接纳大量降水，促进土壤熟化，有利于恢复土壤地力。

玉米是习惯上施有机肥较多的作物，玉米茬质地疏松，杂草少，残留养分多。玉米根系对土层有很强的穿插能力，有利于改善犁底层下的土壤特性，为甜菜块根膨大创造有利条件。因此，玉米也是甜菜的良好前作。

大豆茬及其他豆类作物茬也是甜菜的较好前作。这些豆类作物根部生有大量根瘤，可以固定空气中的游离氮素，使土壤中氮素水平提高，所以豆茬较一般作物的茬口肥沃。大豆茬是软茬，豆类有改善土壤结构的作用，有利于下茬的发苗及生长。但大豆茬也有不利的方面。大豆茬地下害虫多，特别是蛴螬危害严重，应注意防治。同时，大豆和甜菜同属于需磷较多的作物，豆茬种甜菜应注意多施磷肥。

马铃薯茬质地疏松，杂草少，是很多作物的良好前作。但马铃薯耗钾量大，种植甜菜应增施钾肥。

高粱茬、谷茬、向日葵茬都属于硬茬，养分少，种甜菜不易发苗，叉根多，不宜种植甜菜。白菜、萝卜等蔬菜茬，是冷茬，对土壤养分消耗多，种甜菜不易抓苗、发苗慢，并易感染根腐病，因此也不宜种甜菜。

甜菜根系发达，吸肥多，消耗地力大，特别是深层养分消耗多，重茬势必消耗大量的单一养分，且加重褐斑病、根腐病的发生。甜菜轮作周期较长，一般实行 4～5 年以上轮作。

二、整地

1. 深耕整地

甜菜是深根作物，土层深厚、疏松有利于块根膨大和根系发育。甜菜对耕层深度的要求远远大于其他作物。通过深耕可以疏松土壤，提高土壤孔隙度，增加土壤透性；深耕形成的犁底层可以增加耕层土壤的贮水量，减少地表径流；深耕造成的疏松土壤环境可以改善土壤热状况，提高地温；深耕增加了土壤中的氧气含量，可以促进土壤有益微生物的活动，加速土壤熟化，提高土壤肥力。

深耕较浅耕的甜菜主根发达，根体长，根重大，根形整齐，增产 10%～30%，随耕翻深度的增加，增产水平相应提高。在浅耕地甜菜扎根困难，根形不整齐，叉根多。甜菜适宜的耕翻深度，一般要求达到 20～25 cm。在一些甜菜生产水平高的国家，甜菜地的耕翻深度已普遍达到 30～35 cm。

2. 深松整地

深松对于甜菜的意义同样重大，而且有深翻所不具备的优点。第一，深松可以增加土壤通透性，特别是犁底层以下土壤的通透性，增加土壤底墒。耕翻后，会在耕翻深度位置形成坚硬的犁底层。犁底层有接纳、贮存降水的作用，但当降水较多时，水分容易积聚在犁底层附近，在降水较多的年份容易形成内涝。通过深松打破犁底层，可以使水分深蓄于犁底层以下，减少耕层积水，减少根腐病的发生，增加了土壤底墒。第二，深松打破犁底层后，促进了根系的发育，使犁底层下根量及总根量更多，根系吸收能力进一步增强。第三，对于土层薄的土壤、盐碱土、白浆土，深松可以防止未熟化的土壤或含盐量高的土壤被翻到表层而影响幼苗生长。

深松必须打破犁底层，深度一般为 30 cm 以上，超深松可达 40～45 cm。

三、种子处理

机械播种需要种球表面光滑，否则会影响排种，而甜菜种子表面被大量木质化花萼包围，表面粗糙，播种时会影响排种，不利于进行机械播种。所以甜菜种球表面必须要经过碾磨处理才能进行机械播种。另外，甜菜种球为不规则球状，影响种球与土壤紧密接触，影响种子吸水。木质化花萼在萌发过程中要吸收大量水分，吸水时间长，在土壤水分充足的条件下，至少需要 48 h 以上水分才能到达种皮，因此，通过碾磨去掉部分木质化花萼，还可以促进甜菜吸水提高保苗率。甜菜种子播种前一般要经过如下处理。

1. 晾晒种子

播种前，选晴天将种子放在地面上晾晒 1～2 d，晾晒时要经常翻动种子。

2.碾磨种子

甜菜种子木质化程度高，呈不规则形状，播种前需用碾米机或石碾子碾压，磨掉木质化花萼的棱角，使种球光滑便于机械播种时排种。一般去掉木质化花萼20%左右。如果碾磨过重，会破坏种皮而损伤种子。

3.药剂拌种

为预防甜菜立枯病，可于播种前用福美双或敌克松拌种，用药量为种子重量的0.8%，即每100 kg种子用0.8 kg50%的福美双或95%的敌克松可湿性粉剂拌种。为防治甜菜象甲，可用5%锐劲特(Regent)种衣剂拌种，用药量为种子重量的1.5%～2%，密闭24h。

4.营养剂拌种

用微量元素、稀土、固氮菌、磷细菌等拌种或闷种，可补充甜菜所需营养物质，促进植株生长。

5.种子丸粒化

丸粒种是用加工设备在种子外面包上一层种衣，制成的粒径大小一致的种子。我国目前使用的甜菜种子，无论是多粒种还是单粒种，其种子表面都被木质化花萼所包围，呈不规则形状，这样的形状在播种时会造成排种不畅导致出苗后缺苗断垄。因此，在生产上提倡使用机械加工手段包衣丸粒化种子。

四、基肥与种肥施用

1.甜菜需肥规律

甜菜单位面积上的生物产量和经济产量都高，因此需要从土壤中吸收大量的营养物质。与禾谷类作物相比，在产量都比较高时，甜菜比禾谷类作物多吸收氮1.5～2.0倍，磷2倍，钾3倍左右。加之其根系发达，吸肥力强，种植甜菜后土壤肥力明显下降，导致后作减产。甜菜不但生长前期需要大量养分，在收获前一个月的糖分积累期仍需要较高量的磷、钾养分。

甜菜各生育时期对养分需求的特点如下。

(1)幼苗期　由于幼苗期植株生长量较小，因此对养分的吸收量也相对较少。但甜菜幼苗期对磷肥很敏感，磷肥可以促进根系发育，因此种肥中磷肥占有重要地位。

(2)叶丛繁茂期　叶丛繁茂期甜菜叶丛生长旺盛，需要大量养分，吸收的氮素高于磷、钾。

(3)块根、糖分增长期　对磷、钾的吸收增多，对氮的吸收减弱。

(4)糖分积累期　对氮的吸收几乎停止，但对磷、钾仍有较高吸收。

2.基肥施用

甜菜施用有机肥有显著增产作用，可施用有机肥2～3 t/亩。基肥的施用方法，有撒施和条施两种。撒施是翻地前撒于地表，深耕时翻入土中。条施是把有机肥施在播种沟里，也可在三犁起垄时先在原垄沟蹚一犁，在垄沟里施肥，再打垄，做到集中施肥。条施有机肥效果优于撒施。

3.种肥施用

甜菜幼苗期吸肥能力就较强，特别是对磷肥较敏感，幼苗期缺磷对甜菜壮苗有很大影响。因此，无论是育苗甜菜还是直播甜菜，都必须施入足够数量的种肥以满足甜菜生长的需要。

在种肥的施用中，磷肥占有重要地位。我国种植甜菜的土壤普遍缺磷，又因为苗期温度低，土壤中速效磷释放少，因此，播种时以磷肥作种肥效果显著。用磷肥作种肥，幼苗根系发育好，生长势强，干物质积累多，立枯病发病率低。在盐碱地上种植甜菜，用过磷酸钙作种肥，还能中和土壤碱性，使土壤局部 pH 降低，减轻盐碱对幼苗的危害。

磷在土壤中移动性小，磷肥宜施在种子侧下方 5 cm 处。目前普遍用磷酸二铵作种肥，在一般肥力的土壤上施入磷酸二铵 150 kg/hm^2 左右，如果用过磷酸钙作种肥，一般施入过磷酸钙 300 kg/hm^2 左右。在土壤中钾含量较少的情况下，可配合一定数量的硫酸钾施用。

氮肥一般不作为甜菜种肥施用。因为氮肥中的铵态氮肥易灼伤甜菜种子幼芽，从而影响出苗率。尿素是酰胺态氮肥，可做基肥或追肥施用，但不能作种肥。因为尿素分解产生氨时，短时间内氨的浓度很高，会灼伤甜菜种子幼芽，还会产生缩二脲，对种子发芽和幼根生长都有毒害作用。因此，在甜菜种肥中一般不用氮肥。如果土壤缺氮，可在追肥时施入。

五、合理密植

合理密植的目的是要获得单位面积内最大产糖量。单位面积产糖量是单位面积株数、单株块根重、块根含糖率三者的乘积。因此，合理密植就是要调节群体结构，有效地利用光能和地力，使个体和群体协调生长，使群体结构合理，个体充分发育，块根大小适宜，根头空心少，含糖率高。当密度过小时，个体肥大，根头发达，空心较多，品质变劣，含糖率低，单位面积产糖量少。过密时则田间早期郁闭，叶柄细长，叶部徒长，块根小，含糖率不高，产量也不高。

甜菜的合理密度，要依据当地气候条件、品种类型、施肥水平和栽培技术水平来确定。南部地区温度高，降雨多，宜稀；北部地区则宜密。土质肥沃或施肥水平高宜稀；瘦地宜密。高糖型品种宜密；丰产型品种宜稀。

黑龙江省甜菜的密植幅度，在当前栽培水平下，一般保苗 60 000～80 000 株/hm^2。

六、播种

1. 播种期

甜菜的适宜播种期，主要依据当地气候条件决定，当早春连续 5 d 土壤 5 cm 深处日平均温度达到 5℃以上时即可播种，土壤 5 cm 深处日平均温度与当地气象所报日平均温度基本相同或略高于气象平均温度 1℃左右。黑龙江省和内蒙古东部地区的适宜播种期为 4 月中、下旬，内蒙古中西部地区为 4 月上、中旬，新疆大部分地区在 4 月上、中旬。华北地区为 3 月下旬至 4 月上旬。但应当注意，在终霜晚、风害重的地区，不可盲目早播种，一定要使甜菜出苗后避免风、冻灾害。

2. 播种方法

甜菜播种方法因各地使用的播种工具和机械化水平而异，主要有条播和点播两种。

(1)条播　机械化水平高的地区用机引播种机播种，机械化水平低的地区用耧、耲等进行播种。条播的优点是播种深度一致，覆土薄厚均匀，出苗整齐。在春季干旱地区，采用耲种时要踩底、顶格子(即播种前对垄底镇压，播种后对垄顶镇压)，以利保墒。机械播种时，应用丸粒种或经过碾磨的种子，以免堵塞排种器，造成漏播。在机播过程中，要经常清理开沟器上附着的泥土、残茬等杂物，以免影响播种深度或堵塞排种管。

(2)点播　其也称穴播或埯种。点播是垄作区常用的一种播种方法，有人工刨埯播种和机械点播。人工点播是在起好的垄上，按株距刨好种穴，深 8～10 cm，然后侧深施化肥，也可同时施入农家肥，然后先覆土 5 cm，使种子与化肥隔开，每穴点播 4～8 粒种子，再覆土填平，用脚在上面踩一下。在土壤较干旱时，播种前应先踩底(在种穴内用脚尖轻踩一下)。当干旱较重时，应采用坐水埯种的方法：刨埯、侧深施肥、浇水、等水下沉后再覆土使种子与肥隔离、播种、覆土盖严，用脚轻轻镇压，于播种次日再用镇压器镇压，以免形成板结。点播下种时注意不要太集中，以免出苗聚集成堆，间苗时损伤苗根。机械点播是用通用或专用甜菜播种机在垄上或平作地上播种并结合施种肥，可比人工埯种大大节省用工量。点播的优点是节省种子，播种穴内可施种肥，能充分发挥肥效。缺点是人工播种效率低，用工量大，种子集中，间苗时易伤根。

3.播种量

甜菜播种前，需要计算甜菜的公顷播种量，首先要确定甜菜的公顷保苗数，测定种子千粒重、种子发芽率、种子净度等。甜菜的公顷计划保苗数，各地有所不同，各种不同的栽培方式中公顷保苗数也有差异，黑龙江省垄作甜菜的保苗数一般为 60 000～80 000 株/hm^2。种子千粒重不同品种差异较大，从十几克到四十几千克不等，多粒型品种多数为 20～32 g。种子发芽率要求为二倍体品种不低于 75%，多倍体品种不低于 68%，遗传单粒型品种不低于 70%，丸粒化种子不低于 80%。种子净度要求在 98%以上。

$$\text{播种量}(\mathrm{kg/hm^2})=\frac{\text{计划保苗数}/\mathrm{hm^2}\times\text{千粒重}(\mathrm{g})\times\text{每穴播种粒数}}{\text{发芽率}\%\times\text{净度}(\%)\times10^6\times[1-\text{田间损失率}\%]}$$

田间损失率一般按 15%计算，保苗不好的田块按 20%计算。每穴播种粒数依整地质量、土壤墒情、播种方法、种子质量、种子拱土能力等情况而异。如果整地质量不好、干旱、种子发芽率低就多播些，反之就少播些。由于甜菜种子拱土能力较弱，保苗率较低，因此生产中甜菜每穴播种粒数往往较多。一般播种量为 15～22.5 kg/hm^2。

项目三　甜菜田间管理技术

一、查田补苗

黑龙江省甜菜单产不高，一个重要原因就是单位面积保苗株数不够。造成缺苗的原因很多，如种子质量差、千粒重小、发芽率低、土壤水分不足、播种质量差等均会造成缺苗；刚出土的柔嫩幼苗，易遭甜菜立枯病、跳甲、蟋蟀等病虫危害，也是造成缺苗的重要原因。

为了保证全苗，当田间苗基本出齐时，如发现出苗不全，应采取补种措施。补种的种子要经过温水浸种，可用 40℃温水浸种 24 小时，再坐水补种，要覆土严密，踩好踏实，也会很快出苗。

二、间苗与定苗

甜菜一般在 1 对真叶期间苗，2 对真叶期定苗，最迟于 3 对真叶期定苗结束。据东北农业大学试验，子叶期和 1 对真叶期间苗的，可分别较 2 对真叶期间苗的提高产量 21.3%和 7.7%，而 3 对和 4 对真叶期间苗的分别比 2 对真叶期间苗的减产 9.4%和 18%，可见间苗过晚是导致甜菜单产不高的原因之一。但幼苗子叶期太小，间苗太费工，而且甜菜幼苗是陆续露出土壤表面的，较其他作物出苗期要长，子叶期间苗会增加间苗次数。定苗时间也不宜过早，太早定苗，植株太小，容易受霜冻、风沙和病虫危害造成缺苗断垄，反而对产量有较大影响。

甜菜间苗时，点播的每穴留苗 2～3 株，条播的全部变成单株，株距 3～5 cm。定苗时，点播的每穴留苗 1 株，条播的按照要求密度和株距选留单株，拔掉多余小苗。由于甜菜幼苗的叶片呈丛生状态，单株和长在一起的双株有时不易区分，有时定苗时会误留下双株，双株长在一起会严重影响产量，因此，定苗后还要进行一次清苗，将误留的双株间成单株。

甜菜间苗时要留大苗、留壮苗，要注意铲掉苗根草，培好苗根土，防止下胚轴外露影响幼苗发育。除此之外，甜菜间苗还要注意定向留苗，即保留子叶的方向和播种行的方向垂直的苗，目的是有利于侧根的发育。

三、化学除草

甜菜属矮棵作物，与其他农作物相比种植密度小，甜菜幼苗期生长缓慢，封垄时间晚，靠自身生长来抑制杂草的能力比其他作物弱，致使甜菜田容易发生草害。甜菜田常用化学除草剂除草，常用的除草剂如下。

1. 甜菜宁

甜菜宁又称凯米丰，其是选择性芽后除草剂。

防治对象：对甜菜田一年生阔叶杂草有良好的防除效果，对藜、蓼、龙葵、苘麻、苍耳的防效达 83%～91%。对禾本科杂草、莎草科杂草和未萌发的杂草无效。为扩大杀草谱，可用甜菜宁与甜菜安混合剂，也可与其他防除禾本科杂草除草剂如烯禾定、喹禾灵等混用。

使用时期：甜菜 2～4 叶期，阔叶杂草株高 5 cm 以下或阔叶杂草 2～4 叶期。

用药剂量：用 16%甜菜宁 6 000 mL/hm^2

注意事项：施药后保持 6 h 无雨，气温 25℃以上时停止施药，选早晚气温低、风小时施药。

2. 甜菜安

其是选择性芽后除草剂，通过内吸（抑制光合作用）控制阔叶杂草，通常与甜菜宁混用。

防治对象：能有效防除甜菜田一年生阔叶杂草，对龙葵、灰藜、苘麻、苋等杂草防效大于 90%，对部分禾本科杂草的防效为 65%～80%，对蓼必须在子叶期有效。可与其他防治单子叶杂草的除草剂混用，以扩大杀草谱。

使用时期：在甜菜形成 4 片真叶后，阔叶杂草 2～4 片叶期。

用药剂量：6 000～8 000 mL/hm^2，用药量超过 12 000 mL/hm^2 可能出现药害。

注意事项：

①应使用水温高于 8℃的清水，因为混浊水影响药效。正常生长条件下土壤和湿度对其药效无影响。

②在甜菜 4 叶期前使用有药害，对甜菜生长有抑制作用。

③施药后应保持 6 h 无雨。气温 25℃以上时停止施药，选早晚气温低、风小时施药。

3. 乙氧呋草黄

其他名称：甜菜呋、甜菜净、乙呋草黄

防治对象：对甜菜田的部分阔叶杂草如藜、蓼、苘麻等有较好的防治效果，还防除看麦娘、野燕麦、早熟禾、狗尾草等一年生禾本科杂草，对甜菜安全。

使用时期：甜菜苗后、杂草 2～4 叶期。

用药剂量：20%乙氧呋草黄乳油 6 000～8 000 mL/hm^2（制剂）喷雾。

注意事项：

①该药在干旱和杂草叶龄偏大时，会降低防效。建议在杂草 4 叶期前施药，喷液量的确定要考虑气候条件，如干旱可适当增大喷液量。

②该药对蜜蜂、鸟和家蚕为低毒，对鱼中毒。施药器械不得在河流、池塘等水域内清洗，以免污染水源，并注意对蜜蜂的影响。

4. 稀禾定

其是选择性强的内吸传导型茎叶处理除草剂，又称拿捕净。在禾本科与双子叶植物间选择性很高，对阔叶作物安全。除草剂活性较烯草酮低一倍。受害杂草 3 d 停止生长，2～3 周后死亡。

防治对象：稗草、野燕麦、狗尾草、金狗尾草、马唐、芦苇、牛筋草、白茅、狗牙根等一年生和多年生禾本科杂草。

使用时期：甜菜苗后 4～5 叶期，禾本科杂草 3～5 叶期。

用药剂量：12.5%拿捕净机油乳剂或 20%拿捕净乳油防治一年生禾本科杂草，2～3 叶期 1 000 mL/hm^2 防除；4～5 叶期用 1 500 mL/hm^2 防除；6～7 叶期用 2 000 mL/hm^2 防除。20%拿捕净中加入 2 000～2 500 mL 柴油能提高药效，可减少 20%～30%用药量。如果防治多年生禾本科杂草 3～5 叶期，则用 12.5%拿捕净机油乳剂或 20%拿捕净乳油 3 000～5 000 mL/hm^2 防除。

注意事项：在干旱条件下，拿捕净机油乳剂用常量也能获得稳定的药效。降雨基本不影响药效，可与甜菜宁或杀草敏混用。

四、追肥

甜菜具有需肥量大、吸肥力强、吸肥时间长的特点。只靠基肥和种肥不能满足甜菜整个生育期的需要，在生育中期以后甜菜就会发生脱肥现象。如果种肥施用过多，甜菜幼苗会徒长，不能形成壮苗，不利于高产。而且由于铵态氮肥和尿素都有烧种作用，所以甜菜种肥中最好不施用氮肥。但甜菜叶丛繁茂期需要大量的氮素化肥来促进叶丛的生长以期为将来块根的生长打下良好基础，所以在此之前必须追施氮素化肥。甜菜块根的生长、糖分的积累需要大量的磷、钾化肥，所以在块根迅速膨大之前还要追施磷钾肥料以促进块根的生长和糖分的积累。因此，追肥对于甜菜高产具有重要意义，要想夺得高产，必须要及时足量对甜菜进行追肥。

甜菜进入叶丛繁茂期后需肥量剧增，达到总肥量的 60%～80%，土壤中速效养分常感缺乏。及时追肥可以提高光合强度，促进叶片和块根生长。甜菜第一次追肥是根际追肥，即向根部附近的土壤中追施肥料。这一次追肥要掌握好时间才能充分发挥追肥效果。甜菜一般 7～8 片真叶时是追肥的最佳时期。如果追肥过晚，会引起甜菜茎叶徒长，推迟生长中心由叶部转向根部的时间，减少了块根生长期，从而降低块根产量和含糖率。这次追肥，氮、磷、钾元素都要包括，而且追肥量较大才能满足甜菜中、后期生长发育的需要。追肥用量应根据土壤肥力、基肥及种肥数量多少、甜菜长势来确定。在一般肥力的土壤上每公顷追肥量为尿素 150 kg、过磷酸钙 150 kg、硫酸钾 100 kg 左右。追肥的方法可采用人工或机械。即在距甜菜植株根部 10 cm 处，用锄头刨 10 cm 深的坑，施入化肥后覆土。机械化水平高的地区采用复式中耕机侧施肥或追肥机条施肥，深度 10 cm。中耕后若结合灌溉，能更快发挥肥效。

试验表明，甜菜根外追肥可加强植株生理活动，促进糖分运输和积累，提高块根产量和含糖率。在甜菜收获前一个月左右的糖分积累期，块根生长减弱，但糖分积累迅速，是促进甜菜高糖的关键时期。这时需要补充磷钾肥来促进糖分积累，但此时根系吸收能力已减弱，向根系附近追肥利用率低；而且如果追肥后长期无降水，还会造成肥效后延，甜菜能利用到的会很少。而根外追肥具有用量少，见效快，肥效迅速、不后延的特点，非常适合在作物生育后期进行。据原黑龙江省呼兰特产试验站试验，用1.5%和2.5%的磷钾混合液，在甜菜收获前一个月进行根外追肥，产糖量分别提高14%和10%。据内蒙古自治区轻工业厅特种作物研究所试验，在甜菜收获前一个月，用2.5%的过磷酸钙浸出液进行一次根外追肥，产量提高8.5%，含糖率提高0.8度。

甜菜根外追肥的时间，黑龙江省一般在8月下旬至9月初，即糖分积累期的初期。所用肥料浓度不宜过大，以免影响叶片吸收效果。钾盐（硫酸钾等）可用0.6%～1%的溶液，过磷酸钙用2%～3%的浸出液。喷液量为750～1 500 kg/hm^2。过磷酸钙浸出液的配制最好在追肥前一天，以利于肥料充分溶解。追肥时将泡好的肥料过滤，滤去残渣，加水稀释至所要求的浓度。一般生产上进行根外追肥时，最好选择在晴朗无风的傍晚进行。

五、中耕

甜菜块根在整个生长期都居于土壤耕层中，耕层疏松、透气、水分适宜有利于块根的膨大生长，块根产量高、品质好。如果耕层浅、土壤板结则块根小、产量低。甜菜播种前进行了整地，整地后耕层一般比较疏松，但随着甜菜的生长，耕层土壤由于重力作用下沉，雨水的冲刷、人工灌溉以及杂草的滋生也引起土壤的板结，使土壤理化性质变坏，影响甜菜根系的发育和块根的生长。因此，必须通过中耕来疏松土壤，改善土壤透气状况，提高地温，蓄水保墒，促进土壤微生物的活动来释放土壤养分，消灭杂草。对于甜菜而言，中耕还有一项特殊的作用，就是抑制根头的生长，提高根体的比重，避免形成大根头的块根。因为在整个块根中，根头的含糖率是最低的，根头在块根中所占的比重越大，那么整个块根的含糖率就越低。而且，根头中一种能在制糖时降低出糖率的有害氮的含量是根体中含量的10倍，根头所占比例越大，有害氮含量就越多，对出糖率的影响就越大。

甜菜苗期生长缓慢，抑制杂草能力低，所以甜菜的中耕除草次数比一般的作物要多，一般进行4～5次。第一次中耕结合间苗进行浅锄。第二次中耕结合定苗进行，要深锄。叶丛繁茂期还要进行1～2次中耕，其中后一次中耕要培土，将根头盖严，以抑制根头生长，提高根体比重，培土不能埋住心叶，以免影响甜菜生长。雨后土壤湿度大时，需稍干后再中耕，以免耕出泥块，压埋叶子。叶丛繁茂期的中耕要在封垄前结束。在甜菜收获前1个月，由于老叶枯死田间又形成开垄时，再进行1次中耕，破除封垄期间形成的土壤板结层，以疏松土壤，提高地温，同时消灭杂草，覆盖裸露的根头。

六、甜菜病虫害防治

（一）甜菜病害防治

1.甜菜立枯病

（1）症状　甜菜立枯病又名黑脚病、猝倒病，是甜菜苗期的主要病害。甜菜立枯病自种子发芽后到3对真叶期均可发病，而1～2对真叶期发病最重。其主要症状如下。

①种子发芽时就受病原菌侵染，导致幼苗未出土就致死。

②子叶出土后发病，其胚轴出现病斑，后变成深褐色至黑色，使整个下胚轴变黑腐烂，最后

幼苗萎蔫枯死。

③真叶期发病枯死。其发病部位最先从幼苗根尖处发病，整个主根系形成褐色干腐，从而使幼苗不能吸收水分和养分而死亡。

④真叶期发病，使后期甜菜块根畸形。这种情况下发病部位在主根，感病较轻，幼苗可恢复生长，致使形成两头粗中间细的畸形根，或主根受损后引发侧根发育形成叉根。

(2)发病条件　甜菜立枯病是由多种病原菌侵染所引起，因此发病条件也因病原菌种类不同而有所差异，一般来说有以下几个方面。

①土壤低温、高湿时发病严重。由于土壤湿度越大，某些致病病原菌越多；而土壤低温又导致出苗缓慢，从而增加病原菌侵染的机会，加重发病。

②土质黏重、易于板结或排水不良的低洼湿地，易发生立枯病。这种土壤中，水分较多，通气不良，幼苗生长受阻，降低了对病原菌的抵抗力。

③整地质量不好或酸性土壤发病重。一方面是由于多种致病菌在酸性土壤内发生较多，而甜菜在微碱性土壤中生长较好；另一方面是整地质量差会影响幼苗生长，进而加重发病。

④种子质量差或采种时就受到病原菌侵染，更易加重立枯病发生。

⑤重茬、迎茬地发病较重。主要是此类地块病原菌宿存多，从而加重立枯病病害发生。

(3)防治方法　目前主要通过化学药剂处理种子来防治甜菜立枯病。

①用种子重量0.8%的50%福美双可湿性粉剂或95%的敌克松可湿性粉剂拌种，即每100 kg种子用药0.8 kg。

②用种子重量0.8%的福美双与土菌消的混剂(1∶1)拌种，防效较好。

③用75%敌克松浸种，每100 kg种子，加水80 kg用0.5～0.6 kg药粉，浸24 h捞出，晾干后播种。或用绿享1号进行喷元色灌根防治。

2.甜菜褐斑病

(1)症状　此病主要危害叶片，在自然条件下只危害成龄叶片，病斑先发生于外层叶片，逐渐向内扩展，幼叶很少发病，发病部位最初呈褐色至紫褐色圆形至不规则形小斑点，后直径可扩大至3～4 mm圆斑，最后病斑中央呈灰白色、较薄而易碎，周围为褐色至紫色。潮湿时，病斑中央产生灰白色霉状物。后期发生严重时病斑会连接成片，整个叶片干枯死亡。甜菜褐斑病主要发生在甜菜的生育后期。这时温度下降，湿度增大，易造成病害的发生流行。褐斑病可导致甜菜块根产量降低10%～20%，并降低含糖率1度。严重发生地块可减产40%，含糖率下降2～3度。

(2)防治方法

①合理轮作。选择土质优良、排水好的地块，实行5年以上的轮作制度，避免重、迎茬。及时清理田间病叶、残株、减少田间病原菌的残留量。

②选用抗病品种。不同甜菜品种对褐斑病抗性有明显差异，事先可通过引种试验进行筛选，选择适宜本区域种植的优质抗病品种。

③药剂防治。选用70%甲基托布津可湿性粉剂1 500～2 000倍液，50%多菌灵可湿性粉剂1 000倍液，40%灭病威胶悬剂700倍液或40%百霜净胶悬剂600～700倍液。75%百菌清可湿性粉剂250～300倍液。

每公顷用配好的药液600～750 kg间隔15 d左右进行施药防治，一般施药2次就能有效地控制病害的流行。以上药剂交替使用，可提高防治效果。

3. 甜菜根腐病

(1)症状　该病多数由真菌引起,少数由细菌引起。最终都会导致块根腐烂。属于土传病害,带菌土壤是主要初侵染源。

(2)发病条件　该病的发生受多种因素的影响,不同因素影响有所差异。

①土壤结构。低洼地块的土壤质地黏重、排水不良、土壤的透气性差,导致根系发育不良,易被病原菌侵染。

②气候条件。温度过高、湿度过大是诱发根腐病发生的主要气候条件。此种情况下,病原菌会大量繁殖,致使甜菜发病严重。

③栽培条件。轮作、换茬周期短,土壤中病原菌残留量大,发病可能性就大。另外,土壤耕作管理粗放,不施有机肥或过量施氮肥,磷、钾肥不足,使植株发育不良,抗病力减弱,易于感病。

(3)防治方法　防治根腐病目前尚无有效办法,目前只能采取综合措施进行防治,从而减轻病害发生。

①地块选择。选择土壤质地肥沃、排水良好、土质疏松的沙壤土或壤土种植。

②合理轮作。按以前种植甜菜时发病严重程度来决定轮作年限,若原来发病重则轮作年限要相对长些,这样才能尽量减少土壤中宿存的病原菌,从而减轻病害发生。

③耕作栽培管理。深松土壤并及时中耕铲蹚,合理施肥,改善土壤理化性质,增加土壤通透性,创造良好的土壤环境,有利于甜菜根系生长发育,提高抗病能力。

④保护根系。田间管理过程中避免伤害甜菜根系,及时防治地下害虫,减少病原菌从伤口入侵的机会。

⑤选用抗病品种。通过区域比较试验,选择适于当地栽培的抗(耐)根腐病的品种是首选措施。

⑥药剂防治。采用种子消毒或植株根际处理法,即土壤药剂处理。

种子消毒。凡是用于防治甜菜苗期立枯病的药剂同时也可不同程度地防治中期的根腐病,可兼顾使用。

土壤处理。用 70%土菌消 800 倍液灌根,每株用药液约 150 mL。或用菌线威(1.5%二硫氰基甲烷)3 500 倍液+0.5%氨基寡糖素 600 倍液灌根。

4. 甜菜白粉病

(1)症状　甜菜白粉病是由白粉菌侵染引起的,是我国西北甜菜种植区的主要病害。可侵染叶片和植株的花器,一般开始发生于 6 月末至 7 月中旬,首先在外层叶片出现白色绒毛状病斑,然后逐渐形成白粉层,最后病叶变黄干枯而死。通常在气温高、干旱少雨的区域病害发生严重。

(2)防治方法

①农业防治。选用抗(耐)病品种;实行合理轮作,避免重、迎茬;适时浇水防干旱;收获后,及时清除田间病残体,以切断初侵染源,减轻病害发生。

②药剂防治。最佳防治时期为发病初期,可用 50%多菌灵可湿性粉剂 1 kg/hm^2 800～1 000 倍液或粉锈宁 750 g/hm^2 500 倍液,于早晨或傍晚对准茎叶均匀喷洒,隔 5～7 d 喷洒一次,连续喷 2 次;也可用 50%多菌灵可湿性粉剂 1 000 倍液或 75%甲基托布津 500 倍液喷洒,均有良好防治效果。

(二)甜菜虫害防治

1. 甜菜象甲

(1)危害症状　象甲又称象鼻虫,其是甜菜苗期主要害虫。通常在甜菜幼苗出土后,其成虫主要咬食子叶和幼嫩的真叶,严重时把叶片吃光或咬断幼茎,造成缺苗断垄。而幼虫在地下咬食甜菜块根,影响块根生长,重则整株枯死。

(2)防治方法

①农业措施。实行大面积轮作,以减少虫源。

②药剂防治。采用药剂拌种和药剂喷洒方式防治。药剂闷种和拌种:主要用甲基硫环磷进行播种前种子处理,用50%辛硫磷乳油拌种:若田间发生大量象甲时可用4.5%高效顺反氯氰菊酯乳油,或50%辛·氰乳油2 000～3 000倍液喷洒防治。

2. 甘蓝夜蛾

(1)危害症状　甘蓝夜蛾又称甘蓝夜盗虫,在甜菜种植区均有发生与危害,其幼虫主要取食甜菜叶片,严重时咬食叶柄甚至根头。在我国甜菜种植区一般一年发生2代,不同地区发生时间有所差异,均以蛹在土层中越冬。通常第一代幼虫发生在6月中、下旬至7月上旬,第二代幼虫发生盛期在8月下旬至9月上旬。若第一代未及时防治或防治不彻底,则第二代会造成严重的危害。

(2)防治方法　通过秋季深翻可直接杀死越冬虫蛹,降低来年的虫口基数,以减轻虫害发生。目前主要采用化学药剂防治,当田间90%以上的卵已孵化,多数幼虫达2～3龄时,可喷施下列药剂防治。

①2.5%溴氰菊酯2 000～2 500倍液。

②20%杀灭菊酯或20%除虫菊酯2 000～3 000倍液。

③50%辛硫磷乳油800～1 000倍液。

④5%来福灵乳油225～300 mL/hm^2,兑水750 kg。

上述药剂及剂量任选其一,用配好的药液,按600～750 kg/hm^2 用量,选择无风天气于下午3时后喷药防治,杀虫率均在90%以上。

项目四　甜菜收获与贮藏技术

一、收获时期

甜菜达到工艺成熟期时是最佳的收获时期。工艺成熟期是指块根增长基本停止,根中含糖率达到生育期间最高的时期。此时非糖物质含量少,根汁纯度达到80%以上;多数叶子由深绿变成浅绿,大部分外围叶子由绿变黄,少部分枯萎,叶面有光泽,块根的日增长量显著降低。工艺成熟期是生产中收获甜菜的最佳时期。

不同地区或同一地区的不同地块上,由于种植甜菜的土壤、地势、甜菜品种、栽培技术和当地气象条件等因素的不同,甜菜的工艺成熟期也不一致。第一,无霜期长的地区比无霜期短的地区工艺成熟期晚;第二,地势低洼的地块或土质黏重的地块工艺成熟期要推迟;第三,甜菜生育后期降水多,气温高,昼夜温差小的年份工艺成熟期晚;第四,相同条件下,丰产型品种工艺成熟期晚,标准型次之,高糖型成熟早;第五,采用纸筒育苗或地膜覆盖方式的甜菜比直播甜菜工艺成熟期早。在生产中，要依据不同情况来判断甜菜的工艺成熟期，在工艺成熟期收获加工的甜菜出糖率是最高的。

甜菜收获过早，由于块根尚未达到最高重量，糖分积累尚未全部完成，致使块根产量低，含糖率低，非糖有害物质含量相对增加，结果是减少了农民收入，降低了产糖率，影响了蔗糖结晶，使糖厂效益下降，于农民和制糖企业都是不利的。如果收获过晚，甜菜易受冻害，降低工艺品质，不耐贮藏。东北甜菜产区适宜收获期为 9 月下旬至 10 月上旬，华北甜菜产区适宜收获期为 10 月上、中旬，西北甜菜产区适宜收获期为 10 月中、下旬。

二、收获方法

甜菜收获方法有机械和人工收获两种。

机械收获甜菜，主要采用拖拉机牵引摘掉犁壁的四铧犁或五铧犁进行挖掘。犁铲入土深度 20～22 cm。中国农业科学院甜菜研究所设计制造的农甜 1GZ-2 型耕作机非常适合挖掘甜菜。该机用小四轮拖拉机牵引，每次挖松甜菜两垄，尾根被切断，块根原位松动，不失水，可防止甜菜块根受冻，满足随起、随集堆、随切削的作业要求；同时，可提前挖松，块根带土少，方便切削。该机作业效率为 4 亩/h。也有大型的甜菜联合收获机，12 垄甜菜一起收获，甜菜联合收获机主要包括清除茎叶、挖掘块根、清理输送和捡拾装载等作业。

甜菜挖掘、捡拾和集堆应连续作业，以免块根长时间风吹日晒，失水萎蔫或受冻害，降低品质。

三、切削

甜菜收获时要将甜菜茎叶、部分青头和根尾去掉，并清除附着在块根上的泥土，以提高产糖率。目前，生产上常用的切削方法主要有两种。

1. 机械切削

甜菜挖掘前，用切缨机进行一刀平切或用甜菜联合收获机在收获时直接切缨。切削标准为叶缨不散，切削部位从根头生长点算起其厚度不超过 2 cm，漏切率不超过 2%；切掉的茎叶堆放整齐，便于运输。目前，黑龙江省已研制成功 4TQ—2 型甜菜切顶集条机和 4TQ—3 型甜菜切缨机，切削质量都比较好。

2. 人工切削

甜菜的人工切削有一刀平切削和多刀梯形切削两种方式，多数地方采取二者结合的办法。即对青头较小的甜菜采取一刀平切削；对青头比较大的甜菜则采取多刀梯形切削法。一刀平切削法的具体标准是：在根头第一排叶痕上 1.5 cm 处横切一刀，削掉甜菜根头及着生的叶子，并除掉根头上干枯的叶柄和直径 1cm 以下的根尾、叉根。多刀梯形切削法是用刀从块根根头最下排叶痕处，像削铅笔似的向上斜削 5～6 刀，厚度 2～3 mm，使根头露白。不能削得过多过厚造成浪费，也不能留青头太多，否则收购时将按杂质扣除。无论是一刀平切削还是多刀梯形切削，都要在切削前用刀背刮掉块根上的泥土，削掉直径不足 1 cm 的根尾和叉根，切削过程中应尽量少伤或不伤块根皮肉，以免感染病菌，造成腐烂而妨碍贮藏。

四、临时贮藏

甜菜最好能随收获，随切削，随运走，这样损失最小。甜菜切削后如不能及时送交糖厂，应在田间进行临时贮藏，以减少产量和质量损失并防止冻害。据调查，切削后的甜菜如不加覆盖，由于风吹日晒，水分蒸发，第 1 昼夜损失重量 8.8%，第 2 昼夜损失重量 5.18%，第 3 昼夜损失重量 2.55%。

甜菜贮藏有两种类型：一是临时暖藏，即指在暖藏期能够送交糖厂的甜菜要进行临时暖藏，在堆外盖上一层湿土，将堆温控制在零上 1～8℃，使甜菜保持新鲜状态。二是较长时间的冻藏，一般是在糖厂进行，通过埋土在前期起到保鲜作用，气温下降后甜菜要冻实，块根细胞死亡，呼吸作用停止，防止糖分损失，也可防止冻化的产生，堆温要控制在－12℃以下。上述两种类型的埋堆方法均有两种方式。

圆堆保藏：圆堆的规格，一般直径 1.5～2 m，高 1.5 m，贮藏量一般每堆 1～2 t。堆上部覆土厚度为 10 cm 左右，堆下部覆土厚度为 15 cm 左右。

长堆保藏：长堆底宽 1.5～2 m，顶宽 0.5～1 m，高 1～1.5 m，长 5～10 m，甜菜贮藏量一般为 5～10 t。覆土厚度 10 cm。

上述两种保藏堆均应选择地势高燥、靠近地边、便于排水和运输的地方。堆底有挖坑和不挖坑两种，挖坑深度为 20～30 cm。挖坑可以缓和堆温变化和节省盖堆用土，但费工较多。一般均采用不挖坑方法贮藏，只要将切削好的甜菜先堆成圆（长）形堆，将堆面稍加平整，即可覆土。如果埋藏地块地势低洼，且秋雨较大，则要在堆的周围挖一条宽 20 cm、深 10 cm 的排水沟，防止雨水泡堆，影响甜菜品质。

项目五　甜菜纸筒育苗技术

一、甜菜纸筒育苗的意义

甜菜纸筒育苗移栽法是利用特制的纸筒，通过保温苗床育苗，然后将育好的苗移栽到大田中的方法。经实践证明，这是一种能大幅度提高甜菜单产的有效措施。育苗移栽一般比直播田增产 30%以上。纸筒育苗增产原因有以下几种。

1. 增加积温，延长生育期

甜菜一般生育期长 160～180 d，但黑龙江省由于无霜期短，所用甜菜品种生育期仅 135～150 d。采用纸筒育苗方式，黑龙江省可以在 4 月初育苗，5 月上旬移栽，比直播田延长了 30 d 左右的生育期，多利用活动积温 400～500℃，解决了黑龙江省生育期短，积温不足的问题。通常积温每增加 100℃，每公顷增产块根 1 t。

2. 保证合理密度，提高田间保苗率

纸筒育苗在苗床中人工控制水分、养分、温度，可育成壮苗。移栽时可选择健苗，淘汰弱苗、小苗，并能实现等距移栽，田间保苗率高，从根本上解决了直播田保苗数不足的问题。

3. 增强抗御自然灾害的能力

在风沙地区，直播田苗小，易受风沙灾害；而育苗甜菜移栽时，苗已经较大，气温又高，避免了在直播田可能遭受的风沙、干旱、霜冻的胁迫，躲过了跳甲等害虫的发生期，又能通过土壤消毒有效预防立枯病。

4. 生长中心提前转移，延长了块根糖分增长期

育苗甜菜移栽时已达 4 片真叶，而直播田尚在子叶期，移栽甜菜达最大叶面积时期较直播

甜菜提前，移栽甜菜提前进入块根、糖分增长期，块根旺盛生长时间长，有利于提高块根产量。

5. 耐盐碱能力强

甜菜本身是耐盐碱作物，随着苗龄的增长，耐盐碱能力显著提高。在盐碱地上移栽甜菜也能保全苗，获得高产。春季育苗移栽，能够利用5月份煞浆盐分随水下行的有利时机移栽甜菜，躲过盐害。

6. 经济效益高

纸筒育苗虽然增加了育苗和移栽的工序和成本，但产量得到大幅度提高，具有较高的经济效益。

二、育苗前准备

1. 纸筒

甜菜育苗所用的纸筒是以木浆为原料制成的，每册纸筒由1 400个小纸筒粘在一起构成。一册纸筒未展开时（图3-5）标准长度为39 cm，宽为15 cm或13 cm。展开时（图3-6）标准长度为115 cm，宽29 cm，高为15 cm或13 cm。育苗纸筒质地坚韧，透水、透气性强。在育苗期间能保持40 d不腐烂，移栽到大田后很快腐烂，不会束缚甜菜块根的膨大生长。移栽前浇水，小纸筒之间的联片胶分离，各个小纸筒相互分开便于移栽。育苗纸筒有两种规格：一种是特1号纸筒：每个小纸筒直径1.9 cm，高15 cm，适合垄作栽培地区或土层较厚的地块栽植。另一种是1号纸筒：每个小纸筒直径1.9 cm，高13 cm，适合平作栽培地区栽植。纸筒用量按60册纸筒移栽1 hm^2 面积计算。

图3-5 甜菜育苗纸筒（未展开时）

图3-6 甜菜育苗纸筒（展开后）

2. 苗床设置

甜菜的育苗床宜选择背风向阳、地势平坦、排水良好、距水源较近的地方。苗床面积应根据移栽面积确定，每移栽1公顷甜菜需要35～40 m^2 苗床。育苗棚的式样有以下几种。

（1）单拱棚 单拱棚宽1.5 m，高0.8～1 m，棚架条间距0.5 m，长度根据育苗量确定，如果长为10 m，则可育苗30册，移栽0.5 hm^2 地。

（2）土砖（坯）棚 用砖或土坯修筑围墙，坐北朝南。南墙高25～30 cm，北墙高50～60 cm，南北墙相距1.5 m。东西墙顶部预先留出可开闭的通风口。棚顶每隔0.5 m横一根木杆做横梁，用泥抹牢。四周围墙上端都应抹成光滑的圆拱形以防扎坏棚膜。

（3）塑料大棚 用钢筋、竹竿、木杆做棚架。宽度为6 m，高2～2.5 m，棚架间距离0.5～0.8 m，长度根据育苗量确定。

3. 床土配置

甜菜育苗床应选择土质肥沃、5 年以上未种过甜菜的麦茬、亚麻茬或玉米茬取土，不能选用蔬菜茬土壤。最好选壤土，不能选沙土、黏土、盐碱土、生土或草籽多的土，土壤 pH 以中性至微碱性为宜。取土时注意取保肥、保水、透气良好、含腐殖质较多的耕层表土，不取耕层以下的土壤。按 60 册纸筒(即能够移栽 1 hm^2 甜菜苗)取 3 500 kg 床土准备。将土运至育苗场地备用。

播种前，将腐熟的有机肥与育苗土按 1∶10 混合，用 6～8 mm 的筛子过筛。有机肥要求是充分腐熟发酵的有机肥，不能使用未经发酵腐熟的马粪，以防烧苗。

甜菜苗床可使用专用肥，如中甜 1 号甜菜苗床专用肥。每 4 册纸筒用量为 1 袋(5 kg)，每公顷 60 册纸筒用 15 袋。如果没有专用肥，可用磷酸二铵、硫酸钾混合施用，用量为 60 册用磷酸二铵 18 kg，硫酸钾 7.5 kg。操作时为了混拌均匀，可将 60 册纸筒所使用的土、有机肥、各种化肥计算、称量好，然后平均分成 10 份，即每 6 册所用土、肥料为一个单位进行掺拌肥料，将肥料分层撒入床土中，翻拌数次。并根据土壤湿度在翻拌中喷洒适量水分，床土以手握成团，落地散开为宜。如果土壤含水量过低，纸筒向苗床抬放时易出现漏土现象；如果土壤含水量过多，往纸筒中装土不便，且墩不实。拌化肥时，应少量、多次，均匀地撒入每 1 个单位床土中，并多次进行掺拌，如果化肥掺拌不匀，局部土壤化肥浓度过高会引起烧苗。

三、育苗过程

1. 展开纸筒装土

先将纸筒拉条穿过纸筒两边商标与纸筒的间隙，两个人各握两根拉条的一端拉开纸册，放在墩土板上，使拉条两端分别卡在墩土板两端的长钉上，这样整个纸筒就全部伸展开了。然后，在两侧分别放上侧板，使两端拉条卡在侧板缺口处。床土要分 2～3 次装入，充分墩实，第一次装半筒，第二次、第三次均装满。墩土时两人的动作应协调一致，特别是墩土板抬起的高度应一样平，否则会将土墩出。最后一次墩土后，纸筒上端要留出 1 cm 左右的空隙以便播种。

机械化程度较高的地区墩土可使用墩土机，使用墩土机时，先将纸筒展开稳固在礅土机上，然后装入配制好的床土，待全册纸筒装满后，墩土 3～4 次，再将纸筒上端墩空部位填满床土，再墩 7～8 次，清除筒上浮土。

2. 放纸筒入苗床

苗床放入育苗纸筒前，先将床土整平，使床底处于水平状态。在苗床一侧拉一条细绳做准绳。将已墩好土的、置于搬运板上的纸筒抬到苗床，使长边(115 cm)的一侧对准准绳，倾斜搬运板，用长 40 cm、宽 15 cm 的木板紧贴纸册抬起的一侧，用力将纸筒推入苗床，同时迅速撤出搬运板。这样第一册纸筒就放好了，按相同的方法放置其余的纸筒。每放一册纸筒时都要注意与上一册纸筒对齐，贴紧，不能留有空隙。如有空隙要用土填实。所有纸筒摆好后，要沿四周培土，培土高度与纸筒高度相同，并将培土踩实，以防外围纸筒被风吹干。

使用墩土机墩土的纸筒，墩完后翻转纸册，并将装满土的纸册抬至播种台。翻转后的纸册，由于凸起板的作用，每个纸筒上部形成 1 cm 左右的空隙。这时用播种板播种，每孔播种 1～2 粒种子。播后检查，对于漏播的小纸筒，人工补播。

3. 播种

当夜间温度稳定通过－5℃时，是甜菜纸筒育苗的适宜播种期。具体时间为黑龙江省、吉林省一般在4月初，辽宁省一般在3月20日左右，内蒙古东部地区一般在4月5日左右，内蒙古西部地区一般在3月末至4月初。每孔点播1～2粒种子。每册纸筒播后检查一遍，防止漏播。

4. 浇水

用墩土板墩土时，先浇水后播种；用墩土机墩土时，先播种，覆土后浇水。浇水要浇足浇透，否则会影响出苗。每册约用水10 kg，有条件的地方最好用30℃的温水，以利种子萌发。

5. 覆土

为防甜菜苗期立枯病，对覆土要进行消毒处理。每25 kg覆土(6册纸筒用)用5%的五氯硝基苯和40%的立枯灵粉各50～70 g，混拌均匀后覆盖在种子上面约1 cm厚。经试验证明，经药剂处理覆土后，甜菜的出苗率达95%以上。覆土后要用笤帚轻轻扫平，露出每个小纸筒的边缘以利间苗。扣紧棚膜。

6. 苗床管理

(1)温度管理　甜菜播种至出苗：早春播后由于温度较低，为保持温度，晚上可在塑料棚上盖上草帘、麻袋等防寒物。棚内适宜温度为15～20℃，最高25℃，夜间保持在5℃以上。白天揭去草帘等防寒物，接受日光照射，以提高棚内温度。

甜菜出苗至真叶展开：棚内适宜温度为15～20℃，最低0℃以上。当白天棚内温度在20℃以上时，可以通风降温，防止幼苗徒长。

甜菜真叶展开以后：重点是炼苗。白天棚内温度控制在15℃以下，夜间在0℃以上。移栽前10 d棚膜要昼揭夜盖，移栽前5 d昼夜揭膜，使幼苗完全处于外界气温之下进行抗寒锻炼。

(2)水分管理　甜菜播种后至一对真叶展开前不宜多浇水，保持床面湿润即可。一对真叶后要控制浇水，只要幼苗不萎蔫就不必浇。浇水过多会导致土温降低，影响幼苗生长，并易感染立枯病。如果中午叶片萎蔫，可浇水。每册纸筒浇4 kg水，以早晚浇为好。移栽前一天，浇一次送嫁水，每册纸筒浇水4～5 kg，达到纸筒末端土壤湿润为准。移栽前浇送嫁水有利于移栽后幼苗成活。

(3)间苗　甜菜苗出齐后要及时间苗，每个小纸筒留苗1株。一般在子叶展开后进行，共进行两次，防止误留双株。用带刃镊子掐去多余的苗和病苗。间苗时不能用手拔，以防带出要留的苗或损伤苗根。

(4)追肥　甜菜苗在移栽前2～3 d，施用送嫁肥，按60册纸筒施用磷酸二铵3 kg，硫酸钾0.6 kg的用量，将肥料溶化后喷于床面，然后浇清水冲洗幼苗。

四、移栽及移栽后管理

1. 移栽期

甜菜的移栽田选地选茬和整地及有机肥施用方法同直播田。确定移栽期必须以气象指标和苗龄为依据。一般在当地日平均气温稳定在10℃以上，日最低气温稳定在5℃以上为移栽适期。苗龄一般在25 d以上，至少长出2对真叶。黑龙江省一般在5月上、中旬移栽。

2. 移栽方法

甜菜苗移栽方法有机械移栽和人工移栽。目前以人工移栽为主，主要有以下几种方法。

(1)鸭嘴移栽器移栽　手持移栽器，将移栽器垂直插入土内约 15 cm，这时鸭嘴是闭合的。将纸筒幼苗从上孔中置入，然后用力握动手柄，使鸭嘴口张开，纸筒下到底部后，拔出移栽器，幼苗自然落入土中，然后浇水、封埯，给纸筒培土并压实。

(2)水管植穴法　在水车中接上胶管或塑料管当水管，水管的另一端插上 20～30 cm 长的铁管或硬塑管做管头，管头上再塞入一个四棱木塞，可以使水向四周喷出，将充满水的管头垂直插入垄体，等水从穴中冒出后拔出管头，栽植下一穴；另外一人将纸筒苗放入带水的穴内，然后封埯。

(3)垄上开沟移栽　在土壤墒情较好的情况下，用犁在移栽垄上开沟，沟深 15～16 cm，沟内按预定的株距栽入纸筒苗。注意一定要将纸筒扶正、压实，不露纸筒上端。

(4)穴栽　按预定的株距刨埯，放入纸筒幼苗，浇水，扶正、培土、压实。移栽株距一般为 25 cm。甜菜侧根的方向与子叶展开的方向一致，这种特点要求我们移栽甜菜苗时要使纸筒苗的两片子叶展开方向与垄的方向垂直。无论采用哪一种移栽方式，移栽作业都要轻拿轻放，保持纸筒不破损、不出褶、不折断、不脱土的完好状态。幼苗必须栽直、栽正、不倾斜、不弯曲、植入的纸筒幼苗一定要与土壤紧密接触，无悬空现象。封埯要紧实、严密，不露纸筒。

3. 移栽后管理

(1)灌水　我国北方春季干旱情况较为普遍，移栽后水分是否充足往往是影响纸筒苗移栽后存活率的关键因素。除移栽时土壤墒情很好或移栽时坐水移栽的以外，一般的地块都应及时灌水。缺水的地方可采取穴灌，每穴灌 0.5 kg 水即可满足需要。

(2)查田补栽　移栽后 3～5 d 应及时查田，发现缺苗或死苗的要及时补栽。同时对栽植过浅的苗要重新培土、压实。

(3)中耕　缓过苗后抓紧进行 1 次中耕，以除草、松土、提高地温、保蓄水分。

(4)追肥　当幼苗长到 7～8 片真叶时，结合进行第 2 次中耕进行追肥。一般追肥用量为尿素 150 kg，过磷酸钙 150 kg，硫酸钾 100 kg。

项目六　甜菜地膜覆盖技术

甜菜采用地膜覆盖栽培后可以改善土壤和近地面的温度及水分状况，起到提高土壤温度，保持土壤水分，改善土壤性状，提高土壤养分供应状况和肥料利用率，减轻杂草和病虫危害等作用。地膜甜菜主要技术措施有以下几个方面。

一、精细整地

选地选茬与直播甜菜基本相同。由于地膜覆盖甜菜，前期不能进行中耕，因而对整地质量要求更高。只有提高整地质量，才能提高播种质量，使薄膜与垄面贴合，防止薄膜破裂，以充分发挥覆膜的增温保墒作用。

二、增施肥料

覆膜甜菜产量高，吸收营养增加，消耗土壤肥力多，一般覆膜田要比直播田施肥量相应增加，才能保证甜菜丰产。

三、覆膜与播种

覆膜甜菜有两种播种方式：一种是先覆膜后打孔（扎眼）播种。在当地适宜播种期前 5～7 d 覆膜，然后在适播期进行等距打孔（扎眼）播种。另一种是随播种随覆膜，剪孔放苗。在当地适宜播期，一边播种一边覆膜，播一垄覆一垄，待甜菜一对真叶展平后。将苗上薄膜划一个小口，把幼苗扶出膜外，并用湿土将划口封严。

先覆膜后打孔播种的，可用打孔器打成直径 3～4 cm，深 3 cm 圆孔，然后播种，用湿土覆盖小孔形成小土堆，以防大风掀开地膜和影响播种质量。随播种随覆膜的，播种前先耢去垄面上的干土，然后在垄面上按株距刨直径 8～10 cm、深 5～7 cm 的埯，为防止埯边土回落埯内，造成浅坑，影响播种质量，刨埯时要退着刨。也可用扎眼板扎出直径 5～6 cm、深 5 cm 的播种穴，每埯（穴）点 4～5 粒种子，并踩一下，再覆土 2 cm 左右，形成比垄面低 3～4 cm 的凹形坑，以便在覆膜后，使膜下形成一个小拱棚，小苗出土后，能在膜内继续生长几天再放苗，以躲过春季低温冷害，同时也可防高温烧苗。

需要注意的是，在盐碱地上，应采用随播种随覆膜的方式。因为采用先覆膜后播种的方式，定植孔处会随水分蒸发而形成积盐区，不利于甜菜出苗和幼苗生长。在黏重土壤上，也应采用随播种随覆膜的方式，因为先覆膜后播种，定植孔不易封闭，而且在降雨后封孔土易板结，给出苗增加困难。

四、播后管理

甜菜播后要注意检查田间出苗情况，先覆膜后播种的地块，及时扒下苗眼土；随播种随覆膜的地块，于一对真叶后及时剪孔引苗，防止把苗捂死。放苗时要尽量定向放苗（留子叶展开方向与垄向垂直的苗），并用湿土压实放苗孔。

6 月下旬以后，覆膜增温效果降低，为便于中耕管理，应于出苗后 50～60 d，即 6 月 20～30 日揭去薄膜，揭膜时甜菜的形态指标：株高 40 cm 左右，单株叶数 20 片左右，根体最大直径 4 cm。

揭膜后的田间管理措施同直播田。

模块小结

本模块学习了甜菜的形态特征、甜菜的生长发育过程、甜菜不同于其他作物的特点、甜菜的类型、甜菜的产量形成和品质，以及甜菜的直播田播种技术、甜菜的田间管理技术、甜菜的收获与贮藏技术、甜菜的纸筒育苗技术和甜菜的地膜覆盖技术。通过对这些知识的学习，我们可以全面了解和掌握甜菜的生物学基础知识和相关栽培技术，在生产中能够科学地指导甜菜生产。

模块巩固

1. 甜菜的根系有哪 3 个特征？

2. 甜菜的种球分为哪两类？分别有什么特征？

3. 甜菜的一生分为哪几个生育时期？每个时期在生长发育上有哪些特点？
4. 甜菜按照成熟时块根的大小和含糖率的高低分为哪3种类型？
5. 如何为甜菜选地和选茬？
6. 甜菜一生的需肥规律如何？
7. 中耕对于甜菜来说有什么特殊意义？
8. 如何防治甜菜根腐病？
9. 纸筒育苗甜菜的苗床如何管理？

模块四

烟草生产与管理

【知识目标】

通过本模块学习，使学生了解烟草的类型，掌握烟草的种子、根、茎、叶、花与果实的特性，掌握烟草的生长发育规律及生理功能，掌握烤烟的生产栽培技术。

【能力目标】

根据所学知识能够熟练掌握和运用烟草的播前准备、播种技术、田间管理技术和病虫害防治技术、采收技术。具有吃苦耐劳、敢于实践、勇于创新、善于总结的劳动素质和能力。

烟草简介

烟草原产于中、南美洲，作为栽培作物有四五百年的历史。约在16世纪中叶由南洋岛或菲律宾传入我国，但当时都是晒烟。1910年，烟草在山东威海孟家庄试种成功。目前我国烟草种植分布相当广泛，几乎全国所有的农业地区都有种植。烤烟遍及全国所有地区。

二维码4-1　中国烟区划分

烟草是我国主要经济作物之一，发展烟草生产，为卷烟工业提供原料，满足人们嗜好需要，为国家建设积累资金，增加农民收入，出口创汇等均有重要意义。北方地区是我国主要烟草生产基地之一。

项目一　烟草栽培的生物学基础

一、烟草的类型

烟草在长期的栽培过程中，由于各地的生态条件、品种性状的差异、用途、栽培措施、调制方法的不同，形成了多种多样的类型，不同类型烟草的品质特点、外观形状、化学成分、烟气特点等都有明显差别。分类角度不同，烟草类型的划分也有不同。

按植物学分类，栽培烟草主要是红花（普通）烟草，其次是黄花烟草；按烟草制品分类，可分为卷烟、雪茄烟、斗烟、水烟、鼻烟和嚼烟等；按调制方式分类，可分为烤烟、晒烟、晾烟等。我国采用综合分类方式，按烟草品质特点、生物学性状、栽培和调制方法，把烟草划分为烤烟、晒烟、晾烟、白肋烟、香料烟和黄花烟6个类型。

1. 烤烟

烤烟的主要特征是植株较大,一般株高 120~150 cm,单株着叶数 20~30 片,叶形多为椭圆形,厚薄适中。烟叶自下而上成熟,分次采收。采收后用人工加温,控制温、湿度进行调制,烟叶不直接与火接触。烟叶烘烤干后颜色多是橘黄色或柠檬黄色,以中上部的叶片质量最好。烤烟较其他类型的烟叶含糖量较高、蛋白质含量较低,烟碱含量中等。

烤烟在各类型烟草中栽培面积最大,是卷烟的主要原料,主产国家有中国、美国、印度、巴西、加拿大、日本等。

2. 晒烟

晒烟是在日光直接作用下进行空气干制,在我国历史悠久,由于自然条件和调制方法不同,形成了许多类别,大致分为晒黄烟和晒红烟两种。晒烟除了可作为斗烟、水烟和卷烟外,还可以作为雪茄填心、嚼烟、鼻烟原料。晒黄烟一般是栽培在地力不太高的土壤上,打顶高而留叶较多,因而其外观和化学成分近似烤烟;晒红烟是栽培在地力较高的土壤上,打顶低而留叶较少,晒后成深褐色或紫褐色,含糖量较晒黄烟低,而蛋白质和烟碱含量较高。

3. 晾烟

晾烟是在烟叶收获后,挂在适当的通风场所,不直接接触阳光,而任其自然干燥缓慢调制的过程。白肋烟和雪茄外皮都用这种方法进行调制。

4. 白肋烟

其原是美国的一个晾晒类型。白肋烟茎秆和叶脉均是乳白色,其栽培方式近似烤烟,但对氮素的要求较高,适宜于肥沃的土壤,分次采收,串在绳上,挂在晾棚下或晾房内晾干。其含烟碱量比烤烟高,而含糖量低,叶片较薄,填充力高,有良好的吸收能力,所以是制造混合型卷烟的良好配料。

5. 香料烟

香料烟又称土耳其型或东方型烟草,因其香味浓,所以称为香料烟。香料烟的品质与栽培条件有密切关系,它适于种植在含有机质少、肥力不高、表土不厚的山坡沙砾土上。其特征是叶片较多而小(生产上要求叶小而厚),种植密度较大,氮肥施量宜少,适当施用磷、钾肥,打顶部位较高,分次采收。调制方法是半晒半晾,晾黄后再晒干。品质以顶叶为最好,其化学成分介于烤烟与晒黄烟之间,烟碱含量较低,是混合型卷烟的主要配料,也可作斗烟和丝烟用。

香料烟的栽培面积较大,世界各地均有栽培,主要产于欧洲国家。

6. 黄花烟

黄花烟是烟草属另一个种。叶片少,多呈浓绿色,生育期短,主要分布在我国北部及西南部的山区,以甘肃较多,新疆、吉林、黑龙江也有一定生产量。兰州的青条烟、东北的蛤蟆烟和新疆伊犁的莫合烟,都是著名的黄花烟。黄花烟属晒烟,在霜前全株拔下,使叶片在茎上完成其变化过程,干燥后再摘叶。多是将叶片切丝,经过调制,再供吸用。

黄花烟的化学成分中烟碱、总氮及蛋白质含量均高,糖分含量则较少,所以烟分浓烈,劲头大。

二、烟草的植物学特征

烟草属茄科烟草属,是一年生草本植物。烟草包括有 60 多个种,其中绝大部分是野生种,有经济价值、栽培最多的只有红花烟草和黄花烟草。

1. 根

烟草的根为圆锥直根系，主根入土深，可达 1.3～1.7 m，侧根近地面横向发展，根群多集中在表土层 17～33 cm 范围，烟草许多部位都能产生不定根，特别是茎的基部。据测定，烟草根系是烟碱合成的主要场所。

2. 茎

烟草的茎直立、圆形，表面有黏性的茸毛。茎幼嫩时髓部松软，老熟时中空，且木质化。茎的高度随品种及环境不同而异，一般 60～300 cm，多叶烟高达 350 cm。茎到生长后期，从叶腋间发生腋芽，茎顶端着生花序。

3. 叶

烟叶大小因品种而异，小的仅有 7～10 cm 长，大的可长达 60 cm 以上。在一株上，中部叶片最大，下部次之，上部最小，叶柄有或无。叶形有卵圆形、椭圆形、心脏形等。叶面被有腺毛，能分泌树脂、芳香油及蜡质。烟叶成熟时腺毛脱落。一般每株有叶 20～30 片，少的 10 多片，多的可达 100 多片。烟叶叶型见图 4-1。

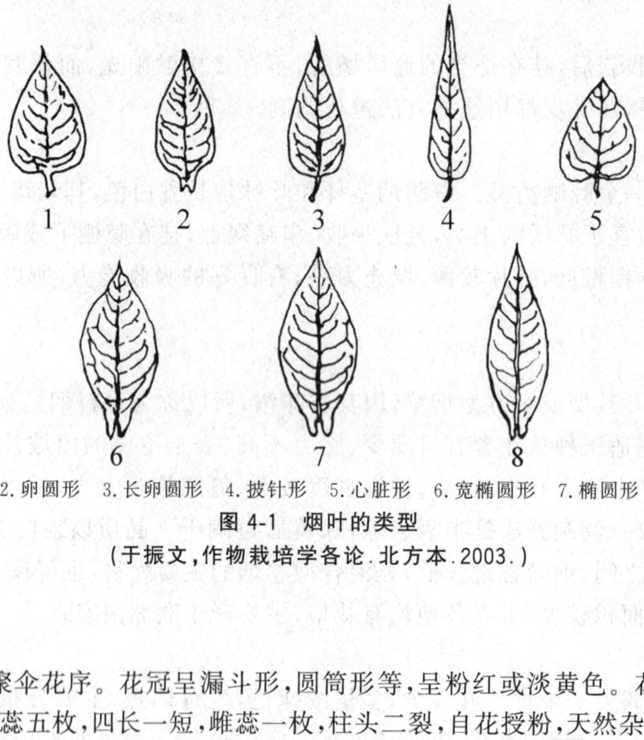

1. 宽卵圆形 2. 卵圆形 3. 长卵圆形 4. 披针形 5. 心脏形 6. 宽椭圆形 7. 椭圆形 8. 长椭圆形

图 4-1 烟叶的类型

（于振文，作物栽培学各论. 北方本. 2003.）

4. 花序

烟草的花序为聚伞花序。花冠呈漏斗形，圆筒形等，呈粉红或淡黄色。花瓣呈五角形突起，花萼管状或钟状，雄蕊五枚，四长一短，雌蕊一枚，柱头二裂，自花授粉，天然杂交率 5%左右。

5. 蒴果和种子

烟草的果实为蒴果，在烟草开花后 25～30 d 果实逐渐成熟。每株有蒴果 100～400 个，蒴果长卵圆形，上端稍尖，近圆锥形。成熟时沿愈合线及腹缝线开裂。花萼宿存，包被在果实的外方，与果实等长或略短。子房 2 室，内含 2 000～4 000 粒种子，种子大小不一，千粒重 50～250 mg，褐色、暗褐色等。胎座肥厚，果实成熟时，胎座干枯，由裂缝可以看到种子。

果皮薄、革质，相当坚韧，外果皮和中果皮由 4～5 层圆形薄壁细胞构成。幼嫩时果皮细胞内含有叶绿体，可进行光合作用。果实成熟时，果皮外部干枯成膜质。内果皮由 3～4 层扁长方体细胞组成，细胞壁木质化加厚，因此成熟的果实相当坚韧。

三、影响烟草生长发育的环境条件

1. 温度

烟草是喜温作物，整个生育过程中要求较高温度。烟草生长最适宜的温度为 25～28℃，低于 9℃或高于 35℃都不利于烟草生长。－1～2℃的低温会使烟草受冻害而死亡。从生产优质烟叶的角度来看，以前期温度较低，中后期温度较高为宜。烟叶成熟期的 7～8 月份，平均气温 24～25℃，持续 30～40 d，天气晴朗，光照充足，有利于叶内干物质的积累，也是生产优质烟的重要条件之一。

2. 光照

烟草是喜光作物，光照充足才能生长健壮，从烟叶品质要求来看，光照充足而不强烈较为有利，尤其在成熟期，天气晴朗多光照是十分必要的。如果光照不足，则会出现烟叶香气少，品质差。如果光照过强，叶片厚而粗糙，主脉突出，烤后烟叶含氮化合物高，含糖量低，吃味辛辣，刺激性强，品质也不良。光照时间的长短对烟草生长也有很大影响。烟草大田期间要求日照时数达 500～700 h，日照百分率在 40%以上。成熟期间要求日照时数 280～300 h，日照百分率在 50%以上。

3. 水分

烟草耐旱怕涝，水分过多或过少都直接影响烟草的生长发育和烟叶的产量品质。在温度较高、水分充沛的条件下烟株生长旺盛，叶片大而产量高，但叶内干物质积累少，含水量高，不易烘烤，烤后烟叶颜色浅，品质差。如果水分不足或遇干旱，烟株矮小，叶片小而厚，成熟不一致，且易早花，产量和品质都不高。从不同的生育时期来看，烟草大田期缓过苗后的伸根期水分少一些有利于伸根，团棵后有充足的水分可以促进烟株叶片生长，成熟期水分相对少一些有利于叶内干物质积累和适时成熟采收。

4. 土壤

烟草对土壤的适应性很广，除重盐碱土外几乎所有的土壤都能生长烟草。一般说来，土层深厚，肥力中等，质地疏松，结构良好，通透性强，具有良好保肥性能的壤土或沙壤土对烟草生长最为有利，生产的烟叶品质较好。土壤有机质含量 1%～1.5%，碱解氮 40～60 mg/ kg，速效磷 20～30 mg/ kg，速效钾 200 mg/ kg 以上的中等肥力较为适宜。氯离子含量越低越好，最多不超过 35 mg/ kg。就土类来说，红土、红黄土上所产烟叶品质最好，沙壤土、黄土次之，黑土最差。烟草对土壤酸碱度的反应不很敏感，土壤 pH 在 5.5～8.5 都可生长，但最适宜的土壤 pH 为 5.5～6.5。

四、烟叶的产量与质量

(一)产量结构与质量因素

种植烟草的目的是收获叶片，叶片是烟草经济价值最高的部分。叶片的商品价值有许多品质要素构成。烟叶的产量由单位面积株数、单株叶数和单叶干重三个因素构成。即产量主要决定于群体，品质主要决定于个体。合理的群体得到较大的发展，使之具有一定的光合面积，以获得适宜的烟叶产量；适量的单株得到一定的营养面积和空间，使每一个植株能健壮的生长，单叶质量保持在适当的水平并获得优良的品质。烤烟的优质适产，就是指品质达到最佳时的产量范围。

烟草是商品性很强的经济作物，即要产量高，更要质量优，以优取胜，质量第一。但产量超过一定范围时，质量就会下降，这与烟叶质量密切相关。如烟叶含糖量上升时，蛋白质含量就会下降，使烟叶质量变佳；反之，含氮化合物增多，蛋白质则上升，糖含量相对的下降，致使烟叶质量变劣。

烟叶的产量和质量之间的矛盾，正是烟草栽培中所致力研究和解决的最突出的问题。因为，产量适宜，质量上升，才能达到产量、质量同步协调的增长。

烟草的优质适产，在大田里的烟株长势长相具体表现是：烟株生长整齐，均匀一致；旺长而不徒长，长势丰满而不瘦弱，烟色正绿而不浓绿。

(二)烟叶的内在品质因素

烟叶的内在品质包括香气、吃味、刺激性、生理强度、燃烧性和灰分等因素。

1.香气

烟叶本身或燃烧后，烟气中发出一种给人以愉快感觉的气息，称为“香气”；给人以厌恶感觉的气息，称为“杂气”。烟叶的香气与蛋白质及其分解物氨基酸的含量及糖类有很大关系。特别是含有芳香油、树脂类(挥发性芳香油直接放出香气，树脂在燃烧时才发出香气)，可使烟叶浓郁芬芳。烤烟的香气可分为3种类型：清香型，如云南省昆明和福建省永定的烟叶；浓香型，如河南省许昌的烟叶；中间型，如山东青州，贵州贵定等的烟叶。烤烟的杂气，一般分为4种：青杂气、枯焦气、土怪气、地方性杂气等。

2.吃味

烟叶中每种成分燃烧后，都出现在烟气中，与吃味都有极为密切的关系。烟叶的吃味，一般指味觉器官即舌头上的感觉。在烟叶中各种化学成分，只要适当的调和，在烟气中即可产生令人满意的气味。糖、树脂、芳香油、多酚类等成分对吃味可产生良好的影响。各种成分的适当配合，才能产生协调的烟气。如蛋白质含量适宜，可使烟叶吃味变佳。所以糖量与蛋白质量的比例(施木克值)作为比较烟气吃味质量的一种指标。烟叶的吃味可分为：甜、苦、酸3类。甜味是好的，但必须适当，过甜不符合要求；苦味给人不愉快的感觉；酸味在好的卷烟中也会给人甜中略带酸味的感觉。

3.刺激性

烟气中对感觉起刺激作用的主要是碱性物质，如含氮化合物经过高温分解的产物(如氨)。烟气中如含较多的氨类就会产生强烈的刺激性气味；木质素和纤维素燃烧后，产生一定的刺激性而引起呛咳的气味。刺激性是指烟气对喉部、口腔和鼻腔的刺激。刺激大的使人辛辣难受或引起呛喉。因此，烟叶的刺激性越小越好。

4.生理强度

烟碱辛辣味被吸入口腔后引起的人体生理效应，称为生理强度。烟碱会使吸收者中枢神经系统感到刺激。但适量的烟碱会使人感到兴奋，即吸烟人所说的“劲头足”。

5.燃烧性

烟叶的燃烧性包括4个因素，一是阴燃持火力，即无火焰也能保持阴燃的能力，不会熄灭。容易熄火的烟叶，其香气和吃味也比较差，且焦油含量高。二是燃烧速度，燃烧速度以比较缓慢为好。三是燃烧完全性，是指烟叶内所含物质的燃烧的充分程度。四是燃烧均匀性，是指烟叶及其制品在燃烧时，各部分保持均匀速度程度。燃烧以均匀为好，不均匀，阴燃持火力差。

6. 灰分的颜色和黏着性

灰分以洁白为最好，浅灰色次之，黑色最差。此外，还要求灰的黏结力较强，不容易散落。

项目二　烟草播前准备

一、烟田耕作制度

1. 选地选茬

烟草对土壤的适应性很强，几乎所有的土壤上都能种植烟草。但最好是土层深厚、肥力适中、质地疏松、结构良好、通透性强的壤土或沙壤土。土壤 pH 在 4.5～8.5 内烟草都能正常生长，但最适宜的土壤是 pH5.5～6.5 的偏酸性土壤。

烟草轮作周期最短要四年两头种烟，中间隔两年，轮作周期越长防病效果越好。玉米、豆类，蔬菜等作物收获后土壤中氮素残留量大，种烟时施肥量不易控制，往往使品质变差。因此，这些作物不是烟草适宜的前作。茄科作物和葫芦科作物与烟草有同源的病虫害，不宜作为烟草的前作。生产实践表明，烟草的前作以芝麻、谷子、甘薯等作物较好，轮作方式一般为三年五熟制。河南春烟一般采用下列轮作方式。

春烟—小麦→玉米或大豆—小麦→甘薯(冬闲)→春烟

春烟—小麦→甘薯—小麦→谷子(冬闲)→春烟

间作套种，如麦、烟套种，烟、薯间作等都会不同程度地影响烟叶质量，一般不宜提倡。

2. 烟田耕作

秋作物收获后需立即浅耕灭茬，耕后耙耢保墒。冬季封冻前进行深耕，耕深 20～30 cm，耕后晒垡冻垡，积蓄雨雪，风化土壤。春季土壤蒸发量日趋增大，土壤解冻后应及时进行浅耕细耙，使土壤上虚下实，蓄水保墒。

烟田起垄能增加地表受光面积，可以提高地温。起垄后活土层加厚，可扩大根系纵深生长范围。也有利于排灌，对促进烟株发育，提高烟叶的产量和品质起良好作用。

二、苗床的选择与整理

1. 苗床地的选择

烟草幼苗喜温、喜肥、喜光，怕旱又怕涝，且易受病虫危害。一般选择苗床地的标准是：背风向阳，地势稍高且平坦；土壤肥沃且土质疏松，结构良好且远离树荫房舍。凡是重茬或仅隔一年的烟茬地，以及低洼易涝地、盐碱地、种过叶菜类或种过茄科类作物的地都不宜作为烟草苗床地。

2. 苗床地的整理

烟草种子播种前，苗床地要经过翻耕，最好在越冬前进行。耕深 10～15 cm。翻耕后不耙，以利晒垡、冻垡，提高土壤养分的有效性和改善土壤结构，并利于积蓄雨雪、消灭和除掉杂草、虫害。早春及时耙细、整平。然后整理成标准畦，畦面宽 1 m，长 10 m，畦沟宽 40～50 cm，畦高 17～18 cm。

3. 塑料膜覆盖

由于东北地区早春气温偏低，土壤冷浆，苗床做好后，应在育苗播种前 7 d 左右扣棚增温，以利提高土壤温度。先于畦面固定拱形支架(竹、木、铁均可)数支，支架间以绳索或铁丝连接，再在上面盖好薄膜。四周用土封严压紧。膜面以拱形为好，膜面不要过高或过低，通常以膜面最高处距畦面 40～50 cm 为宜，过高抗春风能力差。

三、烟草品种选择

烟草选择品种时，要求做到“纯、净、饱、匀、新、抗”等特点，满足烟叶长势均匀、抵抗病虫草害、成熟度一致、品质优良的要求。

1. 龙江 981

龙江 981 田间长势强，生长整齐一致，主要性状变异系数小、遗传稳定，节距均匀，耐肥性较好。株式筒形，叶形长椭圆，叶尖渐尖，叶缘波浪状，叶面稍皱，叶色浅绿，茎叶角度中等，主脉粗细中等，花序较集中，花冠粉红色。中下部叶片田间落黄较快且集中，上部叶片落黄相对较慢，耐成熟，易烘烤，移栽至中心花开 66 d 左右，大田生育期 122 d 左右。

龙江 981 烤后中部烟叶总植物碱含量 2.15%，还原糖含量 25.36%，总糖 28.99%，钾含量 1.43%，总氮 1.92%，氮碱比 0.89，糖碱比 11.94，烟叶主要化学成分含量适宜，内在化学成分协调。龙江 981 香气质较好，香气量相对充足，烟气浓度、杂气、余味、燃烧性、灰色相当。

2. 中烟 99

该品种株式筒形，叶形长椭圆，叶色绿，叶面略皱，叶尖渐尖，叶缘波浪状，叶耳较大，茎叶角度稍大，花冠粉红色，花序集中，蒴果卵圆形。株高 105 cm，叶数 24 片，主脉较细，腰叶长 56.8 cm，宽 26.6 cm，田间长势较强，群体整齐一致，着叶均匀，叶片成熟落黄好，分层落黄明显，耐成熟，易烘烤。移栽至中心花开放平均为 67 d，大田生育期 119 d 左右。中烟 99 烤后原烟含总糖 24.18%，还原糖平均含量 19.23%，尼古丁 2.41%，总氮 1.73%，蛋白质 8.19%。适宜于山东、河南、陕西、辽宁、吉林、黑龙江等北方烟区种植。

3. 辽烟 13 号

该品种抗普通花叶病，耐叶斑病，株高 140 cm，大田生育期约 109 d，可采叶 22 片，平均产量 2 205 kg/hm^2，上等烟占 27.35%。香气谐调，香气质较好，吃味较平淡，但很油润，入口较和顺，余味舒适，略净，刺激性较好，燃烧性较好。适于东北烟区种植。

4. 辽烟 14 号

该品种生育叶数 22～26 片，采收叶片 20～22 片，椭圆叶，腰叶长 60 cm，宽 32 cm，单叶干重 5 g 左右，主筋率 30%。高抗普通花叶病兼抗赤星病。原烟正黄和橘黄，易烘烤，但变黄、定色期略长。化学成分谐调，香气质较好，有劲，杂气少。适于东北烟区种植。

5. G80

该品种为美国烟草品种，在全国推广种植。株型筒形，株高 110～130 cm，茎围 8～9 cm，叶形椭圆，叶色绿，叶片厚薄适中，腰叶长 60 cm 左右，可采收叶数 20～30 片，单叶重平均 7～8 g，产量一般在 2 250 kg/hm^2 左右。该品种大田生育期 110～120 d，大田生长势较强，高抗黑胫病、根结线虫病，赤星病较轻，易感烟草花叶病，耐水肥，抗旱能力较差。适宜在肥水条件较好的地区推广种植。是我国主要推广的优质烟草品种之一。

6. 龙江 911

该品种株式塔形，自然株高 193.3 cm，节距 5.98 cm，茎围 8.62 cm，有效叶数 15.8 片。腰叶长 78.2 cm，宽 34.0 cm，顶叶长 54.7 cm，宽 22.8 cm，长椭圆形，叶色绿色，叶面皱，叶缘波浪状，叶肉组织细致，茎叶角度中。田间生长整齐，生长势强。花序集中，花冠淡红色。移栽至现蕾 44 d，移栽至中心花开放 49 d，大田生育期 120 d 左右，全生育期 178 d。产量 2 646 kg/hm^2。

其原烟成熟度好，橘黄色，烟多，油分多，光泽强，结构疏松，叶长 62.5 cm，百叶重 1 317.0 g。香气质中等，香气量有，浓度中等，杂气有，刺激性有，劲头适中，燃烧性强，烟灰为灰白色，质量档次中等。中抗黑胫病、根结线虫病，抗赤星病，中感青枯病。主要种植在黑龙江、吉林、辽宁等省，河南、陕西、安徽和内蒙古等地区也有少量种植。

四、浸种催芽

经过精选的烟草种子可用 1％硫酸铜溶液浸泡 10～15 min 消毒，冲洗后再在清水中浸种 24 h，然后进行搓种以除去种皮上胶质，使种子容易吸水萌动。催芽时将种子装入干净的白布袋内，温度保持在 25～28℃，并保持种子湿润不黏结状态，经常翻动种子调节透气性，促使种子萌发。当种子胚根穿破种皮，长度与种子等长时即可播种。

项目三　烟草播种育苗技术

一、播种期与播种方法

1. 播种期

烟草的播种期一般根据移栽期来确定。东北地区广泛采用塑料薄膜保温育苗措施，苗龄 55～60 d 即可移栽。因此，各地可根据当地终霜期的时间，确定播种期。

2. 播种量

烟草种子的播种量主要根据种子的发芽率、播种期、播种方法、育苗方法和管理水平来确定。一般是种子发芽率达 90％以上，气温适宜，管理水平较高，用点播或条播，播量宜少，每个标准畦播烟种 2～3 g，如播种量过大，出芽时密集拥挤，营养面积小，光照不足，茎秆纤细嫩弱，易形成“弯腰苗”“高脚苗”，即使花大量人工间苗，也难以恢复正常，由于幼苗素质低，直接影响到大田的优质稳产；反之，播量应适当增加。

3. 播种方法

由于覆盖塑料薄膜保温育苗，苗床前期浇水极为不便，也不利于保温。通常在播种前连续浇两次大水，将畦土浇透。为使手工撒播播种均匀，每标准畦（10 m^2）的种子加细土混合物 2～3 kg 拌和均匀（催芽的要小心拌和），然后纵横方向反复进行，力求均匀，随后盖细土 2 mm 左右（硬币厚，过厚则影响幼芽出土），力求做到播种、覆盖、出苗三均匀。播后覆盖地膜棚膜，使苗床保温，保湿良好，加速种子萌发出土，使幼苗生长整齐健壮。

二、苗床管理

（一）烟草苗床期的 4 个生育阶段

烟草从播种到移栽这一段时期称为苗床期。苗床期为 50～60 d。根据幼苗生长发育形态特征以及对外界条件的不同要求，分为出苗期、十字期、生根期和成苗期 4 个时期。

1. 出苗期

烟草从播种到 2 片子叶平展，第一片真叶初生，全畦出苗率达 50%，称为出苗期。烟草种子一般播后 8～10 d 开始发芽，12～15 d 出土。出苗时主要靠种子内胚乳所储存的营养物质供给养分。当子叶展平形成绿色的同化面积和第一片真叶出现后，才开始进行光合作用，制造有机物质，开始自养的过程。这一时期是烟草一生中最脆弱、柔嫩、抗逆性最差的阶段，对环境条件要求甚严，温度低于 18℃以下，幼苗生长缓慢；光照不足，胚根徒长成“高脚苗”；水分过多，土温下降且缺氧，呼吸受阻，吸收能力减弱，幼苗萎黄；水分不足，表土呈干白状，胚根干枯大量死亡。因此，必须精心护理，保温保湿，注意通风透光，特别要始终保持苗床湿润。出苗才能迅速整齐。

2. 十字期

烟草幼苗的 1～2 片真叶张至近似子叶大小并与子叶交叉成“十”字形，称为小十字。第三、四与第一、二片真叶构成“十”字形时，称为大十字(50%大烟苗达到大十字时，称为大十字期)。自第三片真叶出现时，才完全靠光合营养进行自养生长，但尚未形成完整的根系，吸收能力弱，光合能力也较弱，幼苗仍处于较弱阶段。四片真叶时，根系虽较小，急需充足的矿质营养。应施速效性肥料，加速成长，并及时除草、间苗，适度浇水和加强防治病虫害。

3. 生根期

烟草幼苗的第五片真叶出现到第七片真叶长出。第三、四、五片真叶合成功能最大，光合产物最多，叶脉已经形成，输导组织已完善，根系发育快，主根伸长增粗，侧根数增加，形成了完善的根系，而地上部分生长缓慢。为促进根系发达粗壮，应适当控制水分，保持苗床干干湿湿，促进根系发育良好。如果水分过多，主根扎的浅，侧根数量少，茎叶徒长。同时要进行除草、间苗、定苗和追肥，改善营养和光照条件，促进根系发育和茎叶生长，达到根多、茎粗的壮苗标准。

4. 成苗期

烟草幼苗长出 8～10 片真叶，已具备健壮而完整的根系，适于移栽时，称为成苗期。如果采用营养袋假植育壮苗，宜于在生根初期(4～5 片真叶时)假植到营养袋内，让烟苗在良好的水、肥、光、气、热的条件下生长发育，根系发达，茎杆粗壮，叶片厚实丰满，烟苗素质极佳。

(二)苗床管理

苗床管理工序多，技术性强，如揭盖、浇水、施肥、间苗和防治病虫害，要求认真细致，才能培育出高标准的壮苗。

1. 温度管理

苗床管理要充分发挥薄膜的保温、增温，保湿的作用。播种后 7 d 左右种芽将出土时，除去苗床覆盖的地膜，以免出现“豆芽”苗。当幼苗在两片真叶时，随着气温的增高，要进行通风降温和排湿，一般是当膜内温度超过 33℃时应及时掀开膜的两端，否则烟苗易受伤害，夜间重新盖好。晴天时从上午 8～9 时或下午 4～5 时揭开苗的两端，使温度控制在 35℃以下。幼苗四片真叶时(大十字期)，通风降温的时间要延长，如揭开两端温度还逐渐上升，要加大通风口。这一阶段要注意观察膜内的温度变化，以便及时揭膜，控制温度。移栽前 10 d 要分次揭开薄膜炼苗，一般是上午揭开，晚间盖上，最后昼夜全开，这样才能锻炼出抗逆性强的壮苗。

2. 水分管理

烟草苗床薄膜覆盖育苗，播种前浇足底墒水时，出苗期不需浇水。但从出苗到第四片真叶阶段，应始终保持苗床表土湿润，发现苗床表土变干时，应浇水。早春气温尚低，苗床浇水以下午为好。5～7 片真叶时，是根系生长发育的关键时期，要适当控制水量，促进根系伸长。成苗期要适当断水炼苗，不旱不浇，以提高烟苗的抗旱能力。

3. 养分管理

苗床的基肥不足时需追肥 2～3 次，追肥以氮肥为主，适当配合磷、钾肥。一般在大十字期以后进行追肥，每 10 m^2 标准畦可追施三元复合肥 250～300 g。用清水化开，复合肥的浓度 1%～2%，均匀的喷洒在烟苗上，再用清水冲洗 1～2 次，以免烧苗。

4. 间苗定苗

苗床育苗一般要进行间苗 2～3 次。第一次在小十字期进行，将密集苗间掉，苗距保持 2 cm。第二次间苗在大十字期进行，间去高大苗（这种苗是第一批早开花的种子，生长发育特别快，往往栽后不久即出现早花现象，务必除去）、弱小苗和病虫苗，苗距 5 cm。第三次在五片真叶时进行，称为定苗，苗距 5 cm。多次间苗后，及时浇水和结合施肥去除杂草，以保持幼苗整齐一致。

（三）假植育苗

假植育苗是提高烟苗素质，培育壮苗的有效措施。即先在苗床上育出 4～5 片真叶后，把烟草假植到营养袋（杯）内，使其在优越的环境条件下生长发育成壮苗，然后移栽到大田。假植的方法很多，如用营养袋（钵）、营养块、假植床等。当烟草 4～5 片真叶时，将烟草从原苗床移植到假植苗床上，假植后遮阳浇水，成活后的管理与母床相同。此外，河南近几年采用划块育苗，干起苗移栽，烟苗生长健壮，根系发达，移栽后成活率很高。

烟草栽培，壮苗是基础，是获得烤烟高产量、高质量、高效益的关键。烟农说："壮苗七成收"。壮苗的标准是壮、齐、粗、足。壮：苗形敦实，健壮，叶片厚实丰满，竖立展开，叶色深绿清秀，不老化，无弱小苗和病虫害苗。齐：烟苗生长整齐，大小均匀一致，高矮适中，苗高 15～18 cm，茎秆高 6～7 cm，有真叶 8～10 片，不成高脚苗。粗：茎秆粗壮，茎径 0.7～0.9 cm，主根粗短，须茎发达，移栽时营养袋内纵横布满白根，达到育苗先育根的目的。足：烟苗数量充足，能满足一次性适时移栽需要。一般每亩栽烟 1 100～1 300 株，同时多育 100 株左右作为补苗用。

三、烟草移栽

烟草大田规范化栽培是主攻烟草质量，提高烟草单产，增加烟草经济效益的一项关键性技术措施。

（一）烟地的选择

1. 选择适宜的土壤类型

烤烟的质量与土壤的关系极为密切，同一品种，在不同的土壤条件下栽培，烟叶的质量有明显的差异。生产实践表明，壤质土比沙质土好，沙质土比黏质土好，此外水稻土也是生产优质烟的良好土壤。

烟地要选择疏松，排水良好的土壤。低洼地及过黏重土壤，通透性差，土温低，肥料分解缓慢，不宜种烟。耕层浅薄，熟化程度低，坡度太陡，沙质过重，保肥保水力差的土壤也不适宜种烟。

2. 肥力要适中

土壤有机质是土壤的主要氮源，它在很大程度上决定土壤肥力的高低。烟草适宜种植在有机质含量为 1.5%～2%，肥力中等的土壤。这种土壤种植的烟草烟株健壮，叶片厚薄适中，分层落黄，易烘烤，质量优，产量比较高。土壤有机质含量过高（超过3%以上），土壤过肥，可使烟叶含氮化合物过高，蛋白质含量上升，叶片浓绿，含水量大，烟叶会出现贪青晚熟，烘烤后呈黑色烟或成青烟，气味辛辣，苦涩，品质低劣。反之，土壤肥力差，营养不良，可导致烟草发育不全，烟株矮小，叶片小而薄，产量低，质量差，香味平淡。

土壤有效磷、钾含量高，烟叶质量优，产量高。特别是有效钾，可使烟色金黄，香气足，杂味少，气味醇和，燃烧性好，烟灰洁白。

（二）烟田的整地

烟田深翻，耙透，整细，可以改善土壤物理性状和团粒结构，增强土壤通透性，促进好气微生物的活性，加速有机质的分解，提高土壤蓄水保肥性能，为烤烟生长发育创造优越的土壤条件。

1.深耕

烤烟是深根作物，根系密集层大多数在地表下30～50 cm的范围内。因此，烟地的深翻必须达到25～30 cm，促进根系深扎。另外，深翻还可将病菌孢子、害虫、虫卵以及杂草深埋，使其丧失活力或窒息而死，减少危害。

2.起垄

烟田的垄距等于行距，一般为90～110 cm，垄高20～30 cm。农家肥用量较大时，可在起垄时将有机肥条施于垄内。地膜覆盖栽培时，可在移栽前15 d左右，整好地，施好肥，随后起垄，雨后或灌水后立即趁墒覆膜封紧，以利保温，保湿，防风，防草。移栽时按株距打孔，挖穴移栽。

（三）移栽

烤烟幼苗移栽是大田种植烟草的开始，是烟草生产上的关键环节。移栽的时间和质量，会直接影响到烟草的成活、生长发育和品质、产量。

1.适期移栽

烟草幼苗的移栽受气候条件，栽培制度，品种特性及播种期影响。但在不同地区，这些因素所处的主次不同。因此，在确定移栽期时，需结合本地实际，进行综合考虑。

（1）气候条件　春烟幼苗移栽必须在当地晚霜过后，日平均气温和地温稳定在12℃以上时进行，过晚不能充分利用生长期；过早不但会受晚霜冻害，而且烟草生长在低温环境中，易产生早花现象。

降雨也是影响移栽的重要因素，移栽时降雨量稍高，有利于缓苗。缓苗后降雨量少，有利于伸根。根据气候条件决定移栽期，除了考虑移栽后的气候条件要有利于烟苗的成活和生长外，还要注意烟叶成熟期较好的气温条件。一般认为，成熟期气温在20～25℃，光照充足，降雨量减少而又不干旱的条件下有利于成熟和提高烟叶的品质，而温度低于17℃，降雨量过多和过少，都不利于烟叶的正常成熟。

（2）种植制度　春烟栽培的主要目标是将烟草成熟期安排在最适宜的季节。只要气候适宜，即可尽量提早移栽，充分利用有限的无霜期。

（3）育苗期　烟草育苗播种过晚，会出现地等苗；播种过早则苗等地，却不能保证大田的适期移栽。只有适时播种，烟苗大小适中，才能按时移栽。

2.移栽技术

烟苗移栽质量的高低，直接影响其成活率，苗全及壮苗早发，进而影响到烟叶产量和品质。

移栽时要求做到;垛大,窝深,水足。

3.移栽密度

烟的叶片是制造有机物质的主要器官。因此,应最大限度地使烟叶保持在良好的光照条件下以提高光合效率,使个体与群体相互协调,达到高产优质的目的。

目前,烤烟多采用单行疏植方式,其是提高烟叶质量最有效的途径,由于单行疏植,每单行的叶片上下都获得充足的阳光,叶的光合面积扩大,光合强度增加,伸向行间的叶片占 81%,伸向株间的叶片占 19%,有利于提高烟叶的光能利用率,有效地提高烟叶品质和产量。一般烟苗种植行距为 90～110 cm,株距 55～60 cm,密度为 18 000～20 000 株/hm^2,才能实现烟叶优质高产。

项目四　烟草田间管理技术

一、烟草大田生育期

烟草大田生育期(从移栽到采收结束)一般需 100～120 d,可分为缓苗期,团棵期,旺长期和成熟期 4 个时期。

1.缓苗期

烟苗从移栽到成活(返青)称为缓苗期。采用营养袋假植的烟苗,根系完整,边摆苗边浇定根水,一栽即活。采用常规育苗拔苗移栽,根系严重受损,影响对水分的吸收,蒸腾作用照常进行,引起烟株体内水分亏缺,发生萎蔫,生长停滞,恢复生长需 7～10 d。因此,在浇足定根水后,7～10 d 内要视情况补充水分,保持根部湿润,及时查田补苗,保证全苗。

2.伸根期

烟苗从缓苗到团棵称伸根期。在苗成活转青后,根系向纵横伸展,茎叶开始生长,新叶不断出现,叶片聚集地面,随后茎伸长增粗。当烟株高 30 cm 左右,长出叶片 13～16 片时,烟苗株型近似圆球形称为"团棵"。从烟苗成活到团棵,一般需要 25～30 d。

此期是烟苗根系伸展的关键时期,根系生长占优势,茎叶生长也逐渐加快。到了后期茎叶生长与根系生长同步进行。这一时期主要是为旺盛生长做好准备,也是栽培管理上的一个重要时期。因此,必须促使烟株产生完整的根系保证旺长期最大限度地吸收养分和水分。这时在栽培管理上的基本原则是:地下地上兼顾,但更重要的是促进根系的生长发育。大田中耕除草、追肥、培土等栽培管理措施都集中在这一阶段进行。

3.旺长期

烟株从团棵到现蕾称为旺长期。团棵以后茎叶迅速生长,叶芽分化停止,转为花芽分化,主茎顶端中心出现花蕾。旺长期是营养生长与生殖生长并进时期。一般从团棵到现蕾需要 25～30 d。烟株进入旺长期后,生长中心转移到地上部,茎秆迅速伸长增粗,每天长高 3～5 cm,茎的基部长出大量的不定根,形成完整的根系,新叶片不断长出,叶面积加速扩大,烟株生长达到高峰。此期是决定烟叶产量与品质的关键时期。栽培管理的目的在于促进茎叶旺盛生长,叶片宽大增厚,使烟株晚现蕾,延长旺长期和营养生长时间。此期要为大田创造充足的光照条件,做好防旱防涝,防治病虫害,及时封顶打杈,恰当留叶数量等管理措施。

4. 成熟期

烟株从现蕾到叶片采收结束称为成熟期。烟株现蕾后，由营养生长转为生殖生长，叶片自下而上逐渐成熟。花蕾和腋芽的生长会消耗大量的养分，不利于烟叶的增产增质，必须及时封顶打杈，使养分集中供应叶片，促进叶片及时成熟。

针对烟草4个生育期的不同特点，采取科学的栽培技术措施，促进大田烟草实现4个“早”：壮苗早发，前期早团棵，中期早旺盛，后期早落黄。5个“无”：顶上无花，干上无杈，底无黄叶，垄无杂草，沟无积水。

二、烟草的施肥

(一)烟草肥料种类

1. 有机肥

烟田常用的有机肥有饼肥、草木灰、堆肥、圈肥、厩肥等。其中饼肥、草木灰的养分特点与烟草的吸肥种类相吻合，是中国传统的烟草肥料。

2. 化肥

烟草常用的氮肥有硫酸铵、尿素等；磷肥有磷酸二铵和钙镁磷肥；钾肥有硫酸钾、硝酸钾、磷酸二氢钾等；还有氮、磷、钾三元复合肥。含氯肥料如氯化铵、氯化钾和人粪尿等不适宜作为烟田肥料施用，因为氯离子会影响烟草的燃烧品质，使烟草容易熄火。

(二)施肥的原则

烟草的施肥原则应为适施氮肥，增施磷钾肥；重施基肥，早施追肥；农家肥和化肥结合施用；大量元素与微量元素配合施用。

(三)施肥的时期和方法

1. 基肥

有机肥和化肥都可作基肥施用。农家肥可在冬耕或春耕前均匀撒施地面，然后翻入土中，饼肥和各种化肥可在春耕时施用，也可在整地起垄时条施，此外还可穴施复合肥、钾肥等。中等肥力土壤上，施磷酸二铵 200～250kg/hm^2，硫酸钾 450kg/hm^2。

2. 追肥

追肥可在移栽后 15～25 d 内施于距烟株 10～15 cm 土层处。追肥以氮肥和钾肥为主。追肥宜早不宜晚，最迟不超过团棵期，以免造成后期烟叶贪青晚熟，降低品质。追肥可用烟草专用复合肥或腐熟饼肥。

3. 叶面施肥

近年来以微量元素和激素等为主要成分配制的叶面喷剂烟草多效素，对提高烟叶产量和品质具有明显的效果。

三、中耕培土

烟苗一般移栽后 7～10 d，进行第一次中耕，除草，使表土不板结，以不损伤和松动烟根为度。移栽后 15～20 d，进行第二中耕。移栽后 35～40 d，进行第三次中耕，即团棵期后，结合高培土使土层疏松，达到灭草和保水的目的。

烟田培土是提高产量，增进品质的一项重要栽培措施。烟株进入团棵期后，将垄沟内的土壤挖松打碎，培到垄的边缘和垄上，使垄面高大丰满，沟深底平，促进新根发生，扩大营养吸收面积，增强烟株的吸收功能，增强保水、抗旱、抗涝、抗倒伏能力，减少病害。烟株根系生长能力很强，土到哪里，根就长到哪里，到现蕾期，茎基部发生不定根达到高峰，不定根的比重增加，达总根量的1/3以上。由于高培土，促进了不定根和侧根的生长发育，可提高烟碱的合成能力。烟农说："多培一层土，多长一轮根，多增产三成"。烟田培土一般是3次，与中耕、追肥相结合。在第二次中耕时，将细土填平烟苗处坎窝，使垄面平整，减少肥料流失。摘掉脚叶1～2片后进行中培土，培土高度为15～20 cm。第三次中耕时，再摘除脚叶2～3片，进行高培土，培土总高度达30～35 cm。

四、打顶抹杈

1. 打顶

根据试验和大面积丰产示范结果表明，烟株打顶（封顶）的早晚和留叶数的多少，应根据烟株的长势、长相和品种的特性等灵活掌握。烟株长势差的宜早封顶，少留几片叶，反之则多留几片叶。一是现蕾打顶：在烟株生长正常，花蕾伸长约2 cm高，已能分清嫩叶和花蕾时，将花蕾和花梗连同2～3片小叶（也叫花叶）一起打掉。此法营养物质消耗少，顶叶充分展开，效果好，增产增质。二是初花打顶：在烟株长势旺盛，烟株顶端的第一朵中心花刚开放时，将顶部小叶3～4片和花梗花序一起打掉。三是"扣心头"打顶：当烟株长势欠佳，在顶端的花蕾还包在小叶内尚为明显露出，仅呈豆粒状时，用竹签或尖嘴小镊子挑掉花苞，采用此法，营养物质消耗最少，顶叶宽大，质量优。但操作要十分小心，避免伤害嫩叶。

2. 抹芽

封顶后每个叶腋都有腋芽，在开花和打顶前都是潜在的芽，封顶后除去顶端优势，潜伏芽会逐渐萌发。腋芽开始是营养生长，以后也会开花结果。因此，封顶后每隔5～7 d就要抹芽一次，将叶芽刚长2～3 cm时抹去，即抹芽不过寸。连续抹芽4～6次，彻底抹净。人工抹芽费用较大，抹芽过程又易使烟株感染病毒性的花叶病等。近年来应用药剂—抑芽敏涂芽，能抑制烟杈芽的萌发，取得除芽净，产量高，质量优的良好效果。

五、防止早花、底烘和"返青"

1. 早花原因及防止、补救措施

烟株在某些特殊条件下，未到达该品种正常生长应有的高度和叶数，就提前现蕾开花的现象称为早花。早花后，植株矮化，叶片减少，叶小而薄，产量和品质降低。

早花产生的因素：一是遗传因素，遗传基础的差异是品种间发生早花及严重程度的内在因素。二是温度因素，低温是早花的主要原因，气温在13～15℃，烟草生长受抑制，花芽发育加快，生长锥由分化叶芽迅速转为花芽分化。20℃以上的温度时，作用完全相反。说明低温对烟草的生殖发育起主导作用。如移栽时，气温低于13℃时，持续时间在25～35 d时，将会普遍发生早花现象。三是日照因素，日照对烤烟的生长发育也有一定影响，在低温阴雨短日照的条件下，易诱发早花的发生。试验表明，在13～15℃时，无论日照长短，均能较早地形成花芽；在18～20℃时，8 h的短日照，可促进花芽的形成，12 h以上时，花芽形成很晚；23～25℃时，即使是8 h短日照，花芽形成也晚，日照在12 h以上，难以形成花芽。此外，苗期过长而形成的"高脚苗"，土壤板结、干旱、肥料供应不足等，也会引起早花现象。

2. 底烘

烤烟下部叶片，一般栽后 50～60 d 即可成熟，但在特殊情况下，未达到成熟期即提早发黄，甚至呈枯萎现象，常称之为底烘。底烘将造成烟株产量降低，质量下降。

底烘的原因是由于田间种植密度过大，氮素过量，长势过旺，叶片嫩弱，株叶相互遮盖，光照不足，合成功能减弱，光合产物少，而呼吸作用照常进行，淀粉大量转化为糖，蛋白质和叶绿素被分解和破坏，消耗养分过多，叶片处于饥饿状态，下部叶组织细胞就逐渐解体而枯黄直至死亡。雨后忽晴，高温多湿，形成“水烘”；严重干旱引起“旱烘”。

3. “返青”

烟叶进入工艺成熟期后，在正常情况下，叶片自下而上逐渐褪黄。但是在某些特殊情况下，烟叶由黄色再次变为绿色，这一现象称为“返青”。

“返青”的原因：导致烟叶返青的原因主要是氮素过多，雨量过多，光照过强等。首先是土壤含氮量高，氮素肥料施用过量，加之施肥时间偏晚，尤其是过量施用农家肥，饼肥等迟效性肥料，使氮素源源不断地供给烟叶生长。如在烟叶成熟后，仍处于温度高，雨量充沛，光照充足，微生物活跃的情况下，继续促进烟叶对氮素的吸收，必然造成“返青”。

项目五　烟草的采收与烘烤

烟叶的采收和烘烤直接影响烟叶色、香、味的好坏和商品等级的高低。准确地把握烟叶成熟程度和采收时期是保证烟叶品质的重要环节。正确地掌握烘烤技术又是提高商品烟叶等级的关键措施。

一、烟叶成熟和采收

(一)烟叶的成熟

烤烟一般在移栽后 50～60 d，叶片开始由下向上逐渐成熟。叶片定形后，有机物积累达到最高峰时，水分减少，组织充实紧密，称为工艺成熟期。这时采下的烟叶，调制后使用价值高。若不及时采收，即进入过熟期。过熟的叶片内贮存物质逐渐分解，叶片变黄，变薄，组织疏松，叶片衰老，重量减轻，品质降低。

叶片达到工艺成熟后，叶内干物质、碳水化合物、烟碱、树脂、芳香油含量最多，蛋白质含量下降。烟叶达到工艺成熟期的外观特征有以下几点。

(1)颜色由绿变为浅绿或黄绿，即“落黄”，叶尖和叶缘表现尤为明显。中、上部叶片，或较厚的叶片还可能呈现黄斑，称“成熟斑”。

(2)叶面茸毛脱落，有光泽，手摸有粘手的感觉，这是树脂类等分泌物增多的表现。

(3)叶尖和叶缘下垂，茎叶角度增大。

(4)主脉变白发亮，支脉大部分变白，叶基部产生离层，采摘时硬脆易断，断面整齐。

烟叶成熟的特征因品种、叶片在烟株上着生的部位、气候、土壤、施肥和栽培管理技术的不同有很大差异。如种植在黏重而肥沃的土壤上，尤其是施氮素过多，烟片大而厚，叶色深绿，粗筋暴叶，烟叶成熟缓慢，落黄不明显，当绿色稍退即示成熟。若土壤肥力较差，施肥量较少，或天气干旱，一般叶色较淡，成熟较快，在叶片呈较明显的黄绿色时则已成熟。

(二)烟叶采收

1. 采收时间

烟株移栽后到适合采收,一般下部叶需 50～60 d,中部叶 60～80 d,上部叶 70～90 d。每5～7 d 采收一次,每株每次采收 2～3 片叶,顶叶留 3～4 片,最后一次性收完。一般在晴天早晨,太阳未升起或微弱阳光下进行采收,因为这时能准确识别成熟度,而且露水较大,有利于烘烤时保湿变黄。在强光下叶面反光,产生视差变化,易误判生烟叶为熟烟叶。阴天时可以全日采摘,晴天中午不宜采收,避免叶面失水过多而凋萎,或被烈日暴晒灼伤,不利烘烤。雨后叶面烟油被冲洗,采收时手无粘胶质状,烘烤后烟叶品质欠佳,应待雨后晴 2～3 d 再采收。

2. 专人采收

专人采收能严格掌握烟叶的成熟度,切实做到多熟多收,少熟少收,不熟不收,熟一片收一片,不采生叶,不漏采熟叶。采收后把叶整齐叠放入筐内,轻放不压伤。运回后放在空房或树下,防止日晒、雨淋,并将叶尖竖立摊放,不宜摆平堆压。

3. 分类绑竿

烟叶采收后,应遵循"按叶分类、分类绑竿"原则处理加工烟叶。将大部分适熟黄叶先绑竿,绑好一竿后即挂到阴凉处的木架上。再将误摘回的青叶另行绑竿。最后将过熟叶和病虫叶片另绑竿。绑叶时,大叶两片、小叶三片为一撮,叶片背靠背,每撮之间保持一定的距离,不宜靠紧,以利于升温、排温,否则易烤出灰褐色烟。

4. 合理装炕

房内温度是由下而上增加的,烟叶也分层受热,并散发出水分,通过天窗把大量水分排出。因此,必须使挂竿之间的距离适当,保持内部处处升温均匀,排温顺畅。

装烟时要严格掌握好分类,青烟、适熟烟、过熟烟分别挂顶、中、底层,挂竿间距要求上密(竿距 17 cm 左右)、中疏(竿距 21 cm 左右)、下稀(竿距 24 cm 左右)。按顶中下顺序挂竿,逐层挂满。要事先数过总竿,分层定竿,一次性装满炉,切忌分 2～3 d 才装满。以便真正做到适熟采收,分类绑叶,均匀上竿,合理装炕,确保烤出全竿黄、全炉黄,求得高质量、高效益。

二、烟叶的烘烤

成熟的烟叶在出售之前,先需在专用的烤房里进行初加工——烘烤。烘烤不是简单干燥过程,而是通过适当温湿条件,使烟叶发生一定的理化变化,使之符合卷烟工业的需要。在烘烤过程中,烟叶由绿变黄,含水量下降,淀粉向可溶性糖转化,部分蛋白质被分解。

通常将烘烤分为变黄期、定色期、干筋期 3 个阶段。整个烘烤过程需 5 d 左右。

(一)变黄期

这一阶段,烟叶由绿色变成黄色,但叶片尚未干燥。要求烤房内的温度以每小时 1℃的速度上升到 36～38℃,相对湿度由 90%左右逐渐降到 70%左右。这个阶段烟叶内部的变化主要表现在以下几个方面。

1. 水分散失

在烟叶的烘烤过程中,为了给水解酶创造趋向水解方向的条件,从而也为蛋白质和淀粉的分解创造条件,需排除一些水分。如果不失水,就会只分解和消耗淀粉而不分解蛋白质,结果对品质不利,尤其会造成"硬变黄",只变黄而不凋萎,物质转化不好,不好定色。烟叶失水需要缓慢进行,如果叶片失水过多,干燥过快,组织过早死亡,则青色被固定,某些化学和生物化学变化停止，这样烤出的烟叶会产生辛辣、刺激气味。

2. 化学成分变化

淀粉由占干物质总量的20%～30%减少到2%～8%；还原糖由原来的5%左右增加到14%～20%，甚至达到25%以上；蛋白质分解量占原含量的15%～35%；烟碱有所减少，其减少的量随时间延长而增多，但总减少量不大。研究结果表明，整个烘烤过程中干物质损耗量为10%～20%。其中变黄期损失量最大，约占50%。

烟叶黄色的显现是与淀粉、蛋白质的分解同步。随着蛋白质的分解，叶绿素中的蛋白质也进行分解，破坏了叶绿素蛋白质复合体，叶绿素随之分解消失。其间叶黄素、类胡萝卜素得到显现，使烟叶外观上呈现黄色。变黄期还是烟叶特有香气物质形成的时期。

（二）定色期

其是烟叶变黄并基本干燥后，黄色得到固定的阶段。要求烤房的温度从38℃以每2～3 h升温1℃的速度稳步上升到53～55℃，并延长时间12 h以上，相对湿度逐渐下降到30%左右。一般情况下，要边升温，边排湿。在定色期内，要使叶组织的代谢作用和酶活动停止，以终止变黄期各种变化的继续进行，固定和保持优良的色泽和品质。在定色期内，叶组织逐渐死亡，细胞透性增大，氧气易进入。定色期进行得是否及时，对烤烟的品质影响极大。烤烟中的不良变化经常发生在这一阶段。如相对湿度过低且升温过快，致使较多的叶绿素未分解即被烤干（称为“烤青”）；相对湿度较高而升温过慢，细胞的呼吸作用继续进行，烟叶中的有机物质消耗过多。

（三）干筋期

烟叶经过变黄、定色两个阶段，叶片已经全部变黄干燥，但主脉组织致密，表面积小，水分含量多，排除困难，定色后仍有较多水分。据有关测定结果，当叶片水分仅16%时，烟筋含水量还有78%，必须用高温才能将其排除，以达到卷烟工业所规定的要求。然而，从烟叶香吃味角度来看，温度达到60℃之后，烟叶的致香物质便开始分解和挥发，温度越高、高温时间越长，致香物质挥发量越多，所以要尽可能在较低的温度条件下使烟筋干燥。烤房的温度可以每小时升1℃的速度，升到68～70℃，相对湿度下降到15%左右。在这一温湿度条件下，烟叶主脉变成棕色（称为紫筋）。

烘烤后的烟叶，从外观上看应当是颜色均匀，正黄或金黄，光泽鲜明，香气浓而醇和，吃味纯净，手摸有油润感。烟叶烘烤后很脆，因此在干筋期完结停火之后，需将烤房门敞开，使烟叶吸湿回软，然后才可将烟竿取出，最后按照商业部门的规格，分级，绑把，出售。

模块小结

本模块学习了烟草的类型、烟草的植物学特征、影响烟草品质的因素、烟草的播前准备、播种和育苗技术、田间管理技术、烟叶的采收和烘烤技术等。通过对这些知识的学习，我们能够全面掌握和了解烟草的生物学基础知识和栽培技术，在生产中我们需要综合运用这些知识，因地制宜地指导烟草的生产工作。

模块巩固

1. 如何为烟草科学选茬？

2. 烟草育苗时如何选地做床？
3. 烟草苗床和大田分别可划分为哪几个生育阶段？每个生育阶段有何特点？
4. 烟草打顶有哪些技术要求？
5. 烟草打顶后为什么要抹芽？
6. 烟叶进入工艺成熟期后有哪些特征？

模块五

花生生产与管理

【知识目标】

通过本模块学习，了解花生的生长发育过程及各生育阶段的特点，花生栽培的生物学基础知识；了解花生的品种类型，花生产量的形成；掌握花生播种、花生田间管理和看苗诊断、花生测产和收获技术。

【能力目标】

能够独立完成花生的播种、田间管理和收获与贮藏工作及花生的病、虫、草害综合防治工作。

花生简介

花生，又称"落花生"或"长生果"。起源于南美洲热带、亚热带地区。在世界上分布很广，除南极洲外，各大洲均有种植，但主要集中在亚洲、非洲、北美洲等位于热带、温带的为数不多的几个国家，如印度、美国、塞内加尔、缅甸、巴西等。于16世纪传入我国，19世纪末有所发展。花生具有多用性，既是油料作物，也是重要的经济作物，是出口创汇的大宗农产品。2019年我国花生、花生仁全年出口19多万吨，出口金额为18.2亿元。通过营养分析证明，花生仁具有很高的营养价值，内含丰富的脂肪和蛋白质。花生油、花生及其制品，富含维生素E、维生素A、维生素B_1、维生素B_2、叶酸以及大量的锌、钙、磷、铁等微量元素，人体需要的42种营养素，花生中就含有37种。据测定花生籽仁内脂肪含量为44%～45%，蛋白质含量为24%～36%，含糖量为20%左右，并含有硫胺素、核黄素、尼克酸等多种维生素，矿物质含量也很丰富，特别是含有人体必需的氨基酸，有促进脑细胞发育，增强记忆的功能。花生种子富含油脂，从花生仁中提取的油脂呈淡黄色，透明、芳香宜人，是人们比较喜爱的植物油；花生饼含蛋白质占饼质量的50%以上，花生茎叶含蛋白质12%～14%，是动物的优质饲料。

二维码 5-1　花生的保健功效

目前，我国是世界上种植花生的第一大国，种植面积达7 500多万亩，产量达1 700万t，占世界总产量约40%，占全国油料作物总产(不含大豆)近50%。我国花生分布很广，北到黑龙江省杜尔伯特蒙古族自治县和泰来县，西到新疆维吾尔自治区，除青海省、宁夏回族自治区外，其余各省、市、自治区均有花生种植。近年来以河南省种植面积最大，产量最多。目前，我国花生种植主要集中在三大产区：一是北方大花生区，包括山东、河南、河北、辽宁、安徽及江苏北部地区；二是南方春、秋两熟花生区，包括广东、广西、福建、海南；三是长江流域春、夏花生交作区，包括四川、湖北、湖南省。这三大产区占全国花生种植面积的90%以上，其中北方大花生区种植面积占全国花生种植面积的60%以上；南方春、秋两熟花生区种植面积占全国花生种植面积的20%左右；长江流域春、夏花生交作区种植面积占全国种植面积的10%左右。

花生适应性广，有较强的耐旱、耐瘠薄能力，有根瘤菌共生，能固氮肥田，除盐碱地外，差不多各种土壤都可以生长。近年来，黑龙江省花生的种植面积有所增加，由于黑龙江省地处北方，生育期较短，气温偏低，有效积温只有 2 300～2 600℃，种植花生必须选用早熟高产品种。珍珠豆型和多粒型品种比较适合黑龙江省种植，如四粒红和风沙四号等。

项目一　花生栽培的生物学基础

一、花生的一生

花生的一生是指从种子萌发开始到种子形成结束。花生从出苗到荚果成熟收获所需的天数，称为花生的生育期。花生属无限开花结实的作物，生育期很长，生育期的长短是鉴别花生品种属性的主要依据。生产上一般将生育期100～130 d的花生品种称早熟种，130～150 d的花生品种称为中熟种，150 d以上的花生品种称晚熟种。

（一）生育时期

根据花生一生中不同时期器官生长特点和干物质积累及分配的不同特点，可将花生一生分为播种出苗期、幼苗期、开花下针期、结荚期和饱果成熟期5个生育时期。

1. 播种出苗期

花生从播种至50%的幼苗出土、主茎2片真叶展现，为播种出苗期。在正常条件下，春播早熟品种需10～15 d，中晚熟品种需12～18 d；夏播和秋播的品种需4～10 d。出苗期间生长最快的器官是根和胚轴，临出苗时，主根可深达30 cm左右，并有众多的侧根。与此同时，胚轴长成粗壮多汁的“顶土器官”，胚芽各部分也开始生长和进一步分化。花生种子的发芽出土过程如图5-1。

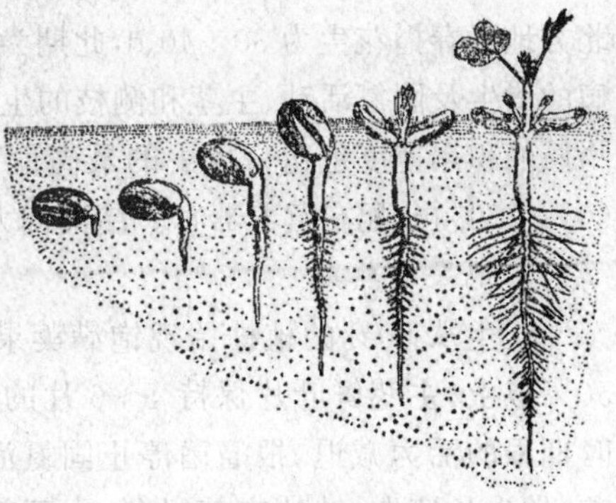

图5-1　花生种子的发芽出土过程
（陈传印等，作物生产技术，2011.）

2. 幼苗期

花生从50%的幼苗出土、展现2片真叶至50%的植株始现花、主茎有7～8片真叶的这一段时间为幼苗期。在北方地区，春播花生的幼苗期为25～35 d，夏播花生为20～25 d。幼苗期以营养生长为主。根系生长较快，出苗后10 d，主根入土40 cm左右，到了始花期，主根可入土50～70 cm，并可形成50～100条侧根和二次支根。苗期根部开始形成根瘤，但固氮能力较弱，根瘤菌与花生之间的关系属寄生关系。地上部分生长较缓慢，到开花时主茎高度一般为4～8 cm。当侧枝形成后，植株的生长中心就转向侧枝。

3. 开花下针期

花生从50%的植株始花至50%的植株始现定形果，即主茎展现12～14片真叶的这一段时间为开花下针期。北方地区春播花生25～35 d，夏播15～20 d。此时是花生植株大量开花、下针和营养体迅速生长的时期。根系迅速增粗增重,大批的有效根瘤形成并发育,根瘤菌的固氮能力迅速增强,并开始给花生供应大量氮素营养;叶片数迅速增长,这一时期增长的叶片数可占最高叶片数的 50%~60%,叶片加大,叶色转淡,光合作用增强。单株开花数达最高峰,开花数通常可占总开花数的 50%~60%,形成的果针数占总数的 30%~50%,并约有 20%的果针入土膨大为幼果,50%植株的幼果形成定形果。花生果针的伸长与入土情况如图 5-2。

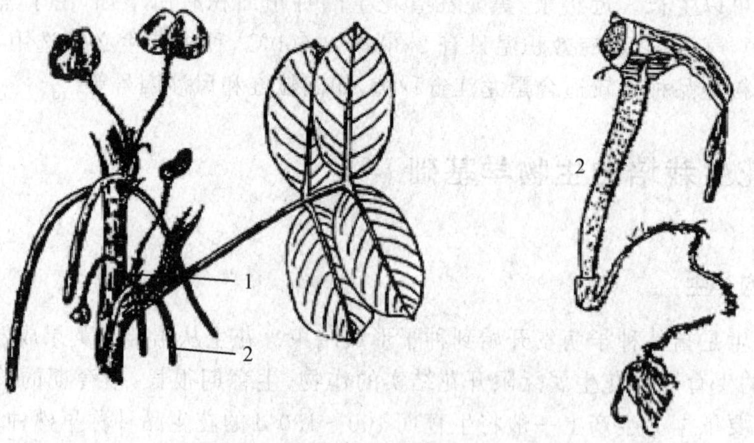

1.花序 2.果针

图 5-2 花生果针的伸长与入土

(张亚龙.作物栽培技术 2015.)

4.结果(荚)期

花生从 50%的植株始现定形果至 50%的植株始现饱果,主茎展现 16~20 片真叶为结荚期。北方地区春播花生为 30~40 d,此期为花生营养生长和生殖生长的最盛期。根系的增长量和根瘤的增生及固氮活动、主茎和侧枝的生长量及各对分枝的分生、叶片的增长量均达高峰。此期干物质的积累速度也达一生中的最高值,所积累的干物质是一生中总干物质的 50%~70%,其中 60%~70%分配在营养器官。结荚期大批入土果针发育成荚果,荚果重开始显著增长。

5.饱果成熟期

花生从 50%的植株始现饱满荚果至单株饱果荚数早熟品种达 80%以上,中、晚熟品种达 50%以上,主茎鲜叶片保持 4~6 片的一段时间称为饱果成熟期。果针入土后 55~60 d。这一时期根的活力减退,根瘤菌停止固氮活动,并随着根瘤的老化破裂而回到土壤中营腐生生活。茎、枝生长停滞,叶片变黄绿色,中下部叶片大量脱落,净光合生产率很快降低,干物质积累量逐渐减少,植株茎叶中的氮、磷等营养物质大量向荚果转运,荚果迅速增重。

(二)生育阶段

生产上为了便于进行田间管理,常常把一个生育时期至另一个生育时期所间隔的时间划分为一个生育阶段。花生一般划分为发芽出苗期(播种—出苗)、苗期(出苗—初花)、下针期(初花—下针)和荚果成熟期(结荚—饱果)4 个阶段。

二、花生栽培的植物学特征

(一)花生的品种类型

花生在植物学分类中属于豆科、蝶形花亚科、落花生属的一年生草本植物。所有栽培的花生品种都属于异源四倍体种,简称花生。我国栽培的花生,根据其植物学特征和生物学特性的不同，一般分为 5 大类。

1. 普通型

普通型花生在国际上称弗吉尼亚型，我国通称大粒种。其主要特征是主茎不着生花序，侧枝上花序与分枝交替着生，侧枝多，分枝性强，能生第三次分枝，叶片多为倒卵形，叶色多为绿或深绿色。荚果为普通形，个别为葫芦形，果壳较厚，果嘴不明显，网纹较平滑，果型大，称之为大花生。该类型品种荚果一般有 2 粒种子，少数 3 粒，籽仁大，多为长椭圆形，种皮为粉红色或深红色。普通型主要分布在北方大花生区及长江流域夏作花生区，在我国分布最广，栽培面积最大，是我国花生出口的主要类型，多为一年一熟或两年三熟的春花生。生育期较长，春播生长期多在 140～180 d，种子休眠期长，一般 90 d 以上。要求总积温 3 250～3 600℃。按其株型可分为直立、半蔓生、蔓生 3 个亚型。蔓生型耐旱、耐瘠薄能力较强，但收获费工，损失较多，目前种植面积减少。

2. 珍珠豆型

珍珠豆型花生在国际上称西班牙型，我国通称直立小花生。其主要特征是主茎开花，侧枝上各节连续着生花序，一般不分生或少分生二次分枝，多数品种茎枝及叶柄上茸毛稀少，植株直立。小叶片呈椭圆形，叶色深绿或黄绿。荚果为葫芦形和蚕茧形，果壳薄，网纹细而浅，果型中或小，一般称小花生。荚果有 2 粒种子，籽仁饱满，籽仁多为小粒或中粒，圆形或桃形，种皮有光泽，多为淡红色，少数深红色。

珍珠豆花生主要分布在南方春秋两熟花生区和东北早熟花生区。生育期较短，春播生长期多在 120～130 d，种子休眠期短，一般为 9～50 d，甚至休眠不明显，有的品种成熟后遇旱再遇雨就在地里发芽，所需积温为 3 000℃左右。近年来由于一些早熟高产的中粒品种相继育成，以及耕作制度改革的需要，该类型花生栽培面积扩展很快，有超过普通型而成为我国主要栽培类型的趋势。

3. 多粒型

多粒型花生在国际上称西班牙型，其主要特征是主茎开花，除基部发生 4～5 条营养枝外，各节均有花枝发生。第二次分枝很少，一般没有第三次分枝，茎枝粗壮而高大，株型直立。叶片较大，长椭圆形，叶色淡绿或黄绿色，叶脉较明显。荚果为串珠形，果嘴不明显，果壳厚，网纹平滑，束腰很浅，有的地方称它"长生果"。多数荚果含 3～4 粒种子，籽仁形状不规则，多为短柱形或三角形，种皮光滑，有光泽，多为深红或紫红色。

多粒型花生品种属早熟或极早熟类型，生育期短，120 d 左右，种子休眠期短，收获不及时在田间易发芽，需总积温 2 770～2 970℃。适应于无霜期短的东北地区种植。

4. 龙生型

龙生型花生又称秘鲁型或亚洲型，我国通称蔓生小粒种。其主要特征是主茎上完全是营养枝，不开花，侧枝上花序与分枝交替着生，分枝性强，分枝很多，常出现第四次分枝。茎枝及叶柄上茸毛密集，茎部花青素多，呈紫红色。叶片倒卵形，叶色暗绿或深灰绿。荚果为曲棍形或蜂腰形。有明显的果嘴和龙骨状突起，网纹深，果嘴大，所以有些地方叫它"骆驼腰"或"罗锅子"。果壳薄，皮色灰暗，果柄脆而长，收获时易落果，种在黏土地易烂果。多数荚果 3～4 粒种子，籽仁多为圆锥形或三角形，种皮多为淡黄色或浅褐色。种皮不光滑，色暗红，无光泽。

龙生型花生主要分布在南美的秘鲁干旱地带及亚洲的印度和中国等地，在我国种植最早，分布甚广。生育期较长，多为中晚熟或晚熟种，一般春播生育期为 150 d 以上，种子休眠期长，需总积温 3 300～3 500℃。由于结果分散，果针入土深，易折断，收刨费工，损失大，目前种植面积减少，但该类型抗旱耐瘠性很强，防风固沙，保持水土，在沙土地上产量相当稳定，适于丘陵地或沙滩地种植。

5. 中间类型

20 世纪 70 年代以来，我国各地应用 4 大类型地方品种，采取有性杂交、激光和原子辐射等人工诱变手段，选育出一批新品种和衍生新品种(系)，成了原有 4 大类型品种包括不了的中间型新品种体系。为便于性状区别，现暂划归为中间类型(中间型)。此类型花生有两大特点：一是连续开花、连续分枝，开花量大，受精率高，双仁果和饱果指数高。荚果普通形或葫芦形，果型大或偏大；多双室荚果，网纹浅，种皮粉红，出仁率高。株型直立，植株高或中等，分枝少，叶片小或中等大，侧立而色深。中熟或早熟偏晚，种子休眠性中等，生育期 130～150 d。二是适应性广，丰产性好。我国黄河流域和长江流域各地均选育出一批中间型高产新品种。如茂源千斤等。

(二)花生器官的特征特性

1. 荚果和种子

花生的果实属于荚果，似茧形或葫芦形。果壳坚厚，黄褐色，成熟时不自行开裂，有纵横网纹，前端突出似鸟嘴叫"喙"或叫"果嘴"。每个荚果通常 2 室以上，各室间有果腰，但无隔膜。荚果的形状有普通形、斧头形、葫芦形、蜂腰形、茧形、曲棍形、串珠形。花生荚果形状如图 5-3。

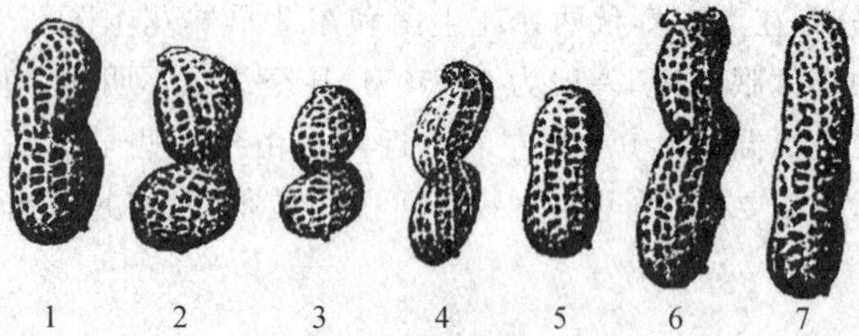

1. 普通形 2. 斧头形 3. 葫芦形 4. 蜂腰形 5. 茧形 6. 曲棍形 7. 串珠形

图 5-3 花生荚果果形

(张亚龙. 作物栽培技术 2015.)

花生的每个荚果包含 2 粒以上的种子，称花生仁。成熟的花生种子外形可分为三角形、桃圆形、圆锥形和椭圆形等。种皮有紫、褐、紫红、红、粉红、黄及花皮等颜色，深色的种皮含单宁物质多，味涩，播种时烂种较少。皮色一般不受栽培条件的影响，是品种的特征之一。子叶就是两瓣花生仁，肥厚而有光泽，贮有丰富的脂肪、蛋白质及其他营养物质，其重量占种子总重的 90%以上。胚芽由一个主芽和两个侧芽组成，主芽发育成主茎，侧芽发育成第一对侧枝，胚轴形成粗壮的根颈，胚根发育成根系。所以，花生种子实际上已是一株分化相当完全的幼小植株。

同一植株上的花生种子，其大小和成熟程度相差很大，大粒种子含养分多，出苗势强，苗壮。同一荚果内的种子，由于所处位置不同，二室果中，前室种子称"先豆"，后室种子称"基豆"，一般先豆发育较晚，粒重较轻，若先豆和基豆成熟程度和粒重相近，先豆比基豆休眠性弱，容易打破，发芽较快，表现为活力较强，用其作为种子有增产趋势。

刚收获的花生种子，在适宜的条件下，也不能正常萌发，必须经过一段时期的"后熟"才能正常发芽，这种特性称休眠性。普通型和龙生型品种休眠期较长，有的品种可达 5 个月以上，到播种时还不能整齐发芽；而珍珠豆型和多粒型品种休眠期很短，有的甚至无休眠期，当成熟后遇雨时，常在植株上大量发芽，造成很大损失。

据目前研究，花生种子的休眠性是种皮的障碍和胚内抑制物质共同作用的结果。如珍珠豆型与多粒型品种的休眠性主要是种皮障碍，而普通型与龙生型品种的休眠性除种皮障碍外，主要是由于胚内存在抑制物质或某些激素类物质不足。人工使用乙烯利、激素及其同类物质苄氨嘌呤都能有效地解除休眠，生产上采用浸种、晒种及适宜温度（22～30℃）下催芽，都能在一定程度上解除休眠。

2. 根和根瘤

(1)根　花生根系属圆锥根系，由直生的主根及各级侧根组成。花生根系比较发达，苗期和开花期是根系主要形成期，开花以后，根生长逐渐缓慢。花生主根可深达2 m左右，侧根有数十条至数百条之多，分布可达周围1 m左右，但主要根群分布在30 cm的土层内。主根有4列维管束，即生成4列侧根，呈“十”字形排列，侧根有2或3列维管束，与主根维管束相连，组成输导系统，花生根上根毛极少。花生的根系如图5-4。

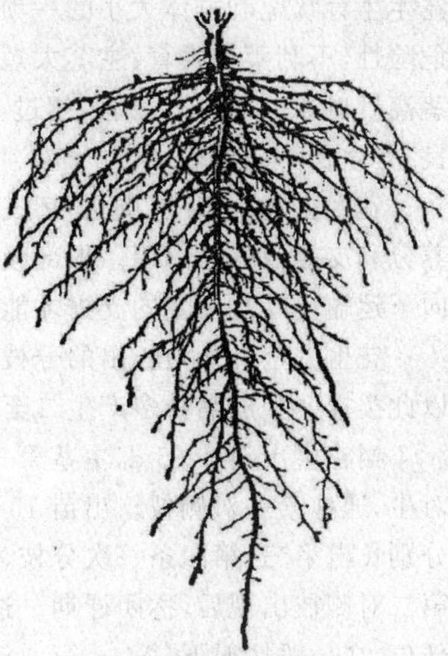

图5-4　花生的根系
（张亚龙.作物栽培技术2015.）

根的颜色常因土壤和水分条件不同而异，一般为灰白或灰褐色。根的构造由外向内分为表皮、皮层薄壁细胞、内皮层、维管束鞘、初生韧皮部、形成层、初生木质部及发达的髓部。

花生根由于有较多侧根和根颈部易发生不定根的特性，故耐旱力较强。根主要是吸收、输导水分、养分和支撑固定植株，并合成氨基酸、植物激素等物质。根系从土壤中吸收水分和养料，并依靠导管输送到地上部各器官，供给植株生长，又将叶片制成的光合产物依靠筛管下送到根系各部，供给根的生长需要。

(2)根瘤　花生与其他豆科作物一样具有根瘤。花生根瘤属豇豆族，能和扁豆、绿豆等豆科作物共生，但不能和大豆、苕子等共生。花生根瘤是根瘤菌侵入根的皮层后大量繁殖，刺激皮层细胞畸形扩大增殖。当花生长到4～5片真叶时即有根瘤形成，瘤体为圆形，直径1～3 mm，多数着生在主根上部和靠近主根的侧根上。苗期数量较少，固氮能力较弱，不但不能供给花生氮素物质，反而吸收植株中氮素养料维持自身的生长繁殖，这时，根瘤与花生是寄生关系。随着花生植株的生长发育，根瘤菌的固氮能力逐渐增强，到始花后能为花生提供较多的氮素营养，根瘤菌与花生成为共生关系。开花盛期至花生结荚初期，根瘤菌固氮能力最强，是为花生供氮最多的时期。据测定，花生有50％～80％的氮素是根瘤菌供给的。花生植株到了生育末期，根瘤破裂，根瘤菌重回土中“营腐生”生活。花生收获后，遗留在土壤中的根瘤，由于土壤中微生物的活动，可转变为可给态硝酸盐类，这时土壤中的氮素为1.0～3.5 kg/亩，相当于磷酸铵等标准氮肥5.0～17.5 kg，俗话说“花生能肥田”就是这个道理。

3. 茎和分枝

花生主茎直立，一般有15～25节。花生出苗后，主茎增长很慢，到开花时，主茎高度一般不超过5～8 cm，开花后，主茎生长速度逐渐增加，到盛花后达到高峰，以后又明显变慢，以致全部停止生长。

花生高度由节数和节间长两个因素所决定。品种间主茎高度差异很大，蔓生品种显著低于丛生品种，同一品种，栽培条件不同，主茎高度变化也很大。生产上常以主茎高度作为衡量花生生育状况和群体大小的一项简易指标，主茎太高，表示群体过大，营养生长过旺，有倒伏的危险性，不利荚果发育；主茎太短，表示生长不良，肥水不足。一般认为，普通型中、晚熟品种主茎高度以 40～50 cm 为宜，超过 60 cm 表示过旺，群体过大，极易倒伏；不足 30 cm，则生长不良，是生长势弱的表现。

花生主茎由表皮、皮层、韧皮部、形成层、木质部及发达的髓部等组成。主要起输导水分、养分和支撑植株的作用。根部吸收的水分、矿质元素和叶片制造的有机物质，通过茎部向上和向下运输。叶片靠茎的支撑才能适当地分布在空间，接收阳光，进行光合作用。

花生主茎叶腋内长出的分枝叫作第一次分枝，第一次分枝上长出的分枝叫作第二次分枝，以此类推。一般品种多产生二至三次分枝，有的品种可产生四至五次分枝。

当花生出苗 3～5 d，主茎第三片真叶萌发时，从子叶叶腋间长出第一、第二两条一次分枝，对生，通称第一对侧枝。出苗 15～20 d，主茎第五、六片真叶萌发时，从第一、二片真叶叶腋里分别长出第三、第四条一次分枝，互生，由于两节间紧靠，近似对生，所以称第二对侧枝。第一、第二对侧枝出现后，称团棵期。这两对侧枝长势很强，构成花生主体，是花生荚果着生的主要部位，在一般情况下，第一、第二对侧枝结果数占全株总结果数的 70%～80%。因此，在栽培上对第一、二对侧枝的健壮发育，应予极大重视。

花生的分枝习性比较稳定，是划分品种类型的一种依据。二次分枝较多并有三次或四次分枝的称密枝型，如普通型和龙生型品种；二次分枝较少或没有三次分枝的称为疏枝型，如珍珠豆型和多粒型品种。

根据花生侧枝生长形态，主茎与侧枝长短比例以及主茎与侧枝所成角度可将花生分为 3 种株型：

(1)蔓生型　亦称匍匐型，开花下针期以前，侧枝几乎贴地平行生长，仅前端翘起生长，其翘起部分与地面约呈 60°角，长度小于匍匐部分。侧枝与主茎大约呈 90°角，株型指数(第一对枝长度与主茎高度的比)一般大于 2 或接近 2。

(2)半立蔓型　亦称半匍匐型，花生生长前期，第一对侧枝斜生与主茎间约呈 85°角，第一对侧枝近基部与地面呈 30°角，中间向上翘起，翘起部分大于匍匐部分。株型指数为 1.3～1.5。

(3)立蔓型　亦称直立型，花生生育前期，第一对侧枝斜生与主茎间约呈 70°角，在生长中期第一对侧枝与主茎之间角度小于 45°。株型指数为 1.1～1.2。

4. 叶

花生的真叶为四出羽状复叶，由叶片、叶柄、托叶组成。

二维码 5-2　花生的叶片

花生的叶片在茎枝上均为互生，两对小叶两两对生在叶柄上部，一般由 4 片小叶组成，偶尔也有少于或多于 4 片的畸形复叶。叶片形状有卵圆形、倒卵圆形、椭圆形和宽卵圆形等。

花生的叶片由上、下表皮、栅栏组织、海绵组织、叶脉维管束及大型贮水细胞等组成。叶的主要功能是在花生生育期间用来调温和吸收二氧化碳进行光合作用。

5. 花和花序

花生的花为蝶形花。花冠黄色，子房上位，着生在叶腋间。整个花器由苞片、花萼、花冠、雄蕊和雌蕊等组成。花生花器构造如图 5-5。

花生的花序属总状花序。它实际上是一个变态枝，又叫生殖枝或花枝。有长短两种，其中花序轴短，只着生 1～3 朵花，近似簇生的叫短花序；花序轴伸长，着生 4～7 朵花，甚至 10 朵以上花的叫长花序。有的花序上部又长出羽状复叶，不再着生花朵，使花序转变为营养枝，又叫生殖营养枝或混合花序，有些品种在子叶节侧枝基部可见好几个短花序丛生在一起，形似“复总状”花序，因此叫复状花序。

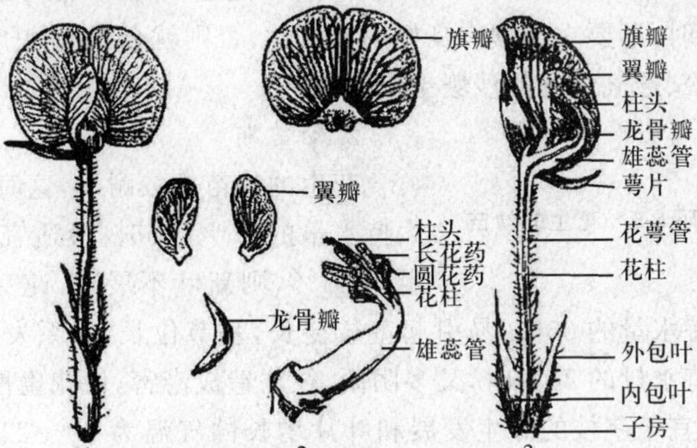

1. 花的外观　2. 雄蕊管及雌蕊的柱头　3. 花的纵切面

图 5-5　花生花器构造

（张亚龙. 作物栽培技术 2015.）

6. 果针

花生花的子房柄和位于其先端的子房合称果针。果针在入土前为暗绿略带微紫色，尖端为一层木质化的表皮细胞，形成一帽，以保护子房入土。果针的长度，侧枝基部低节位的短些，一般在 3～8 cm，侧枝中上部高节位的长些，一般在 10 cm 以上，个别可达 20～30 cm。

二维码 5-3　花生下针

果针是一种具有特殊生理活性的生殖器官，既具有与茎相类似的结构，也能像根一样吸收土壤中的养分，而且有向地性。

花生开花受精后，只需 3～6 d 即可形成肉眼可见的果针。开始时略呈水平方向缓慢生长，每日平均伸长 2～3 mm，不久即弯曲向地，基本达垂直状态时，生长速度显著加快，在正常条件下，经 4～6 d 便可接地入土。果针的入土深度，因花生类型和结实节位的不同而有差异。

三、花生生长发育需要的环境条件

花生是一种喜温、较耐旱、怕涝渍的一年生作物，温度、光照、水分、空气等气候因子对花生生长发育和产量形成的影响很大。花生从播种到收获各生育期所需要的环境条件是不同的。

二维码 5-4　播种期对花生生育期和生长发育的影响

1. 发芽出苗期

花生播种到土壤中，吸收本身重量 50%

左右的水分后，才能开始出苗。当土壤含水量为田间最大持水量的50%～60%时，发芽率最高；低于50%出苗不齐，若降到40%以下时，种子基本不能发芽出苗；若土壤水分高达田间最大持水量的80%以上时，种子呼吸困难，发芽率就会下降。所以，花生田土壤的水分含量不能太高。

花生种子发芽最适气温是25～37℃，低于10℃或高于46℃，有些品种就不能发芽。花生春播要求5 cm深处土壤温度为12～15℃，所以土温必须达到12℃以上，才能进行播种。温度低，将延长发芽出苗时间，会使种子在土壤中消耗大量自身养分，影响出苗率，甚至出现缺苗断垄。温度过高也不利，当温度达40℃时，发芽率下降，超过46℃不能发芽。

花生在萌动发芽时，还要求土壤有良好的通气性，否则就会影响种子发芽和幼苗出土。因此，种植花生选择疏松、透气性好的沙壤土最适宜。

二维码5-5 花生的幼苗

2. 幼苗期

花生的幼苗期较耐旱，这时土壤含水量为田间最大持水量的45%～55%最适宜。如果低于最大持水量的35%，则新叶不展现，花芽分化受抑制，始花期推迟；如果高于最大持水量的65%，易引起茎枝徒长，基节位长，根系发育慢、扎根浅，不利于花的形成；超过田间持水量的70%时，又多阴雨，往往造成涝害，使花生植株根弱苗黄。

花生幼苗期最适宜于茎枝的分生发展和叶片增长的气温为20～22℃。如平均气温低于19℃，则茎枝分生缓慢，花芽分化慢，始花期推迟，形成"小老苗"。如平均气温超过25℃，则可使苗期缩短，茎枝徒长，基节拉长，不利于蹲苗。

幼苗期每日最适日照时数为8～10 h。日照时数多于10 h，茎枝徒长，花期推迟；日照时数少于6 h，茎枝生长迟缓，花期提前。花生要求的最适光照度为5.1万 lx/m^2，过大或过小都会影响叶片的光合效率。

3. 开花下针期

花生的开花下针期需水量逐渐增多，其最适宜的土壤水分为0～30 cm土层的含水量占田间最大持水量的60%～70%，这时根系和茎枝正常生长，开花增多。如土壤干旱，土壤含水量低于田间最大持水量的40%，则叶片停止增长，开花也受到影响，甚至中断开花，果针伸展缓慢，茎枝基部节位的果针不能入土，入土的果针也停止膨大。但土壤含水量为田间持水量80%以上时，会造成茎叶徒长，开花和下针少，甚至烂针烂果，根瘤的增生和固氮活动明显减弱。同时空气相对湿度对开花下针也有很大影响，当空气相对湿度达到100%时，果针伸长量为每日平均0.62～0.93 cm，空气相对湿度下降到60%时，果针伸长量为每日平均0.2 cm，空气相对湿度低于50%，花粉粒干枯，受精率显著降低。

此期最适宜的日平均气温为22～28℃，低于20℃或高于30℃，开花量明显降低，低于18℃或高于35℃，花粉粒不能发芽，花粉管不伸长，胚珠不能受精或受精不完全，叶片的光合效率显著降低。

花生的开花下针期需要最适的日照时数为6～8 h，每日光照少于5 h或多于9 h，开花量都会降低。光照度对花的开放更为敏感，如果光照度弱，则花生主茎增长快，分枝少，植株瘦弱，盛花期延迟，无效花增加。光照度在21 000～62 000 lx/m^2，叶片的光合效率随光照度增加而提高，大于62 000 lx/m^2，光合效率有所降低。

4. 结荚期

此期需要土壤湿润，要求的适宜土壤含水量为田间最大持水量的65%～75%。土壤缺水，子房停止生长，形成秕果，但土壤水分过多，导致通气不良，土壤缺氧，根系早衰，空果、秕果、烂果增多。

此期气温高，荚果发育最适温度为25～33℃，此时荚果发育快，增重高。气温低于20℃或高于40℃对荚果的形成、发育都有一定的影响。

5. 饱果成熟期

此期根系的吸收力减退，蒸腾量和耗水量明显减少，最适宜的土壤含水量为田间最大持水量的40%～50%。如果高于田间最大持水量的60%，荚果籽仁充实减慢，低于田间最大持水量的40%，根系易受损，叶片早脱落，茎枝易枯衰，影响荚果的正常成熟。

此期适宜土壤温度为25～30℃，土壤温度高于40℃，植株营养生长衰退过早、过快，干物质积累少，果仁增重不大；结实层平均地温低于18℃，荚果就停止发育。

此期要求晴朗温暖的天气，在充足光照下，才有利于荚果饱满和果仁增重。

四、花生产量的形成

花生的经济产量是指果仁的重量。它是由单位面积株数、单株果数和果重3个要素构成的。即每公顷产量(kg/hm^2)等于每公顷株数×单株果数×果重/1 000，三者的结构是否合理就成为衡量单位面积产量高低的重要指标。

花生在生长过程中往往出现个体和群体、营养生长和生殖生长的矛盾。通常情况下单位面积株数起主导作用。在一定范围内，随着单位面积株数的增加，单株果数和果重会有所下降；而当单位面积株数减少时，单株果数和果重又会上升。合理密植的目地，就是在特定的条件下，确定合理的单位面积株数，使单位面积株数和单株果数、果重这三者的乘积达到一个最大值。

项目二　花生播前准备

一、选地与选茬

(一)选地

花生要求土层深厚，耕作层30 cm左右，有机质含量1%以上，容重1.5 g/ cm以下。结果层土质疏松、通透性好，总孔隙度50%左右。最适宜花生生长发育的是活土层深厚、耕作层疏松、pH6～7的微酸性砂质壤土。

(二)选茬

花生重茬会影响产量和品质。一是根系分泌的有机酸在土壤中积累达到一定量会造成花生自身中毒；二是花生所需的磷、钾营养缺乏；三是病虫害加重。花生对前作要求不严格，凡有耕翻基础的禾谷类、经济类作物，如小麦、玉米、甘薯、蔬菜和亚麻等都是花生的适宜前作。但花生不能与豆科作物轮作。各地花生主要轮作方式有以下几种。

1. 北方大花生产区

(1)一年一熟制　春花生—冬闲—春甘薯；春花生—冬闲—春玉米等。

(2)二年三熟制　春花生—冬小麦—(第二年)夏玉米(甘薯或大豆)；冬小麦—套种花生—春玉米(春高粱、甘薯、谷子)等。

2.长江流域春、夏花生交作区

(1)一年一熟制　春花生—冬闲—(第二年)春玉米(套夏甘薯)—冬闲等。

(2)一年二熟制　冬小麦—花生—冬小麦—夏甘薯(或夏玉米);油菜(豌豆或大麦)—花生—冬小麦—(第二年)夏甘薯(夏玉米)等。

(3)二年三熟制　冬小麦—花生—冬闲—(第二年)早、中稻—秋耕烤田等。

(4)三年五熟制　冬小麦—花生—冬小麦—(第二年)杂豆—(第三年)甘薯等。

3.南方春秋两熟花生区

花生的三、四年轮作制。春花生—小麦—(第二年)甘薯—豌豆(或冬闲)—(第三年)大豆—甘薯;春花生—秋甘薯—(第二年)红麻或玉米或高粱—谷子或甘薯—(第三年)甘蔗—(第四年)甘蔗等。

二、整地改土与施肥

花生是深根作物,有根瘤菌,并具有果针入土结果的特点,因此高产花生要求的土壤条件是土层深厚肥沃,排水便利,上沙下壤,上松下实。土质以泥沙比例适中的砂质壤土最为理想,所需养分的比例为N∶P∶K∶Ca=5∶1∶3∶3。同时,花生产量高低直接受土壤条件的影响,通过深耕翻晒、轮作倒茬、整地耙耮等措施,可以提高土壤的肥力。因此,要想获得高产,必须从整地改土开始,创造良好的外部环境条件,为花生高产稳产打下坚实的基础。

(一)整地改土

1.深耕

深耕可打破犁底层,疏松土壤,加厚活土层,改变土壤结构,使土壤容重减小,孔隙度增大,扩大储水范围,增强土壤浸水速度,使土壤含水量增加。为土壤微生物的增殖创造良好的生活环境,促进微生物的发育和活动,有利于花生根系的生长发育;而且深耕后,通过物理、化学、生物的作用,可把沉积在犁底层的不易被花生吸收利用的养分释放出来,转化为有效养分,供花生吸收利用。此外,深耕还有利于消灭多年生杂草,将地下害虫翻出地面,经过寒冷的冬天冻死或被雀鸟啄食,达到减轻虫害的目的。

深耕最好在秋末冬初进行,耕翻深度25～30 cm。如在秋末冬初没能及时进行深耕的,也可在早春深耕,时间应在春分之前,最晚也应在清明前结束春耕,且耕地深度要浅些。为保持上松下实的土层结构,深耕可2～3年为一个轮作周期,在一个轮作周期内,只需一般的浅耕掩肥作业,不必年年深耕,年年深耕既浪费人力、物力,又无明显增产效果。

为提高深耕当年的增产效果,结合深耕要增施有机肥料和部分化肥,以弥补因深耕造成的暂时耕作层土层混乱、生土增加、养分降低的影响,为花生的生长发育创造有利的环境条件。

2.改良土性

土质过沙或过黏的土壤都不能满足花生生长发育的需要,需在冬季或早春结合耕翻,进行压土或压沙,以改良土性。对于过黏的土壤,要进行压沙,对沿河沿海的飞沙地,要采取防风固沙、翻沙压淤等措施。压土或压沙时,需要土或沙数量的多少,应根据各地土壤情况而定。

3.精细整地

整地是花生丰产的基础。总体要求是土壤疏松、细碎、不板结,含水量适中,排灌方便,使花生的生长发育有适宜的土壤环境。

(二)需肥规律与施肥

1.花生的需肥规律

花生在整个生长发育过程中,需要不断吸收大量的氮、磷、钾、钙和微量的镁、硫、硼、铁、锌、钼等元素。据研究,每生产 100 kg 花生荚果,需要吸收氮 5.0～6.8 kg、五氧化二磷 1.0～1.3 kg、氧化钾 2.0～3.8 kg,此外还吸收钙 2.52 kg、镁 2.53 kg。

花生不同生育时期对养分的吸收量不同。幼苗期花生生长较慢,需要养分少,对氮、磷、钾的吸收量均占全生育期吸收总量的 5%左右;开花下针期植株生长较快,株丛增大,大量开花下针,需要养分急剧增加,对氮的吸收量占全生育期吸收总量的 17%左右,对磷、钾的吸收量占全生育期吸收总量的 22%左右;结荚期是营养生长和生殖生长最旺盛的时期,有大批果针入土结果,荚果膨大很快,需要养分最多,对氮、磷、钾的吸收量分别占全生育期吸收总量的 42%、46%和 60%;饱果成熟期植株生长逐渐减慢,需要养分明显减少,对氮、磷、钾的吸收量分别占全生育期吸收总量的 28%、22%和 7%。

花生对钙的吸收量,幼苗期较少,开花下针期逐渐增多,至结荚期达到高峰,约占全生育期吸收总量的 90%以上。

2.施肥技术

花生施肥应掌握以有机肥料为主,化学肥料为辅;基肥为主,追肥为辅;追肥以苗肥为主,花肥、壮果肥为辅;氮、磷、钾、钙配合施用的原则。

(1)基肥　花生应施足基肥。以腐熟的有机肥料为主,配合硫酸铵、钙镁磷肥、氯化钾等无机肥料。一般施用有机肥 15 000～18 000 kg/hm^2,硫酸铵 75～150 kg/hm^2,钙镁磷肥 225～375 kg/hm^2,氯化钾 75～150 kg/hm^2。

(2)种肥　每亩施用腐熟好的优质有机肥 1 000 kg 左右和磷酸二铵 5～10 kg 或钙镁磷肥 15～20 kg,混合均匀,沟施或穴施。另外在花生播种前,用 3 kg/hm^2 的花生根瘤菌剂,结合 150～225g 钼酸铵拌种,经济效益也较好。

(3)追肥　追肥以幼苗期为主,花期、结荚期追肥为辅,饱果期根据植株生长状况决定是否根外追肥。开花以后一般不进行根际追施氮肥。一般在花生始花前施用腐熟有机肥 7 500～15 000 kg/hm^2,尿素 60～75 kg/hm^2,过磷酸钙 150 kg/hm^2。或者用 0.3%磷酸二氢钾和 2%的尿素溶液,在花生生长中后期结合防治叶斑病和锈病与杀菌剂一起混合叶面喷施 2～3 次。

(4)微肥　微肥可以作为基肥、种肥、浸种、拌种和根外喷施,一般以拌种加花期喷施增产效果最好。用 30 g/hm^2 钼酸铵配制成浓度为 0.1%～0.25%的溶液拌种。在盛花期,用浓度为 0.1%～0.25%的钼酸铵和 0.2%的硼砂溶液喷施。

三、品种选择

花生的品种不同,产量水平、适应区域、市场适应性均不相同。品种的选择要充分考虑种植区域土壤肥力、气候环境、水土条件等综合因素,尽量选择抗病性、抗逆性较强的品种。一般在栽培地区能够充分发挥其优质、高产、稳产特性的品种,称为优良品种。根据当地的气候特点,选择适宜当地种植的优良品种才能获得高产。

黑龙江省能够栽培的花生品种有小粒红、四粒红、四平中粒、扶花 2 号、鹰嘴红、扶余四粒红、花育 20、花育 22 等。黑龙江省种植面积较大的主要有花育 20、花育 22。

(1)花育 20　该品种为疏枝型，主茎高 36.6 cm，侧枝长 40.5 cm，总分枝 7～9 条，结果枝 6 条左右，单株结果数 10.3 个，株丛矮且直立，紧凑，节间短，抗倒伏，叶色浓绿，连续开花，开花量大，结实率高，双仁果率一般在 95% 以上，果柄短，不易落果，荚果普通型，百果重 173.8 g，百仁重 68.6 g，出米率 73.3% 。脂肪含量 50.01%，油酸亚油酸比值 1.08。

(2)花育 22　该品种为疏枝型直立大花生，株型紧凑，叶色浓绿，结果集中，生育期 130 天左右，抗旱性及抗病性中等。主茎高 35.5 cm，侧枝长 40.0 cm，总分枝 9 条，单株结果 13.8 个。荚果普通型，果较大，网纹粗，籽仁椭圆形，种皮粉红色，内种皮金黄色，百果重 245.9 g，百仁重 100.7 g。脂肪含量 49.2%，蛋白质含量 24.3%、油酸 51.7%、亚油酸 30.3%。

四、种子处理

(一)选种

花生的种子要选用自己预留的花生种或正规公司生产的花生种，对留种的荚果进行选择，用饱满的双仁果作种，然后剥去外壳，对剥壳后的种子进行粒选分级，将秕粒、小粒、破碎粒、感染病虫害和霉变的种子挑出，种子按籽粒的大小分为三级，分级播种，三级籽粒一般不当种子用。

(二)播前晒果

花生播前晒果习惯上称播前晒种，晒果能增加种子的后熟，结束种子的休眠期；晒果可使种子干燥，提高种子的渗透压，增强吸水能力，促进种子的萌动发芽，提高发芽率，使其出苗快而整齐；晒果还可以起到杀菌的作用，减轻病原菌对花生的侵染。晒果与不晒果相比，晒果可以提早出苗 1～2 d。

花生播前晒果，最好选在晴天上午 10 时左右，把种子摊放在泥土场上晒，厚 6～7 cm，晒时要经常翻动，力求晒透晒匀，晒到下午 4 时左右收起，连晒 2～3 d。南方晒果时一般不要摊在水泥场上或石板地上，以免温度过高，灼伤种子而降低发芽率。

(三)剥壳

花生剥壳不宜太早，因剥壳后的种子容易吸收水分，增强呼吸作用，加快酶的活动，促进内含物质转化，消耗大量的养分，剥壳太早会降低发芽能力。因此，花生的剥壳时间离播种期越近越好。

(四)发芽试验

播种前进行发芽试验是各种作物必须进行的程序之一。经过发芽试验，可以预先知道花生种子的质量高低，对基本上丧失发芽能力的种子，及早调换；对发芽率偏低的种子，可采取浸种催芽或适当增加播种量等方法加以补救。

(五)种子包衣

种衣剂是农药、微肥等的复合制剂，花生种子通过种衣剂包衣，可以杀菌、治虫、提高种子活力，避免或减轻不利环境的影响，有利于花生苗齐、苗全、苗壮，促苗早发。花生种子包衣应根据不同情况选择适合各自特点的种衣剂，目前市场可应用的有 25%华农牌种衣剂 23 号，用量为种子量的 2.0%～2.5%；或 21%复方适乐时种衣剂，用量为种衣剂与种子的比例为 1∶350。将种衣剂与种子按比例配好后，快速混拌均匀，使种衣剂在种子表面形成一层均匀的药膜即包衣，包衣时间最好在播种的前一天或当天上午进行，阴干后播种。种子量较大时进行机械包衣，按药、种比例调节好计量装置，按操作要求进行作业。种子量小时可人工包衣，按比例分别称好药和种子，先把种子放到容器内，然后边加药边搅拌，使药剂均匀包在种子表面。

用种衣剂包衣的种子发芽速度会减慢，因此要选用生命力强、发芽率高的种子，以免浪费药剂和种子。

(六)拌种

1.药剂拌种

花生种子可用70%甲基托布津可湿性粉剂，或50%多菌灵可湿性粉剂，按种子重量的0.3%～0.5%拌种，可有效防止烂根死苗；用50%辛硫磷乳剂按种子量的0.2%拌种，可防治苗期地下害虫。使用这些药剂拌种时，切记要注意用药安全。

药剂拌种与种子包衣选择一种即可。

2.根瘤菌剂拌种

根瘤菌剂是一种生物制剂，用其拌种，能增加花生根瘤数目，增加花生产量。目前常用的根瘤菌剂有粉剂和液剂两种，粉剂的用量为1 500 g/hm^2，液剂的用量为750 g/hm^2，每克菌剂含活菌要求在2亿个以上。拌种方法是：先向菌剂中加入适量清水混合均匀，然后将其倒在所需拌的种子上，拌匀，使每粒花生种子都粘有菌粉或菌液。拌种要随拌随播，而且不能和农药、硫酸铵、石灰等接触，以免杀死根瘤菌。播种时种子要用湿布盖好，播种后要及时盖土，以防减少根瘤菌的成活力。

3.微量元素拌种

土壤中微量元素过多或供应不足，都会影响花生正常的生长发育，最终影响产量和品质。目前花生上应用的微量元素主要有铁、硼、钼。

硫酸亚铁拌种，可用硫酸亚铁150～225 g/hm^2，兑水150～225 kg，配成0.1%的溶液，放入种子，浸泡12 h，捞出晾干后即可播种。硼肥拌种，可用硼酸钠75～90 g/hm^2，兑适量水，溶解后直接喷洒在种子上，晾干后播种。钼肥拌种，可用钼酸铵或钼酸钠90～225 g/hm^2，先用少量温水溶解，然后加清水配制成0.3%～1.0%的溶液，用喷雾器直接喷洒到花生种子上，边喷边拌匀，晾干后播种。花生用钼肥或硼肥拌种，要严格掌握用量，过多会导致中毒，造成减产。

(七)浸种和催芽

1.浸种

花生种子的浸种在催芽前4 h进行，将选好的种子用30～35℃的温水浸6～8 h，捞出准备催芽。

2.催芽

花生催芽有多种方式，生产中可以根据实际情况合理采用。

(1)沙床催芽　该方法适合在气温较高地区，大面积播种时采用。具体方法是：

①选择背风、向阳的地方挖一个沙床床框。前墙高45 cm、后墙高60 cm、前后墙之间约80 cm、两面墙呈南低北高。床的长度根据催芽数量决定。

②把细干沙用80℃的热水拌好(用沙量是种子重量的3～5倍)，拌到用手握指缝滴水的程度，再将浸好的种子与拌好的温沙混合，注意不要搓伤种皮。

③将混好的沙种铺到沙床内，厚度20～25 cm，铺好后在最上面盖3 cm厚的湿沙，防干保温。

④在沙床上盖好塑料薄膜，晚上温度较低加盖草苫，若白天温度较高适当揭膜降温，保持床内温度25℃左右，不要低于20℃，也不要高于30℃。经过24～36h即可催好芽。

(2)土坑催芽　此方法适合较少量播种时使用。具体方法是：

①准备一个筐，选一个背风、向阳的地方挖一个比筐稍大、稍浅的土坑，坑底再套挖一个小渗水坑(比筐小些，深度 10 cm 左右)。

②将浸好的种子放入筐中，将筐放入土坑，筐面高出地面 5 cm 左右，筐的四周用湿草塞好，筐面用湿草盖好，洒些温水，最后覆土 6～10 cm。24～36 h 后即可催好芽。

(3)室内催芽　室内催芽方便，适合小面积播种。具体做法是：在室内准备一个容器，将浸好的种子放入容器，盖上湿布保湿、保温(25℃左右)，24～36 h 后即可催好芽。

项目三　播种

播种工作的关键在于播种时间，播种方式、播种深度、播种密度和播种后镇压的控制。

一、播种时间

花生播种时间的选择要充分考虑所种植花生品种的生物特征和生长习性，保证外界适宜的温度。尽最选择在晴朗天气时进行播种，坚持"适时早播"的原则，促进花生发芽率的提高，保证花生产量。春播花生在土壤 5 cm 深处地温稳定通过 15℃(珍珠豆型 12℃)以上时播种。播种时先播小花生，后播大花生；先播阳坡地，后播阴坡地；先播沙性土，后播黏性土。应抓住"冷尾暖头"抢墒播种。麦田套种时，一般在造好墒的基础上，麦收前 20 d 左右套种。夏直播花生应抢茬抢时力争早种，越早越好。

二、种植方式

我国花生的种植方式主要有 3 种，各地根据本地的土壤肥力、耕作制度、种植的花生品种选用不同的种植方式。

1. 平种

按行距、穴距开穴后点种覆土。

2. 垄种

垄种方式有小垄单行、大垄双行两种。

(1)小垄单行　垄高 6～10 cm，垄距 40～50 cm，在垄顶开穴播种，穴距 15～25 cm，每垄种一行。

(2)大垄双行　垄高 10 cm，垄距 80～100 cm，垄面平，垄上种两行花生，相隔 30 cm 左右。

3. 高畦种植

高畦种植能排能灌，抗旱防涝，是南方的主要种植方式。一般畦宽 140～200 cm，其中畦沟宽 40 cm，沟深 20～25 cm，等行种植 4～6 行，平均行距 25～25.8 cm，穴距 16.5～23.1 cm，每公顷种 16.50 万～19.20 万穴。

目前播种花生的方法有机械播种和人工播种两种，机械播种用播种机可一次性完成整地、施肥、播种、覆膜、压土等工序。人工播种采用双粒穴播即根据土壤墒情先开沟 5 cm 深左右，然后施种肥，再以每穴两粒等距离下种，均匀覆土，镇压，最后喷洒除草剂。

三、合理密植

花生种植密度，要根据花生的长势来定。总的要求是"肥地不倒秧，薄地能封行"。以结果期封行为宜。

花生适宜的种植密度，因地、因肥、因品种而不同。对生育期短，分枝少，开花早而集中，结实范围紧凑，单株所占营养面积较小的品种，种植密度应适当密些；而对生育期较长，植株高大，结实范围和单株营养面积较大的品种，种植密度应稀些。群众说："大花生宜稀，小花生宜密"，就是这个道理。

珍珠豆型品种，南方春播花生每公顷种 13.50 万～16.50 万穴（每穴两粒，下同）。北方旱地春花生，每公顷种 18.00 万～22.50 万穴；肥水地春花生每公顷种 15.00 万～18.75 万穴。

普通型品种，中肥田春花生，每公顷适宜密度为 12.12 万～13.84 万穴（每穴两粒，下同）；高肥水创高产的地块每公顷适宜密度为 10.71 万～12.12 万穴。麦田套种或夏播花生，一般每公顷种 13.33 万～13.63 万穴，肥水地每公顷种 10.34 万～11.11 万穴。但种植密度是相对的、发展的，随着生产地发展，土、肥、水、种子及栽培条件的改善，种植密度也要相应地改变，使之符合客观实际条件，达到合理密植增产的目的。

四、播种深度

花生的播种深度一般以 4～5 cm 为宜，在实际生产中要掌握"干不种深、湿不种浅"的原则，土质黏的要浅，沙土或沙性大的土壤要深。花生播种过深出苗慢、养分消耗大、苗弱，遇雨或低温易烂种，影响结果枝的发育，花少、针少、果少；播种过浅墒情不好时容易落干造成缺苗。

五、播后镇压

花生播种后应根据土质、墒情，灵活进行镇压，通过播后镇压工作有利于提高土壤耕层中的含水量，增强花生的抗旱能力，保证花生的成活率，实现花生种植的优质高产。

项目四　花生田间管理技术

花生种植过程中，加强田间管理，是实现花生优质高产的基础，花生生长的各个阶段都离不开田间管理。

一、查田补苗

花生基本出苗后，应全面进行查苗，如有缺苗时要及时进行补种。补种的种子要浸种催芽，补种时应坐水，出苗后补施少量氮肥，以利提苗，促其早发根，避免出现弱苗。如果缺苗是由病虫害造成的，要错开原穴刨坑，以免病虫再次危害，也可施农药防治。

二、清棵壮苗

花生清棵又叫清棵蹲苗。是在出苗后将花生植株周围的土扒开，使子叶出土。清棵宜在花生基本齐苗时进行，过早过晚都不好。可结合第一次中耕进行。清棵方法，平垄种植的花生是先用大锄在垄间深锄一遍，随后用小扒锄扒土清棵，把幼苗周围的土向四面挖锄，使两个子叶露出来。起垄种植的是破垄退土清棵，并结合大锄深锄垄沟，深度以两片子叶露出地面为宜，但不要碰到子叶。根据调查，清棵花生比不清棵的花生增产 20%左右。

三、中耕培土

花生中耕的主要作用是疏松表土，改善表土层的水、肥、气、热状况，促进根系和根瘤发育，缩短果针与地面的距离，使得果针早入土，增加结实率和饱果率，还可清除杂草。中耕一般在开花后 15～20 d 封垄前进行。在不同的花生产区，一生中中耕的次数不同。一般掌握早熟品种中耕 2～3 遍，中晚熟品种 3～4 遍，如河北、河南、山东等地的春播花生分别于齐苗时清棵前，麦收前团棵时，麦收后果针大批入土前（1～2 次）进行中耕。每次中耕的深度要根据花生生育阶段的不同来进行，南北花生产区的群众都有“头遍刮（浅锄结合清棵），二遍挖（深锄），三遍四遍如绣花（细锄）”的经验。

培土的主要作用，一是缩短果针入土距离，使果针及早入土，为果针入土和荚果发育创造一个疏松的土层；二是培土后行间形成垄沟，便于浇水和排涝，尤其对涝洼地和排水不良的地块，有利及时排除积水，减少烂果，提高产量。

培土应在田间刚封垄时或封垄前已有少数果针入土、大批果针将要入土之时，结合锄三、四遍地进行。培土过早，会影响第一对侧枝基部二次枝的生长；培土过晚，如在封行后进行，不但操作不方便，还容易松动已入土的果针，不利于荚果膨大发育，影响产量。

四、防旱排涝

花生与禾本科作物相比是比较抗旱的，在丘陵地区缺乏灌溉条件，一般很少进行浇水。但在有灌溉条件的情况下，为了创高产，还是要进行适时适量的浇水。

花生各生育阶段由于植株长势，气候条件的不同，对水分的要求也有差异。苗期在底墒充足时，一般不需要浇水，保持田间持水量的 50%～60%即可，低于 40%时，可浇小水；开花下针期需水逐渐增多，当 0～30 cm 土壤含水量低于田间持水量的 50%时，应及时浇水。结果期对水分最敏感，低于 50%时应浇水；在饱果成熟期，当低于田间持水量的 40%时，也应及时浇水。花生浇水以小水润浇为好，不宜大水漫灌，有条件的最好用喷灌。喷灌不仅可以节约用水，保持水土，防治土壤板结，不损伤花生茎蔓，还比一般沟浇明显提高产量。只有合理灌溉，才能保根保叶，防止烂果或发芽，提高花生坐果率和饱果率，确保优质高产。

群众有“花生喜涝天，不喜涝地”和“地干不扎针，地湿不鼓粒”的经验，说明花生生育后期，尤其在结果成熟期，雨水过多或排水不良的花生地块，若田间有积水，不仅容易造成花生烂果，还影响荚果的正常膨大。因此，要在雨季来临之前，挖好排水沟渠，每次雨后及时清理淤塞，排除积水，为结果创造适宜的水分和通气条件。

另外，由于土壤、水肥、品种及种植密度等条件的改变，有时会导致花生在生育期间出现徒长倒伏现象，可用生长抑制剂，如 B9、矮壮素等控制倒伏，有效地调节营养生长和生殖生长的关系，防止旺长徒长，确保高产丰收。

五、花生病虫草害防治

（一）花生主要病害的防治

花生田常发生的病害有花生叶斑病、花生根结线虫病、花生锈病等，下面主要介绍几种花生病害及防治方法。

1. 花生叶斑病

通常把能使花生叶上产生斑点的病害称为花生叶斑病，主要有黑斑病和褐斑病。以为害叶片为主，也可为害叶柄和茎秆，造成叶片枯死、脱落，在全国各花生产区都有发生，影响产量较大，一般减产 10%～20%，严重的可达 40%以上。

黑斑病的病斑较小，直径为 2～5 mm，叶片上的病斑呈黑褐色，边缘黄色，正面和背面颜色基本相同，病斑周围没有明显的晕圈，叶片背面的病斑有大量黑色小点，呈同心轮纹状排列。褐斑病的病斑较大，直径 4～10 mm，叶片上的病斑颜色较浅，正面为茶褐色，背面为黄褐色，初期病斑就有明显的黄色晕圈，叶片正面病斑上有小黑点，散生且不明显。潮湿时，两种病害在小黑点上均产生灰褐色霉层。严重时，几个病斑连在一起，造成叶片干枯、脱落，茎秆枯死。防治措施有以下 4 个方面。

(1)轮作　叶斑病病原菌的寄主比较单一，只侵染花生，与其他作物轮作，即可使病菌找不到适宜的寄主，可减少为害，有效的控制病害的发生。轮作周期 2 年以上。旱坡地花生与玉米、地瓜、木薯等旱地作物轮作，若实行水旱轮作，如与水稻轮作更好。

(2)加强管理，减少病源　改善栽培条件，增施有机肥，采取有效措施(如改良土壤)，使植株生长健壮，增强花生的抗病能力。花生收获后，及时清除田间病叶。使用有病株沤制粪肥时，要使其充分腐熟后再用，以减少病源。

(3)选用抗病品种　种植花生，要选择抗叶斑病强的品种。一般叶片厚，叶色深的品种较抗病，在河南重病区宜选用豫花 1 号、海花 1 号和豫花 7 号等耐病性较强的品种。

(4)药剂防治　在发病初期，当田间病叶率达到 10%～15%时，应开始第一次喷药，以后每隔 10～15 d 喷药 1 次，连喷 2～3 次，每次喷药液 750～1 125 kg/hm^2。常用的药剂有 50%多菌灵 600 倍液，或 80%代森锰锌 400 倍液，或抗枯宁 700 倍液等。花生叶面光滑，喷药时可适当加入黏着剂，防治效果更佳。

2. 花生锈病

花生锈病是我国南方花生产区普遍发生为害较重的病害。主要为害叶片，严重时地上部各个部位均可发病。一般自花期开始为害，先从植株底部叶片发生，后逐渐向上扩展到顶叶，使叶色变黄，提早落叶，生育期明显缩短。发病初期，首先叶片背面出现针尖大小的白斑，同时相应的叶片正面出现黄色小点，以后叶背面病斑变成淡黄色并逐渐扩大，呈黄褐色隆起，表皮破裂后，用手摸可粘满铁锈色末。一般减产 20%，严重的损失可达 50%以上，甚至绝产。防治措施如下：

(1)农业防治　选用抗病品种，施足底肥，增施磷、钾肥。做好防旱排涝工作，防止田间积水。加强田间管理，培育壮苗，提高植株抗病能力。

(2)药剂防治　在田间病株率达到 10%～20%时，进行喷药，每隔 8～10 d 喷一次，连续喷 2～3 次。药剂可选用 50%的胶体硫 150 倍液，或 75%百菌清 800 倍液，或 25%粉锈宁可湿性粉剂 3 000～5 000 倍，或敌锈钠 600 倍液等进行喷雾防治。敌锈钠不宜连续使用，应与其他药剂交替使用，每次喷药液 900～1 125 kg/hm^2。

3. 花生根结线虫病

花生根结线虫病又名花生线虫病，俗称地黄病、矮黄病、黄秧病等，几乎所有种植花生的国家和地区都有发生，我国主要疫区在山东。花生感病后根的吸收功能被破坏，植株矮小发黄，结果少而稀。一般减产 20%～30%，严重的可减产 70%以上，甚至绝收。

其主要为害植株的地下部，因地下部受害引起地上部生长发育不良。植株矮小发黄，下部叶片发黄，底叶叶缘焦灼，提早脱落，开花迟，病株矮小，田间常成片成窝发生。雨水多时，病情可减轻。防治措施如下。

（1）土壤处理　一是药剂处理土壤。每公顷用3%呋喃丹或15%涕灭威颗粒剂45 kg加土600～750 kg混匀后，覆盖花生种子穴，药效可维持45～60 d；也可以施用3%克百威颗粒剂75 kg/hm^2 等。方法是结合春耕、秋耕或在播种前半个月沟施，沟深15 cm，沟距21～24 cm，将药均匀施入后立即覆土，施药一次可维持药效2～3年。二是改良土壤。沙地深翻、深刨，多施腐熟有机肥，改良花生生长条件，提高花生本身的抗病能力。

（2）轮作换茬，减少病源　与禾谷类作物或甘薯轮作2～3年，可有效地减轻病害，轮作年限越长，效果越明显。花生收获时对病株的根系，要刨净，汇集成堆，然后在原地焚烧，或沤制腐熟做肥料。不能带出病地，造成人为扩散病原。

4. 花生根腐病

花生根腐病俗称烂根。整个花生生育期均可发病。侵染刚萌发的种子，造成烂种；幼苗受害，主根变褐，植株枯萎，3～4 d即死亡。成株受害，主根根端呈湿腐状，根的外皮层变褐到黑色腐烂，易脱离脱落，无侧根或极少，形似“鼠尾”。病株地上部矮小，生长不良，叶片由下而上渐次变黄，开花结果少，且多为秕果。防治措施如下。

（1）农业防治　实行轮作，轻病田隔两年轮作，重病田轮作3～5年。深耕改土，增施有机肥，合理排灌，增强抗病能力。严格选种，淘汰病弱种子。

（2）药剂防治　用50%多菌灵可湿性粉剂，按种子重量的1%拌种；花生发病后，可用根腐灵300倍液喷洒或灌根。

5. 花生茎腐病

花生茎腐病又称倒秧病。在全国各地主要花生产区均有发生，以山东、江苏、河南、河北、湖北等地发生较重。从苗期到成株期均可发生，但有两个发病高峰，即苗期和结果期。为害子叶、根和茎等部位。苗期染病，先侵染子叶，使两片子叶发黑腐烂，随后侵染接近地面的茎基部及地下的根颈部，产生水浸状黄褐色病斑，逐渐绕茎或根颈扩展形成黑褐色病斑。地上部分叶色变浅发黄，叶片下垂，严重时全株萎蔫枯死。成株发病，先在主茎和侧枝基部产生病斑，扩展后茎基部变黑枯死，造成侧枝或全株枯死。防治措施如下。

（1）农业防治　精选夏播花生留种，收获时将种子充分晒干，防止霉变；选用抗病品种；收获后要及时清除病残体，烧毁，并进行深翻；施足基肥，追施草木灰，根据土壤墒情，适时排灌；病田可与禾谷类作物和其他非寄主作物轮作，轻病田轮作2年，重病田轮作3年。

（2）药剂防治　用种子重量0.3%的50%多菌灵可湿性粉剂，或种子重量0.5%～0.8%的50%甲基托布津可湿性粉剂拌种。花生齐苗后和开花前，用50%多菌灵可湿性粉剂或70%甲基托布津800～1 000倍液、或50%苯菌灵可湿性粉剂1 500倍液等喷雾植株的茎基部，连喷两次。

6. 花生白绢病

花生白绢病也叫白脚病或棉脚病。病菌是从茎基部或根茎部侵入，出现暗褐软腐斑块，从病斑上长出白绢丝状菌丝，覆盖发病部位。菌丝向外蔓延，长出一层白色绢丝状菌丝层，因此叫白绢病。土壤湿度大时，可见白色绢丝状菌丝覆盖病部和四周地面，后产生油菜籽状白色小菌核，最后变黄土色至黑褐色。根茎部组织染病，呈纤维状，终致植株干枯而死。防治措施如下。

(1)农业防治　收获后及时消除遗留田间的病残体，集中烧掉或沤肥；及时深耕翻，将菌核和病残体翻入土中；与水稻、小麦、玉米等禾本科作物进行 3～5 年的轮作；提倡施用酵素菌沤制的堆肥或腐熟有机肥，改善土壤通透条件；春花生适当晚播，苗期清棵蹲苗，提高抗病力。

(2)药剂防治　选用无病种子，用种子量 0.25%～0.5%重的 50%多菌灵可湿性粉剂拌种，方法是将药粉与 5～10 倍细土掺匀配成药土，花生种子用水湿润种皮，再用药土拌种。发生病害后，可用 50%拌种双粉剂 1 kg 混合细干土 15 kg 制成药土，盖病穴，每穴用药土 75g。发病初期也可用 50%多菌灵可湿性粉剂 800～1 000 倍液，或 50%苯菌灵可湿性粉剂，或 50%速克灵可湿性粉剂 1 000～1 500 倍液等喷淋植株的茎基部，每株喷淋兑好的药液 100～200 g，连喷两次。

7. 花生病毒病

花生病毒病是花生的主要病害之一，严重影响着花生的产量和品质，在我国北方花生产区，尤为严重。主要有黄花叶、普通花叶、芽枯等不同类型的病害。

花生黄花叶病毒病，由黄瓜花叶病毒引起，病株开始在顶端嫩叶上出现褪绿黄斑。叶片卷曲，随后发展成黄绿相间的黄花叶，病株中等矮化。

花生普通花叶病主要分布在北方花生产区，是系统性侵染病害。由花生矮化病毒引起，病株开始在顶端嫩叶出现叶脉颜色变浅，有的出现褪绿斑，随后发展成浅绿色相间的普通花叶症状，叶片变窄，病株中度矮化，所结荚果多为小果。后期该病也与花生斑驳病毒病混合发生，混合为害。

花生芽枯病，由番茄斑萎病毒引起，病株开始在顶端叶片出现很多伴有坏死的褪黄斑或环斑，有的叶片坏死，并导致顶端枯死，节间缩短，植株明显矮化。花生病毒病防治措施如下。

(1)农业防治　选用抗病毒病品种和无病毒花生种子；搞好病害检疫，禁止从病区调种；花生与小麦、玉米、高粱等作物间作，可减少蚜虫；及时清除田间和周围杂草，减少蚜虫来源；提倡覆盖地膜或人工播种后行间铺银灰膜，也可在花生出苗后平铺长 80 cm、宽 10 cm 银灰膜条，高出地面 30 cm 驱蚜效果好。

(2)药剂防治　播种时采用 3%的呋喃丹颗粒剂撒于播种沟内，用药量为 37.5～45.0 kg/hm^2。花生出苗后，要及时检查，当田间蚜虫穴发生率达 20%～30%，每穴蚜虫 20～30 头时，马上进行防治，可用 0.5%菇类蛋白多糖水剂 300 倍液喷洒。蚜虫防治具体方法见下面的“花生蚜虫”。

(二)花生主要虫害防治

在花生田常发生的虫害有花生蚜虫、花生棉铃虫、蛴螬等，以下介绍几种花生虫害及防治方法。

1. 花生蚜虫

花生蚜也称苜蓿蚜、槐蚜。它吸食花生叶汁液，传播病毒。主要在嫩茎、嫩芽和叶片背面为害，受害轻的花生的生长、开花、受精和结果受到抑制，受害重的植株生长停滞、矮小、叶片卷缩，影响开花下针和正常结实。更严重时，蚜虫排出大量蜜汁，引起霉菌寄生，使植株茎叶变黑，甚至全株枯萎死亡。花生蚜虫的防治措施如下。

(1)农业防治　覆膜栽培花生，苗期具有明显的反光驱蚜作用，特别是使用银灰膜覆盖，可以有效减轻花生苗期蚜虫的发生与危害。

(2)药剂防治　花生播种时每公顷用 10%辛拌磷粉粒剂 7.5 kg 拌种，既防治蚜虫，又有利于保护天敌，还可兼治地下害虫；当有蚜株率达 20%～30%，百株蚜量超过 500 头，田间瓢蚜比低于1∶100时,发出防治预报,及时采用药剂防治,这样既减少了盲目用药,又保护了天敌。生长前期,用2.5%扑蚜虱可湿性粉剂2 500倍液,或30%蚜克灵可湿性粉剂2 000倍液,10%高效吡虫啉可湿性粉剂4 000倍液等,进行叶面喷雾防治,可维持药效10~20 d;生育中后期用25%快杀灵乳油、50%避蚜雾可湿性粉剂2 000倍液对花生基部进行喷雾防治。

2.花生棉铃虫

花生棉铃虫又称钻桃虫,是华北地区农作物的主要害虫之一,食性很杂,除为害花生外,还为害棉花、番茄、豆类、瓜类、玉米、小麦等多种作物和果树。其为害花生的特点是幼龄期的棉铃虫主要在早晨和傍晚钻食花生心叶和花蕾,影响花生发棵增叶和开花结实,老龄期白天和夜间均大量啃食叶片和花朵,影响花生光合作用进而影响干物质的积累,造成花生严重减产,一般使花生减产5%~10%,严重的减产20%。其发生区域广泛,遍及全国各地。防治措施如下:

(1)农业防治　深耕冬灌,减少虫源,消灭越冬蛹;诱杀成虫,方法是在受害作物田种植玉米诱集带,引诱成虫集中产卵进而杀灭;或用黑光灯诱杀。

(2)生物防治　在棉铃虫产卵高峰期,用含孢子量每克100亿以上Bt乳剂稀释500~800倍液喷雾两次。还可向初龄棉铃虫幼虫喷链孢霉菌或棉铃虫核形多角体病毒等生物杀虫剂。

(3)药剂防治　当百穴花生有低龄幼虫30头时,用药防治,适期为卵孵化高峰期,防治指标是每平方米4头。较有效的药剂有2.5%定虫隆1 000倍液,或50%辛硫磷乳油1 500倍液,或1.8%阿维菌素乳油2 000~3 000倍液,或50%灭多威乳油1 000倍液喷雾,喷药时要对准顶部叶片施药。

3.蛴螬

蛴螬是鞘翅目、金龟甲科幼虫的总称,种类多,分布广。幼虫蛀食花生荚果,造成空洞和空果,使花生大量减产,同时还能诱发病害,形成果腐,一般使花生减产10%~30%,甚至达50%~80%。防治蛴螬的主要措施如下。

(1)农业防治　合理轮作,花生与玉米、谷子等禾本科作物轮作,避免重茬。秋季深翻,将害虫翻至地面,使其曝晒而死或被鸟雀啄食,以减少虫源。

(2)药剂防治　幼虫的防治方法是用50%辛硫磷乳油或40%甲基异柳磷1 500~2 000倍液浇灌田间,7~10 d浇1次,连续浇2~3次。成虫期的防治方法是将半干的杨树枝浸入50倍的40%氧化乐果中1 h,于傍晚插到田间,第二天清晨收回,将杨树枝上面的成虫清除,每公顷插75~105把,可连续使用5次。也可以每公顷用40%氧化乐果乳油或80%敌敌畏乳油800~1 000倍液于傍晚喷雾防治。

(三)花生田化学除草

花生田到中后期很难进行除草,所以,在花生田推广化学除草技术很重要。花生田内主要杂草有:禾本科类的马唐、狗尾草、稗草、牛筋草等;阔叶类的铁苋菜、马齿苋、苣荬菜、刺儿菜等。夏季温度高、水分充足,禾本科和阔叶类杂草混合生长,且密度高、生长快,与花生争肥争水,引起草害,造成花生减产。化学除草的关键时期是花生播种至开花下针前。最佳适期是播后芽前,其次是杂草2~5叶期。主要的除草方法如下。

1.播前土壤处理

每公顷用48%氟乐灵乳油1 500~2 250mL或用48%氟乐灵乳油900~1 200 mL+70%灭草猛1 500~1 800 mL,兑水750~900 L,均匀喷于地面,并及时浅耙或浅锄,使除草剂混入

3～5 cm 的土层内，用药后 5～7 d 可播种，防效期可达 3 个月左右。这种方法可防除多种禾本科、莎草科和阔叶类杂草。

2. 播后芽前土壤处理

每公顷用 50%乙草胺乳油 1 500～2 250 mL，或 72%都尔(异丙甲草胺)乳油 1 500～2 250 mL，兑水 750～900 L，在花生播种后 1～2 d 内均匀喷施于土壤表面，可防除马唐、狗尾草、画眉草、千金子、旱稗、藜、苋、蓼、马齿苋等杂草。或用 50%噻磺乙草胺乳油 900～1 200 mL，或 33%二甲戊乐灵乳油 3 000～4 500 mL，兑水 750～900 L，地面喷雾，可有效防除花生田的杂草。

3. 苗后茎叶处理

(1)以禾本科杂草为主的花生田　每公顷用 10.8%高效盖草能 300～450 ml 兑水 600～750 L，在杂草 2～4 叶期茎叶喷雾，可有效地防除禾本科杂草。每公顷用 12%烯草酮乳油 450～600 mL，兑水 600～750 L，在杂草 2～5 叶期喷药，对防除一年生和多年生禾本科杂草有特效。该药能很快被杂草吸收，施药后 2 h 下雨不影响药效，田间防效期长达 60 d。

(2)阔叶类杂草为主的花生田　每公顷用 48%苯达松水剂 2 025～3 000 mL、在杂草 2～5 叶期兑水喷雾，可较好的防除多种阔叶类杂草。

(3)禾本科杂草和阔叶类杂草都重的花生田　每公顷用 6%克草星乳油 750～900 mL 于花生 2～3 叶期、杂草高度 5 cm 左右时兑水茎叶喷洒，对防除禾本科杂草和阔叶类杂草有很好的效果。

项目五　花生的收获与贮藏

一、花生收获技术

二维码 5-6
花生收获技术分类

花生的收获与贮藏是生产过程中最后一项重要工作。为保证花生丰产丰收，要求做到适期收获、及时晒干、安全贮藏。

(一)适期收获

花生是无限开花无限结实的作物，荚果成熟早晚不同，收获时期也不同。收获太早或太晚都会降低产量和品质。只有在适期收获，才能保证花生丰产丰收、品质好。

确定花生的适宜收获时期，首先看地上部植株生长状况，地上部植株生长停滞，中下部叶片脱落，上部叶片变黄，昼开夜合的感夜运动不灵敏或消失，表明植株已经衰老，产量不会再增加，是花生成熟的标志。其次看地下部荚果发育情况，拔起花生植株看荚果，70%以上的荚果网纹清晰，内果皮海绵组织变薄而破裂。籽仁充实饱满，种皮显示粉红色或桃红色等品种固有的本色，表明花生已成熟。再次看当地气温变化情况，当地昼夜平均温度下降到 15℃以下时，花生荚果不再继续增长，花生已成熟。可抓紧时间及时收获。具体的收获期，不同地区及不同品种有一定差异。

花生具体的收获期，一般北方产区作种子用的春播中熟大花生和麦套花生，要在寒露前收完，霜降前晒干入仓。南方的秋花生冬至前收完晒干。一般大田花生的收获适宜时期，北方春播大花生产区早中熟品种在 8 月下旬至 9 月中旬收获，麦套、夏播花生在 9 月下旬至 10 月上旬收获，长江流域春夏花生交作区，在 8 月上中旬收获，南方春秋两熟花生区，春花生在 6 月下旬至 7 月中旬收获，秋花生在 11 月中旬至 12 月上旬收获。

(二)及时晒干

花生收获后，荚果的含水量一般为45%～55%，这种水分含量如果直接贮藏就会使花生发生霉烂变质或遭受冻害，因此要及时晒干。晒至种子含水量降至8%以下，才可以入库贮藏。据测定，种子含水量6%可耐－30℃的低温，种子含水量10%经－24℃75h，发芽率仍为95%，种子含水量31%时，在－6℃经72 h，发芽率只有15%，含水量45%的种子，在－2℃下2 h，发芽率可降至65%。

花生收获后，秸秆鲜湿，果柄柔韧，不宜立即堆垛和摘果，要先晒干。方法是花生收获后，抖落泥土，就地铺晒2～3 d，然后码成65 cm左右高的长条垛，使根果向阳，这样株体支空，通气好，干得快。晒6～7 d，至五六成干，用手摇动荚果有响声后，即可运到场上手工摘果或机械脱果。摘下的荚果扬净茎叶杂质后，再摊成6～10 cm厚的薄层，并用木锨培成小垄，以加大曝晒通风面积。傍晚时收成并排的长条堆，顶上盖草席或雨布，可防晨露防霜冻。等次日晨露干后，再进行摊晒。这样连续摊晒5～6 d后，再堆成大堆，捂2～3 d，让种子"发汗"，然后再摊晒1～2 d让种子"放风"。待剥开荚果用牙咬果仁有脆声，手搓种子皮易脱落时，说明花生含水量已达到8%以下的安全含水量，扬净去杂后，即可入库贮藏。

二、安全贮藏

花生安全贮藏的关键是保持荚果干燥，以降低种子的呼吸代谢作用，避免种子发生霉变。花生种子含水量高时，细胞内出现游离水，使脂肪酶和其他酶的活性增强，呼吸作用也加强，易使种子霉变。因此，安全贮藏种子非常关键。含水量达到安全贮藏界限，又经去除杂质的花生，可采用一定的方法贮藏。其贮藏方法有以下两种。

(一)露天囤藏

选择通风向阳、地势高燥的地方，下面用石头、木块等垫起33 cm左右的囤，上面铺一层6～10 cm的高粱秸或玉米秸，外面用高粱秸箔或苇箔围起来，内装花生荚果，囤的中央插一个直径16～20 cm的高粱秸把子，下通到囤底，上露出囤面，以保持上、中、下层通气。顶上用草苫封成圆锥状的帽子，防止进去雨雪。每囤可贮藏荚果1 000～2 000 kg为宜。

(二)室内贮藏

花生室内贮藏是较普遍采用的一种方法。可将荚果直接堆放在室内地上，但要离开墙壁，底下垫上隔潮物品，以免返潮。北方冬季气温低而干燥的地区越冬贮藏时，最好是把荚果装在通风的条筐、麻袋等器具里，库房里保持通风干燥，使荚果安全越冬。而常年或夏季贮藏，不能用通风贮藏。因为夏季气温高、空气潮湿，采用通风贮藏时，即使原来已充分干燥的荚果，也会吸潮变质。因此，应采取密闭贮藏法，使种子与空气隔绝，保持种子始终干燥。

无论采用哪一种方法贮藏，都要每隔一定时间分层取样检查，发现花生含水量超过贮藏的安全含水量时，要及时打开门窗通风或倒囤进行摊晒。使其含水量保持在安全含水量内。种用花生以存放荚果为好，果壳可以起到防湿保暖的作用，留种的花生剥壳时间距播种期越近越好。

模块小结

本模块学习了花生的生育时期、品种类型、花生在植物学上的形态特征、花生生长发育所需要的环境条件以及花生的播前准备、播种技术、田间管理技术和收获与贮藏方法。通过对这些知识的学习，我们能够全面掌握和了解花生的生物学基础知识和栽培技术，在生产中我们需要综合运用这些知识，因地制宜地指导花生的生产工作。

模块巩固

1. 我国主要的3个花生产区分别包括哪些地区？
2. 花生各个生育时期需要什么样的环境条件？
3. 花生各生育时期的生长发育特点如何？
4. 为什么花生不宜重茬种植？
5. 怎样做到科学施肥？
6. 你所在地区种植的花生易发生哪些病虫害，采取哪些防治措施？
7. 你家乡的花生田主要杂草有哪些？用什么除草剂，如何使用的？
8. 你所在地区的花生产量是多少？怎么贮藏的？

模块六

油菜生产与管理

【知识目标】

通过本模块学习，使学生掌握油菜栽培的生物学基础知识，掌握油菜的阶段生长发育特点，油菜的类型及各生育时期的特性，重点掌握春油菜高产栽培技术。

【能力目标】

根据所学知识能够进行油菜播种、育苗移栽、田间管理、看苗诊断、测产和收获，具有吃苦耐劳、敢于实践、勇于创新、善于总结的劳动素质和能力。

油菜简介

油菜为十字花科芸薹属，一年生或越年生草本作物。油菜是我国主要油料作物之一。油菜籽含油丰富，含油量因类型和品种不同而有很大差异，含油量多为40%左右，最高达51%，油菜籽出油率一般为36%左右。菜籽油含有大量的脂肪酸和多种维生素，富含营养，易于消化，是主要食用油之一。油菜籽油在工业、医药生产上有广泛应用，是各种涂料、油漆、肥皂、化妆品、机械润滑油、合成橡胶、人造纤维、鞣皮剂、药膏等工业产品的原料。油菜籽加工业的高芥酸油和脂肪酸油有广泛用途，在炼钢工业中，1 000万t铸钢需要1 400 t高芥酸油。

油菜籽榨油后的菜籽饼含氮4.6%、磷2.5%、钾1.4%，是肥效优良的综合性肥料。油菜还是很好的绿肥作物，落叶、落花和残根也含有较多的氮、磷、钾元素，可以提高土壤肥力，在轮作中占有重要地位。

油菜籽饼含有30%左右粗蛋白，10%以上的粗脂肪，但也含有某些有毒物质，经加工处理后方可作为家畜的精饲料。油菜的果壳和新鲜的茎叶，是营养价值较好的青饲料。油菜所含的蛋白质是许多植物蛋白质中的最佳蛋白质，它可以代替部分鱼粉用于饲料工业。油菜花又是养蜂的重要蜜源。所以发展油菜生产，对于满足人民生活需要，促进农牧业生产和支援工业建设都具有十分重要的意义。

项目一　油菜栽培的生物学基础

一、油菜的类型

我国栽培油菜有3种类型。

（一）白菜型

白菜型油菜主根不发达，支根较发达，植株矮而分枝性强，分枝节位低，叶片全缘，大而薄，多无蜡粉，茎生叶抱茎而生，花大，花瓣两侧互相重叠，种子无辣味。耐晚霜冻能力强，幼苗较耐湿，耐旱性较弱，抗病性较差，产量较低。它包括北方小油菜和南方油白菜两种。北方小油菜主要特征是：株型矮小，分枝少，茎秆细，叶不发达，匍匐生长，叶形椭圆，有明显的琴状裂片，刺毛多，被有一层薄的蜡粉。南方油白菜与北方小油菜比较，株型较大，茎秆较粗壮，叶肉组织疏松，叶发达，叶柄宽，中肋肥厚，叶全缘或有浅缺刻，绝大多数不具有蜡粉（图 6-1）。

（二）芥菜型

芥菜型油菜通称高油菜、苦油菜、辣油菜或大油菜。主要特征是植株高大，株型松散，分枝纤细，分枝部位高，主根发达。幼苗基部叶片小而狭窄，有明显的叶柄，叶面皱缩。花瓣较小，四瓣分离。角果细而短，籽粒一般较小。种子有黄、红、褐和黑色，种皮表面有明显的网纹。含油量一般在 30%～35%，但也有高达 50%的品种。种子有辛辣味，油分品质较差，不耐储藏，生育期较长，耐寒性、抗旱性、耐瘠性都较强，抗病性中等，产量较高（图 6-2）。

（三）甘蓝型

甘蓝型油菜根茎膨大，汁液多，株型中等，茎生叶半抱茎；叶片蓝绿色，大小中等，花大，花瓣重叠；种子无辣味，黑褐色。生长势强，耐水肥，抗寒性强。属高产类型，生产上比白菜型油菜品种增产 30%～50%（图 6-3）。

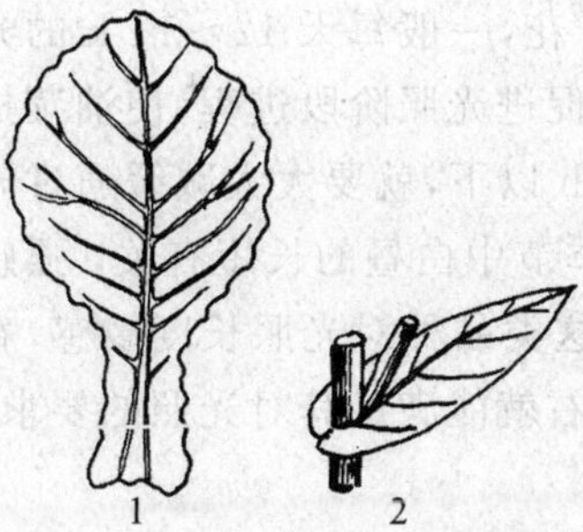
1　　2

1. 基叶　2. 茎生叶

图 6-1　白菜型油菜叶

（周国绵. 作物栽培学. 1992.）

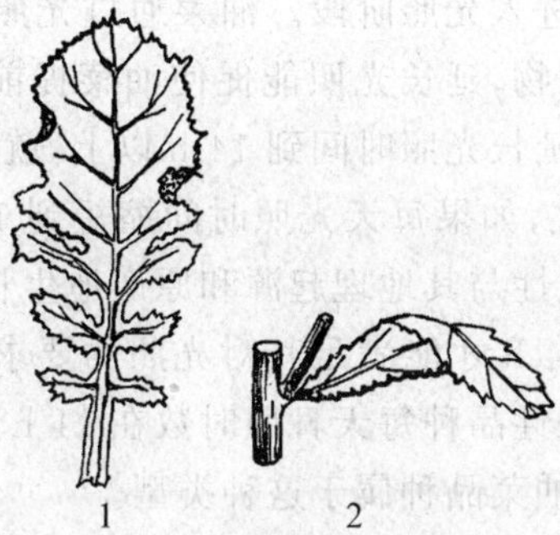
1　　2

1. 基叶　2. 茎生叶

图 6-2　芥菜型油菜叶

（周国绵. 作物栽培学. 1992.）

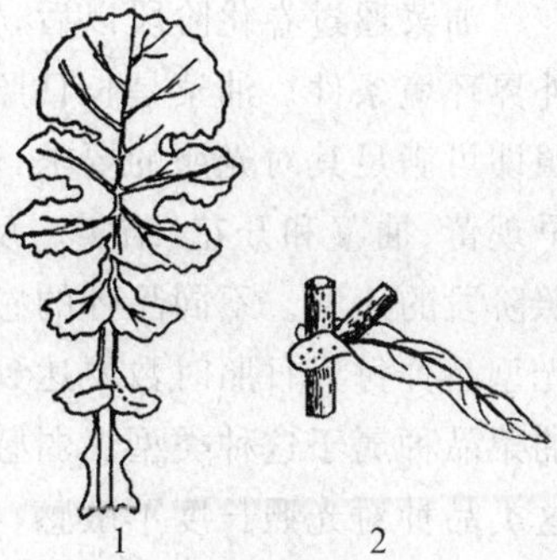
1　　2

1. 基叶　2. 茎生叶

图 6-3　甘蓝型油菜叶

（周国绵. 作物栽培学. 1992.）

油菜抗逆性强，适应性广，在全国各地都有油菜栽培。我国的油菜产区可分为冬油菜和春油菜两大产区。以冬油菜为主，春油菜为辅。冬油菜的分布以长江流域为中心，面积占全国油菜种植面积的 85%左右，产量则占 90%以上；春油菜主要分布于冬季气温寒冷，油菜不能安全越冬的地区，面积和产量都比较少。两个产区根据各地气候条件、栽培制度和生产特点等，冬油菜产区又可分为华北和关中平原、云贵高原、四川盆地、长江中下游和华南沿海 5 个亚区，春油菜产区分为青藏高原、甘新内陆、黄河中游和东北 4 个亚区。

二、油菜的发育阶段

油菜在现蕾以前需要经过春化和光照两个在本质上不同的发育阶段，然后才能抽薹开花结实。

(一)春化阶段

油菜通过春化阶段要求以低温为主导因素的外界环境条件。根据我国油菜类型和品种春化阶段对温度条件的不同要求,可以将其分为3种类型。

1.冬性型

这类油菜对低温要求严格,需要在0～5℃的低温下,经过15～45 d才能进行发育。冬性型油菜的生育期较长,多为晚熟或中晚熟品种。

2.春性型

这类油菜可以在10℃左右,甚至更高温度下很快发育。此类型油菜生育期较短,在春季或初夏播种,均能正常抽薹开花。但如在秋季播种,早播遇高温,会提前开花,冬季易受冻害。多为早熟或中熟品种。

3.半冬性型

这类油菜对低温的反应介于冬性型和春性型之间,许多半冬性型油菜品种既可在冬油菜区进行秋播,又可在春油菜区进行春播。其生育期较冬性型短,较春性型长。一般冬油菜的中熟、早中熟品种属于这一类。

油菜的春化阶段一般在萌动的种子中即可进行。春油菜多在播种出苗后不久即通过春化阶段;冬油菜则在越冬后或越冬前通过春化阶段。

(二)光照阶段

油菜通过春化阶段以后,便进入光照阶段。油菜通过光照阶段要求以光照为主导因素的外界环境条件。油菜是长日照作物,延长光照能促使油菜提前开花,一般每天12～14 h的光照即可满足其对光照的要求,若延长光照时间到14 h以上,就能促进光照阶段进程,使油菜提早现蕾、抽薹和开花、结实。反之,如果每天光照时间缩短到12 h以下,就要大大减缓通过光照阶段的速度。不同品种的感光性与其地理起源和原产地生长季节中白昼的长短有关,强感光型品种每天日照时数要达到14 h才能满足其对光照的要求,这类品种对光照长度敏感,春油菜品种属于这种类型。弱感光性品种每天日照时数在11 h左右就能满足其对光照的要求,这类品种对光照长度不敏感,冬油菜品种属于这种类型。

油菜的光照阶段是在幼苗主茎生长点春化阶段完成的基础上进行的,即先通过春化阶段,后通过光照阶段。

三、油菜的生育期和生育时期

油菜出苗至角果发育成熟所经历的天数,称为生育期。由于油菜类型、品种特性、气候条件和播期的不同,生育期相差较大。我国北方秋播油菜,于秋季播种到次年夏季收获,要经过漫长的冬季,生育期较长,为160～230 d。北方春播油菜,多数地方早春播种,夏季收获,生育期80～100 d;在高寒地区,如青海高原是春种秋收,生育期100～120 d;黑龙江省种植油菜则是春种夏收,生育期为70～90 d。

油菜一生要经历发芽出苗期、苗期、蕾薹期、开花期和角果成熟期等5个时期。

(一)种子的萌发与出苗

1.种子的形态构造

油菜种子为球形或近似球形,表皮有网状结构,表皮颜色有黄色、褐色、黑色等,一般千粒重3～4 g。

2.种子的萌发与出苗

油菜种子的萌发与出苗是指油菜从种子播种到全田有75%子叶出土展平这一段时间。这一阶段的长短，在水分和土壤氧气等条件良好时，决定因素是温度。在一定范围内，温度越高，发芽出苗越快。一般日平均气温在3℃左右时，油菜种子可萌动，但发芽出苗很慢，出苗需20 d以上；7～8℃时，需10 d以上；12℃左右，需7～8 d；在16～20℃时，仅需3～5 d。

油菜种子小，播种浅，发芽时吸水量多，播种时保持一定的土壤湿度是保证出全苗的关键。要求田间土壤含水量为田间最大持水量的60%～70%。油菜籽的主要成分是油脂，种子萌发时需要更多的氧气，才能将脂肪转化为糖类，供应发芽出苗所需的养分和能量。所以，油菜播种时要求土壤疏松，通气良好。另外，由于种子较小，所以整地质量差，表土坷垃过大或播种过深、过浅，都将影响油菜出苗的进程和质量。

(二)苗期的生长发育

二维码 6-1
油菜苗期

油菜从出苗到现蕾为苗期。冬油菜与春油菜在生育期上的差异，主要是苗期的长短不同决定的。春油菜苗期短，约1个月，而冬油菜苗期长，一般从上一年秋季延续到第二年春季，苗期约占全生育期的1/2。为了便于田间诊断和科学管理，通常把油菜苗期分为苗前期(幼苗期)和苗后期(开盘期)。苗前期是指从出苗到开盘(幼苗顶端开始花芽分化)以前，生长中心是叶片和根系，为纯营养生长阶段。苗后期是从开盘到现蕾。这段时间油菜除继续长根、长叶等营养器官外，同时又开始花芽分化，是营养生长与生殖生长并进时期。开盘是油菜发根、分枝和积累养分的重要时期。此期地上部生长渐趋缓慢，根颈开始迅速膨大，叶片的光合产物以糖的形式大量积累于根颈和根部，同时叶腋间大量抽生腋芽，大部分花序先后进行分化。

冬油菜一般在旬平均气温下降到0℃左右进入越冬期，经70～80 d至次年春季返青。在越冬期间，植株处于休眠或半休眠状态，主要依靠主根短缩茎贮藏的养分维持生命，抵御寒冷。如果冬前植株细弱，或因播种过早，主根过粗，根质松软，生机衰退，会使养分贮藏不足而造成越冬死苗。所以，冬前培育壮苗是确保安全越冬的关键。

(三)蕾薹期的生长发育

油菜植株从露出花蕾到第一朵花开放这一段时间为蕾薹期。此期油菜植株进入营养生长与生殖生长并进阶段，生长最旺盛。营养生长主要表现为主茎增长很快，平均每天伸长2～3 cm。随着主茎伸长，基部叶面积增大，茎生叶和分枝继续生长。到初花期前，主茎叶数基本出齐，主茎伸长趋于缓慢，但顶端继续伸长形成主花序。分枝顶端也相继伸长，形成分枝花序。至此，生长中心由营养生长转向生殖生长。主花序上已显现花蕾并迅速增大；各分枝花序上花蕾相继出现，整个植株含苞待放。

蕾薹期对肥水要求十分迫切，是油菜的水分临界期。这一时期如肥水不足，则叶面积小、主茎和分枝瘦弱、有效分枝少、花序短、花蕾少，对产量会造成严重影响。但如果肥水过多，叶片过于肥大，通风透光条件差，植株下部叶片早衰，无效分枝增加。

(四)开花期的生长发育

二维码 6-2
油菜开花期

油菜由初花期到终花期为开花期。全田有25%植株开始开花为初花期，有85%植株主花序顶端花蕾开完为终花期。油菜开花期无论冬油菜还是春油菜均较为一致，30 d左右。开花期适宜温度为14～18℃，10℃以下开花数减少，5℃以下不能正常开花。如果气温过高，温度达 25℃以上时，虽然可以开花，但所开的花结实不良，角果数减少，且易脱落。油菜开花和结角果重叠进行，生理活动极为旺盛，需要充足的水分和养分。如果肥水不足或氮肥过多，会导致落花落角增多。

(五)角果成熟期的生长发育

从终花到角果成熟这一段时间为角果成熟期。一般油菜终花后 15 d 角果长度基本长足，宽度则到第 21 d 才基本定型。角果成熟过程一般分为 3 个时期。

二维码 6-3
油菜绿熟期

1. 绿熟期

油菜的主序角果为黄绿色，大多数分枝角果为绿色，种皮绿色，籽粒不饱满，大部分种子尚未充实，含油量低、品质差，含油量仅为成熟种子的 70%左右。

二维码 6-4
油菜黄熟期

2. 黄熟期

此期植株大部分叶片干枯脱落，主序角果呈黄色、分枝角果开始退绿，转成黄绿色。种子已发育完全，充实饱满，千粒重和含油量均较高。当全田 70%～80%植株“黄熟”时，是油菜收获的最适时期。

3. 完熟期

大多数角果由黄色转为白色，种子含水量为 30%左右。由于种子呼吸作用消耗大，种子粒重和含油量均有下降。此期收获易裂角落粒，损失较大。

油菜角果成熟期无论冬、春油菜均为 1 个月左右的时间。这一时期的温度以 18～20℃为最适宜。25℃以上或 9℃以下，都会影响角果的正常发育，产生秕粒，甚至形成无效角果而脱落。此期充足的光照对油菜的产量和质量有着良好的作用。虽然这时油菜大部分叶片枯黄脱落，但数量众多的角果皮能进行光合作用。据测定，成熟种子内 40%左右的贮藏物质就是靠后期角果皮的光合作用积累的。

油菜角果成熟期要求适宜的水分和养分条件，这一时期吸收的矿质养分较少，故养分不宜太高，尤其氮肥不能太多。否则，贪青晚熟，对种子油分的积累不利，但磷素和其他微量元素的补充对产量提高有重要作用。此期土壤水分过多或天气阴湿多雨则延长成熟时间，易遭病虫侵袭，秕粒增多，贮藏物质向合成蛋白质方向进行，不利于油分积累。但土壤水分过少时，对角果种子的发育不利，同时也影响油分的积累。

四、油菜的形态特征

1. 根

油菜的根系属于直根系，具有主根和侧根，主根入土可达 50 cm 左右，深的可达 100 cm 以上，支根和细根多集中于 20～30 cm 的耕层内。主根上部粗壮膨大，下部细长，呈长圆锥形状。油菜 3 种类型在根的形态上有一定差异。白菜型和甘蓝型油菜根略有膨大，为肉质根，木质化程度低，根系发达，分布密集，主根入土浅，抗旱、抗倒伏力弱，称密生根系；芥菜型油菜主根不膨大，木质化程度高，侧根稀，支根少，入土深，抗旱、抗倒力强。

油菜根系在幼苗期生长较慢，开盘以后，主、侧根生长速度逐渐加快，至初花期已超过最大根量的 50%以上。油菜根系的发育状况与栽培环境关系密切。土壤结构良好，土层深厚而肥沃，耕作精细，主根纵深伸长可达 100～200 cm，支根和细根数量增多，分布也加深加宽；在干旱条件下，油菜的主根会加深，但支根和细根数量却大大减少。密度过大，根系会由于营养面积变小而发育不良。另外，油菜根系还有改良土壤的结构性状的作用，可增加土壤蓄水量，通过根系分泌物对土壤微生物活动的有益影响来提高土壤肥力。

2. 茎和分枝

油菜幼苗期主茎短缩不伸长，抽薹后，主茎节间迅速伸长呈直立型并同时长粗，至终花期，茎的伸长基本停止。主茎的伸长高度依品种而异，矮小油菜品种主茎伸长高度约在 70 cm 以下，高大油菜品种主茎伸长高度可达 200 cm 以上，一般品种主茎伸长高度在 150 cm 左右。油菜主茎表面较光滑或着生稀疏刺毛，呈现绿、灰蓝或紫色。

油菜主茎由下往上分为缩茎段(主茎基部，节短而密集，着生长柄叶)、伸长茎段(主茎中部，节较长，着生短柄叶)、薹茎段(主茎上部，节最长，着生无柄叶)。油菜的分枝上可再生分枝，即二次分枝、三次分枝等。一般主茎下部分枝在抽薹后 5～8 d 出现，以后由下而上依次出现，4～5 d 内所有分枝相继伸长，初花期至盛花期伸长最快，终花时达最大长度。

3. 叶

油菜的叶分为子叶和真叶两种。子叶有心脏形、肾形等。真叶为不完全叶，仅具叶柄和叶片，或无叶柄。一般油菜在不同生育时期出现以下 3 种不同形态的叶，长柄叶(着生在缩茎段上)、短柄叶(着生在伸长茎段)和无柄叶(着生在薹茎段)。一般植株下部叶较大，主茎上部和分枝上的叶较小。叶缘有全缘、波状、锯齿、缺刻等。叶片的色泽有绿(深浅不同)、灰蓝、紫色等。叶片表面有的光滑，有的有茸毛，蜡粉有多有少。

4. 花

油菜花序为总状无限花序。花由 4 枚狭长的萼片、4 枚花瓣、4 长 2 短 6 枚雄蕊、1 枚雌蕊和 4 枚蜜腺组成。油菜开花的顺序，就整株而言，是主花序先开，然后第一分枝、第二分枝依次开放；就某一花序而言，是从基部向上开放。每天开放时间多集中在 8～10 时。油菜花期较长，初花至终花一般为 20～25 d，如果外界条件适宜，主花序还可能继续伸长，继续开花。

油菜花期发育受外界环境条件影响较大。水肥供应不足或缺少必要的硼、锌、硫等微量元素都会使花大量败育或形成畸形角果。此外，开花期高温多雨也能导致不育。如果盛花期遇到 25℃以上持续高温，会使大量花蕾脱落，阴雨连绵的天气不育率增高且易感染菌核病。

5. 果实

二维码 6-5
油菜种子油分的形成及积累

油菜的果实为角果。由果喙、果身和果柄 3 部分组成。种皮的颜色因品种不同，有黄、浅褐、褐、黑及褐黄双色等多种颜色。种皮在种子发育初期为无色，随着发育进程逐渐变为浅绿色、绿色、黄绿，最后呈现出品种固有的颜色。

项目二　油菜播前准备

一、种植方式

黑龙江省种植油菜，有以清种为主的春种和复种两种方式。

1. 清种

油菜清种区域主要分布在大小兴安岭腹地和山边、丘陵的高寒地区，过去一直是以小麦为主的单一作物连作，发展油菜生产后，采取清种油菜同小麦轮作。另外，在北部及东部一些国营农场，长期采用豆麦轮作，加入一茬清种油菜后，以大豆、小麦、油菜的轮作方式种植。

2. 复种

油菜复种的区域主要是在第一、二积温带地区，一种方式是春种油菜收获后再复种一茬白菜或萝卜，既提高了土地利用率，又增加了单位面积的收入。另一种方式是小麦收获后复种油菜，到 10 月中旬翻压做绿肥。

二、选茬与整地

油菜适应性强，对土壤条件要求不太严格。但以土层深厚、肥沃疏松、杂草少的土壤最为适宜。黑龙江省北部地区土壤潜在肥力高，耕层有机质含量在 2.5%～4.5%之间，速效钾含量比较丰富，只要合理施用氮肥和磷肥，就能满足油菜生长发育对营养的要求。

目前，北部地区种植油菜均选用土质肥沃，墒情好、排水良好、杂草少的小麦茬播种油菜。其轮作方式有：小麦—油菜；小麦—小麦—油菜；大豆—小麦—油菜。

油菜幼苗出土能力弱，对整地质量要求严格，"油菜种子小，就怕坷垃咬"。选用小麦茬种油菜，需经秋翻地、耙地、耙细耢平。整地质量标准是平整、细碎、紧、实、湿润，达到每平方米内直径大于 5 cm 土块不超过 3 个，应做到秋镇压或播前镇压，达到播种状态。

三、施肥

1. 油菜需肥特点

油菜是需肥多、耐肥强的作物。需氮量和需钾量都相当于禾谷类作物的 3 倍，需磷量相当于禾谷类作物的 3.5 倍，对钙、硼等元素的吸收量也大大超过其他作物。每生产 100 kg 油菜籽需吸收氮素 10.1 kg，磷素 3.5 kg，钾素 9.4 kg，其氮、磷、钾吸收比例大致是 1∶0.35∶0.95。

油菜在生长发育过程中，对氮、磷、钾的吸收量，因油菜类型、地区的不同差异较大。一般说来，所需氮素，幼苗期占 22%，蕾薹期占 55%，盛花期后直至成熟期约占 23%。磷素以成熟期吸收最多，但春油菜生育期短，磷对促进根系发育有重要作用，所以必须早期施用。如早期磷素供应不足，常引起碳氮代谢过程受阻，幼苗发育不良，而后期即使有充足磷素也不能消除早期缺磷所受到的不良影响。充足的钾素对促进油菜的发育，增强茎秆坚韧度，以及加强对钙、镁元素的吸收利用，增强抗病、抗寒、抗倒伏能力都有积极作用。综上所述，油菜各生育期需肥特点是苗期生长缓慢，需肥较少；现蕾抽薹开花后生长发育非常旺盛，需要大量营养；而结实期，所需营养不多，尤其是需氮肥较少。

2. 施肥方法

黑龙江省特别是北部高寒地区，早春气温低，土壤微生物活动能力弱，有效养分分解慢，春季施用有机肥不易发挥肥效，满足不了油菜生长发育需要。作为基肥的有机肥应在秋季施用。基肥用量应占总施肥量的 2/3，施用有机肥 45 000～60 000 kg/hm^2、过磷酸钙 450～600 kg/hm^2、碳酸铵 375 kg/hm^2。但施肥应以种肥为主，种肥以氮磷配合施用效果好，一般氮磷配合比例以 1∶2 或 1∶1.5 为宜。施入磷酸二铵 187.5 kg/hm^2，或者用尿素 112.5 kg/hm^2 加入磷肥 225 kg/hm^2。

四、选择优良品种及种子处理

(一)油菜的优良品种

1.垦油11号

该品种是甘蓝型常规品种，幼苗直立，叶浅绿色，茎浅绿色。花淡黄色，株高117 cm左右，第1次有效分枝部位33 cm，第1次有效分枝数4.8个，主花序有效长度52.3 cm，主花序有效果数38个，全株果数106个，角果长度6.3 cm，每果粒数24.6个，千粒重3.7g，种子黑褐色，有光泽，圆粒。中早熟，生育日数93 d，需活动积温1 840℃。抗菌核病能力较强，较耐其他病害，苗期耐早春低温冷害，抗倒伏能力强，比较抗干旱。脂肪含量44.22％～45.83％，芥酸含量0.3％，硫苷含量28.21～29.82μmol/g。适应种植区域为黑龙江省油菜栽培区。

2.垦油8号

该品种为甘蓝型油菜杂交种，幼苗半直立，茎绿色，叶色较绿，叶缘波状，花色黄，花瓣较大，株高123.5 cm，分枝部位45 cm，第1次有效分枝数5.4个，主花序有效长度45.8 cm，主花序有效果数30个，全株果数103个，角果长度6.6 cm，每果粒数24.4粒，千粒重3.5g，种子黑褐色，有光泽，圆粒。中熟，生育日数87 d，需活动积温1 640℃。抗菌核病能力较强，较耐其他病害，苗期耐早春低温冷害，抗倒伏能力强，比较抗干旱。品质性状：脂肪含量42.98％～43.72％，芥酸含量0.76％～0.82％，硫苷含量27.5～28.2μmol/g。适应种植区域为黑龙江省油菜栽培区。

3.垦鉴油2号

垦鉴油2号生育日数83 d，需活动积温1 580℃。幼苗直立，根系发达，茎绿色，叶片浅绿色，花淡黄色。株高115.5 cm，分枝部位40.4 cm，第1次有效分枝数3.5个，主花序有效长度47.1 cm，主花序有效果数39.9个，结果密度0.85，全株有效果数104个，角果长度7.3 cm，每果粒数24.2粒，千粒重3.5 g，种子黑褐色，有光泽，圆形。抗逆性强，苗期耐早春低温冷害，发苗快、生长迅速，秆强壮，抗倒伏能力强，较耐干旱。抗菌核病能力较强，耐其他病害。品质优良，芥酸含量(商品油菜籽)平均为0.61％，硫苷含量平均为26.38μmol/g，含油量平均为43.1％。

4.皮维特

该品种属中熟甘蓝型双低品种，由加拿大曼尼托巴大学育成，后引入我国。该品种幼苗直立，茎微紫色，叶色深绿肥大，幼苗长势强，抽薹后生长加速，株高90～100 cm，生育期86～88 d，需活动积温1 800℃以上，与春小麦同期成熟。种子黑色，千粒重3.4 g，种子含油率43％～45％。

该品种具有高产稳产，茎秆强抗倒伏、抗病性强、喜肥水、耐低温，适合机械化栽培等优点。选择地势平坦肥沃地块，适期早播，保苗120万～150万株/hm^2，增施氮肥、磷肥，配合施用硼肥，适时分段收获。

5.垦油4号

其为黑龙江省农垦科学院农作物开发研究所选育。甘蓝型油菜杂交种，生育日数87 d，株高124.6 cm，分枝部位50.2 cm，第一次有效分枝数4.3个，主花序有效长度45.0 cm，主花序有效果数39个，每果粒数24.0粒，千粒重3.4 g。平均产量1 821.2 kg/hm^2，最高产量达2 500 kg/hm^2。抗菌核病能力较强，较耐其他病害，抗倒伏、抗旱能力强。适宜北方油菜种植区。

6.青油14

该品种由青海省农业科学院育成，该品种适合于机械化作业的春油菜地区种植，由海拉尔农牧场管理局引入。株高136 cm左右，千粒重3.25 g，属中晚熟品种，含油量45.7%，芥酸0.43%，是我国育成的第一个甘蓝型双低春油菜品种。

(二)种子处理

1.晒种

晒种的作用一方面能促进种子内部物质代谢，激发酶的活性，提高种子发芽率和发芽势；另一方面可以消毒灭菌。播前选晴天将种子摊开，在晒场上或草席上(温度高的地区避免在水泥地面上)晾晒2～3 d，晾晒期间要不断翻动种子。

2.精选种子

选种是油菜种植的前提和基础，要注意做好3个方面的工作。首先，要选择适合本地区种植的优良品种。第二，所选种子的成熟度好、籽粒饱满、无病虫害，具有本品种的特征。第三，种子要纯净，无杂质，发芽率要高，一般为90%以上。第四，要做好发芽试验和种子处理工作，确保种子发芽出苗整齐。

3.种子大粒化处理

种子大粒化处理就是将油菜种子外表包裹大约2 mm厚的肥料外壳，变成直径为5～6 mm的颗粒，比原种子扩大2～3倍。包被的材料主要是过磷酸钙、磷矿粉，另外掺部分细土做黏结剂。方法是将20%～30%的过磷酸钙、65%左右的磷矿粉、15%的细土倒入包衣剂中，加入适量水充分混匀，再将油菜种子倒入搅拌，直至油菜种子外表包裹大约2 mm厚的肥料外壳为止。

油菜苗期对磷肥比较敏感，大粒化种子便于与磷肥接触，种子发芽后即可吸收利用，因此对幼苗生长，特别是对根系生长有利。油菜大粒化种子播种后出苗快、出苗齐、幼苗生长健壮。

项目三　油菜播种育苗技术

一、油菜直播田播种技术

油菜播种主要采用直播方式，直播油菜主根入土深，根系分布范围广，能吸收利用土壤深层的水分和养分，抗旱、耐瘠薄、抗倒伏，在干旱地区或春油菜地区应用较多。

(一)播种时期

油菜适时播种是夺取高产的关键措施。适宜的播期，应以当地的气候条件、品种特性和栽培条件而定。春油菜的适宜播期主要依据当地气象条件来确定，温度是确定播期的主要指标。经多年播期试验及生产调查分析确认，春油菜播期的气象指标为5日内平均气温稳定通过4～6℃的日期为安全播期。5日内的平均气温稳定在6～8℃的日期均为高产播期。黑龙江省春油菜的播种期因地区和年份不同，大致划分如下：南部地区的适宜播期为4月25日至5月25日，高产播期为4月25至5月5日。北部地区的适宜播期为5月初至5月末，高产播期为5月5—15日。瘠薄干旱地宜早播，土壤湿润地块宜晚播。油菜适宜播期时间较短，要在适宜期内集中力量播种，并保证播种质量。

(二)合理密植

油菜的亩产量由每亩株数和单株平均产量构成。单株产量由株角果数、每角粒数和粒重3个因素构成。油菜合理密植的一般原则是甘蓝型品种稀于白菜型品种;水肥地稀于旱薄地;晚熟品种稀于早熟品种;适期早播稀于晚播;气温高、雨水多的地区稀于气温低、雨水少的地区。黑龙江省春播甘蓝型油菜的种植密度为45万株/hm^2左右,白菜型品种45万～75万株/hm^2。

(三)播种方法

油菜种子直播分撒播、点播和条播3种方法。

1. 撒播

这种方法用种量大,出苗多,苗不匀,间苗、定苗用工多,管理不方便,一般较少采用。

2. 点播

点播是一种传统直播方法,特别是在土质黏重的水稻田和整地困难、开沟条播不方便的地方较为适用。按预定规格开穴,分穴定量播种(每穴5～6粒)。播种后,用细土盖好。

3. 条播

机播时采用此方法。播种时应按规定行距拉线开沟,播种沟深度3～5 cm,行距为15～30 cm。条播要求落籽稀而匀,最好用细土拌种,顺沟播下,播种量6～7 kg/hm^2。若播种量过大,间苗不及时,易造成苗挤苗,增加间苗工作量。

播种时为了播种均匀,也可加等量炒熟的菜籽以调节播种量,对培育壮苗也有很好的作用。无论采用哪种播种方法都应播种均匀,深浅一致,无漏播和重播。在干旱地区可采取抗旱播种法,即垄沟就墒播种。具体做法是当表层干土在6 cm以上,而底墒较好时,采用豁干湿种,用卸去犁壁的步犁冲沟,豁去表层干土,在沟底湿土上播种,再覆浅土,随后用脚在沟内踩实。

二、油菜育苗移栽技术

油菜育苗移栽:油菜根系发达,吸水吸肥能力强,地上部生长快速,养分累积能力强,单株及大田产量高且用种量少,是传统的油菜高产栽培模式。南方地区在秋天气候条件较差及茬口紧张的地区更能发挥其产量优势。

(一)选择育苗地

1. 选苗床地

选择平整、肥沃、疏松、向阳、水源方便、尽量靠近本田的作物地或其他旱地作为苗床地。

2. 确定苗床面积

一般苗床面积与本田的面积之比以1∶5为好。

(二)整地施肥

1. 整地

苗床地整地应在播种前的4～6 d进行,做到畦面平整,土层细碎,上虚下实。

2. 施肥

苗床地施肥要结合整地进行,要施足底肥。施用腐熟有机肥及氮、磷、钾等化学肥料。每亩可施入有机肥1 000～1 500kg、过磷酸钙20～30kg、尿素10～15kg,施肥后整地做畦。

3. 制作苗床

油菜的苗床做成宽1.5 m左右的畦,畦长度视育苗量而定,畦间留走道和排水沟,排水沟宽、深均在 22～25 cm，以便于田间管理。

(三)播种

1.播种期

油菜的播种期一般以温度及移栽时间来确定。南方可根据移栽期推算，在移栽期确定的基础上，按苗龄(壮苗苗龄一般在 40～45 d)向前推算，即可确定播种期。如果移栽面积大时，可分期播种，以便分期移栽。

2.提高播种质量

油菜育苗的播种量为 4～5 kg/亩。为了播种均匀，可掺等量的细土，然后分畦、定量、分次播种，再用耙覆土 2～3 cm。

(四)苗床管理

1.早间苗、定好苗

油菜齐苗后，在长出 1 片真叶时就开始间苗，苗距 3 cm，以叶不搭叶为宜，长出第 2 片真叶时再间 1 次苗。在长出第 3 片叶时定苗，苗距 6～8 cm。间、定苗要做到去弱留强、去病留健、去杂留纯，同时拔除杂草。

2.早施提苗肥

为了满足幼苗养分需要，结合间苗、定苗施肥，每间 1 次苗用清淡粪水提苗定根，定苗后及早追肥，一般施尿素 45～60 kg/hm^2。5 叶期后进入壮苗充实期，应控制肥水，防止徒长。做到 4 叶前苗旺、5 叶后苗壮。在移栽前 6～8 d 追施 1 次肥，施用尿素 75 kg/hm^2，栽后恢复生长快。干旱时应结合施肥适量浇水。

3.早防治病虫

苗床期气温较高，要注意防除病虫害。主要害虫有蚜虫、菜青虫等，重点防治蚜虫。病害主要有病毒病、白锈病和猝倒病。必要时须用药剂防治，做到带药移栽，不把病虫带入大田。

(五)移栽

1.确定移栽期

油菜苗床期达到 35～45 d 时移栽。移栽时叶龄 5～7 叶，也可以在 4 叶时开始移栽。早栽，苗床用量少，起苗时伤根少，及时移入本田后利用冬前气温较高的条件，有利于培育壮苗。

2.移栽技术

油菜幼苗移栽前 1 d，浇水湿润床土，以免起苗时伤根。起苗时用小铲铲或撬，带土移栽，缓苗期短。移栽时将大小苗分开栽，起出的苗要当天栽完。苗要栽直，不要窝根，不能栽得过浅或过深，一般覆土到最下叶的叶柄着生处，覆土要严，紧密适当，以免挤伤心叶。栽后随即浇定根水，并及时施缓苗肥。

项目四　油菜田间管理

一、间苗、定苗

直播油菜出苗后 2 片真叶时要及时间苗，3～4 片真叶时要按预定密度定苗。如缺苗断垄现象严重，在定苗的同时带肥带水进行补栽。间苗、定苗要求做到“五去五留”，即去密留匀，去弱留壮，去小留大，去病留健，去杂留纯。

二、追肥

1. 苗期追肥

油菜是一种需肥较多的作物，在施足底肥的基础上要适时追施壮苗肥。4～5片真叶时追施尿素120～150 kg/hm²。苗期追肥可促进早发根，早发苗，促进花芽分化，使幼苗在现蕾前叶片多、根系旺、根颈粗壮。生育期较短的春油菜一般不进行苗期追肥。

2. 施蕾薹肥

油菜在抽薹开花期生长最为迅速，加之这时气温稳定上升，根系吸收力显著增强，油菜对水、肥等栽培条件的反应更为敏感，如果这时肥料不足，植株发育就会减弱，分枝和主茎尖端的花往往不能完全结角，每角粒数也会减少，产量就会降低。此期一般追施尿素80～100 kg/hm²。

3. 花期追肥

油菜开花后要酌情追施保花肥，减少落花、落蕾和防止早衰。在初花期施用，施用硫酸铵45～75 kg/hm²，施用磷肥75～105 kg/hm²。盛花期根外喷施1～2次保果肥，以达到增果、增粒、增加粒重和防止"花而不实"的目的。方法是每公顷用750 kg水加过磷酸钙7.5 kg、硫酸铵7.5 kg、硼酸375 g，充分溶解后喷洒。

三、油菜缺素症诊断

油菜的缺素症状可作为诊断苗情的重要依据。植株缺氮时，生长缓慢，植株矮小，叶片小而发黄，分枝数少，叶边缘呈枯焦状，严重时可导致叶片脱落。缺磷时，叶片深绿灰暗，缺乏光泽，叶片小，叶肉变厚，叶片变为紫红色，抗冻性减弱，上部叶片逐渐枯死，致使油菜不能抽薹开花。在缺磷较轻时，虽能抽薹，但分枝少，角果数少，角果籽粒不饱满，秕粒、小红粒多。缺钾症状多在中下部叶片表现出来，开始呈现黄绿色，叶的边缘出现枯焦斑点，逐渐扩大成圈，植株衰弱，茎秆柔软，易倒伏。如出现上述症状时，需及时补充相应营养元素。

油菜在整个生长发育阶段对硼素反应敏感，油菜缺硼在不同生长发育阶段表现出不同的症状。苗期缺硼时，作物输导组织易受破坏，新生组织的形成和植株生长受阻，使叶小，叶柄变粗，叶端倒卷，叶色初为暗绿，后变紫色，叶脉及附近组织变黄，最后形成一块蓝紫斑，提早脱落。同时，根系发育不良，表现须根少，表皮暗褐色，植株茎的基部出现裂口。花期缺硼会造成"花而不实"：油菜进入花期以后，因花粉败育而不能结实，并导致不断抽发次生分枝继续不断开花，延迟花期，花蕾、幼荚大量脱落，荚果萎缩细小、畸形，结实率很低，有的甚至不结荚。荚果成熟期缺硼，造成荚果中胚珠萎缩，不结籽或籽弱小。荚果或茎秆皮为紫红色。

防治油菜缺硼应提高土壤有机质含量，增施有机肥料，结合增施硼肥。目前常用硼肥主要有硼砂、硼酸等。其可作为基肥或追肥施入，用量3.75～7.5 kg/hm²，拌入基肥中穴施或条施；作追肥宜早，注意施用均匀。作根外追肥的硼酸溶液浓度为0.02%～0.1%，硼砂溶液为0.05%～0.2%，喷施量为1 500～2 250 kg/hm²溶液，分别在苗期和抽薹期喷施。浸种时硼砂或硼酸浓度为0.01%～0.05%，时间6～12 h。拌种一般0.5 kg种子用0.2～0.5 g硼酸或硼砂。

四、灌水

油菜蕾薹期需水较多，结合施肥灌水，水肥齐攻，才能夺取高产。在北方，蕾薹期常遇春旱，气候干燥雨量少，应浇足蕾薹水。但要注意此时湿度不能过大，使土壤水分保持田间最大持水量的70%左右为宜。在多雨易涝地区，应开沟排水，降低田间湿度，增强根系活力，以利根系向深生长。

在越冬油菜区，还要适时冬灌，满足油菜对水分的要求，沉实土壤，均衡地温，防止漏风冻根死苗。

五、中耕培土

适时中耕能提高地温、保墒。油菜旺长时可在抽薹期深中耕控制长势。抽薹和出花后分别进行培土固根，既防止中后期倒伏，又可保持根部墒情。

六、打薹、摘心

油菜合理打薹，有调节群体和个体生育的作用，但打薹后生育期明显延长，易发生贪青晚熟或高温逼熟，种子不饱满，含油率低，腾茬晚。生产上出现下列情况时可打薹。一是播种过早，出现早薹早花；二是春季薹部冻死，要靠分枝弥补产量损失；三是土壤肥力高，出现徒长或有严重缺苗断垄现象。打薹不宜过长，打薹后要加强肥水管理。甘蓝型品种主花序结果较多，生育期较长，成熟晚不提倡打薹。

油菜属于无限结果习性作物，花序顶端的花不能结果，或结果不结籽，或结籽不饱满。因此，在临近开花末期，摘除主茎或分枝花序顶尖，使营养集中供应花序中下部角果，有减少秕粒和增加粒重的作用。

七、病虫草害防除

1.化学除草

油菜田除草应注重播前除草和播后除草，即播前杀灭前期杂草；播后杀灭新长出的杂草。

(1)芽前封闭除草　油菜播种覆土后1～2 d杂草出土前，使用相应的除草剂封闭土壤，有利于药膜的展开，阻止杂草的发生。可在播种覆土后用90%乙草胺乳油1 200 mL/hm^2 或50%异恶草松·乙草胺乳油900～1 200 mL/hm^2 加清水450～600 L土壤喷雾。如播种后连续阴雨田间湿度大时需慎用封闭式除草剂，防止药害。

(2)苗期除草　苗后喷施除草剂在油菜4～6叶期，杂草3～5叶期进行，可用选择性除草剂除草。用10.8%高效氟吡甲禾灵乳油300～450 mL/hm^2 或5%精喹禾灵乳油750～1 050 mL/hm^2 兑清水450 L喷施防除看麦娘、棒头草等禾本类杂草；用24%烯草酮乳油2 250～4 500 mL/hm^2 或24%吡喃草酮乳油375～600 mL/hm^2 兑清水450 L喷施防除早熟禾等禾本类杂草；用50%草除灵乳油450 mL/hm^2 兑清水450 L喷施防除繁缕、猪殃殃等阔叶类杂草；用50%二氯吡啶酸水剂450 mL/hm^2 兑清水450 L喷施防除酸模、菊科杂草等阔叶类杂草；用50%草除灵乳油450 mL/hm^2 混用50%二氯吡啶酸水剂450 mL/hm^2 兑水450 L喷施防除繁缕、猪殃殃、酸模、菊科等阔叶类杂草。若田间禾本科杂草及阔叶杂草混生，可根据杂草发生种类选用上述相应防除禾本科杂草的除草剂与防除阔叶杂草的除草剂混用喷施。

2.病害防治

油菜苗期主要防治猝倒病和霜霉病；油菜初花期和盛花期主要防治菌核病；根肿病通过播前药剂拌种或种子包衣进行预防，也可在苗期用氰霜唑加氟啶胺灌根防治。菌核病是防治重点，当油菜初花期叶片发病率达10%时应进行药剂防治，可采用80%多菌灵可湿性粉剂1 000

倍液，或 40％菌核净可湿性粉剂 800 倍液，或 36％甲基硫菌灵悬浮剂 1 000 倍液叶面喷雾处理，间隔 7 d 再用药一次。

3. 虫害分类防治

油菜田间虫害达到防治指标时要及时选用药剂防治，5～7 d 后可再防治一次。苗期主要防治菜青虫和跳甲，可用 1.8％阿维菌素乳油 300～450 g/hm^2 兑清水 450 L 喷雾。防治蚜虫，可用 10％吡虫啉可湿性粉剂 300 g/hm^2 兑清水 450 L 喷雾。

八、辅助授粉

油菜花期的人工辅助授粉有两种方法，一种是养蜂传粉；另一种是人工授粉。人工授粉一般采用拉绳或竹竿等工具，在晴天 8～11 时，油菜大量开花时进行。

项目五　油菜的收获与贮藏

一、收获适期

油菜是无限花序，开花期长，角果成熟不一致。根据角果和种子色泽的变化，成熟过程一般可分为绿熟、黄熟、完熟 3 个阶段。绿熟期主花序角果呈现黄色，分枝上角果仍现绿色，大部分种子尚未充实，含油量低、品质差。黄熟期主花序角果呈现杏黄色，表面有光泽，一次分枝上的角果已呈黄绿色，种子已发育完全，充实饱满，晒干后种皮呈现种子固有色泽，千粒重和含油量均较高，是油菜收获的最适时期。完熟期大部分角果呈现黄色，种子粒重和含油量均有下降，收获时落粒也较多，此期收获有一定损失。油菜收获是以全田 70％～80％的角果转为黄色或主茎中、上部第一次分枝所结种子开始转色的时期为收获适期。

二、收获方法

二维码 6-6
油菜的收获机械

油菜有机械收获和人工收获两种方法。

（一）机械收获

油菜的机械收获又可分为机械分段收获和机械联合收获。

1. 机械分段收获

该收获方法是先用割晒机将油菜割成趟，晾晒 3～4 d，角果壳干后即可脱粒。这种收获方法适合种植面积较大，成熟期不一致的地块。适时割晒、拾禾、脱粒，是夺取油菜高产的保证，大面积油菜生产必须采取分段收割。

2. 机械联合收割

油菜的机械联合收割是收割、脱粒、清粒 1 次完成。收获机械可选用小麦联合收割机进行收获，收获时期比分段收获稍晚一些。

（二）人工收获

人工收获时一般在晴天早晨露水未干时收割，并做到轻割、轻放、轻捆、轻运，减少裂角落粒损失。收后搬至晒场或在田间堆置 3～4 d，角果壳干后即可脱粒。如果遇上连续阴雨不能及时脱粒，则把油菜捆成把，角果向上，竖立排放，切忌大堆叠放，导致发热霉烂、发芽，影响菜籽的质量。

三、留种

油菜的类型不同，授粉方式也不相同。白菜型油菜属典型的异花授粉，异交率在75%～85%以上；而芥菜型和甘蓝型油菜一般异交率在10%～30%之间，属常异花授粉作物。种植的油菜如果是常规种，可以留种，如果是杂交种则不能留种。常规种留种时要注意，生产上用的种子应在与其他品种隔离的种子田选留，一般选性状一致、健壮无病、分枝多而集中、结角多的优良植株留种。隔离区种子田宜选用有天然屏障的山区、丘陵区，或用树林等高秆植物隔离物的地区，或距离其他油菜田和十字花科作物田600 m以上，以防异花授粉后引起种子混杂、退化。

四、油菜的贮藏

1. 清除杂质

油菜种子入库前应进行清选1次，清除杂质，增强贮藏期间的稳定性。此外，对水分及发芽率进行1次检验，以掌握油菜种子在入库前的情况。

2. 严格控制入库水分

油菜种子入库的水分标准应根据当地气候特点和贮藏条件来决定。就大多数地区一般贮藏条件而言，油菜种子水分控制在9%～10%以内，可保证安全，但如果当地特别高温多湿以及仓库条件较差，最好能将水分控制在8%～9%以内。

3. 低温贮藏

油菜种子贮藏期间除必须控制水分外，种温也是一个重要因素，必须按季节严加控制，在夏季一般不宜超过28～30℃，春秋季不宜超过13～15℃，冬季不宜超过6～8℃，种温与仓温相差如超过3～5℃就应采取措施，进行通风降温。

4. 合理堆放

水分超过12%时，应进行晾晒后再入仓。油菜种子如果采用袋装贮藏法，那么就应当尽可能堆成各种形式的通风垛。油菜种子水分在9%以下时，可堆10包，9%～10%的可堆8～9包，10%～12%的可堆6～7包，12%以上的高度不宜超过5包。

5. 加强管理

油菜种子入仓时即使水分低，杂质少，仓库条件合乎要求，在贮藏期间仍须遵守一定的严格检查制度，一般在4～10月份，对水分在9%～12%之间的油菜种子，应每天检查2次，水分在9%以下应每天检查1次。在11月至来年3月份之间，对水分为9%～12%的油菜种子应每天检查1次，水分在9%以下的，可隔天检查1次。

模块小结

本模块学习了油菜的类型、油菜的阶段发育、油菜的生长发育过程、油菜在植物学上的形态特征以及油菜的播前准备、播种技术、田间管理技术和收获与贮藏方法。通过对这些知识的学习，我们可以全面了解和掌握油菜的生物学基础知识和栽培技术，在生产上可以因地制宜地应用于油菜生产。

模块巩固

1. 油菜可分为哪3种类型？每种类型有何特点？
2. 油菜一生可划分为哪几个生育时期？每个生育时期在生长发育上有何特点？
3. 油菜的茎从下到上分为哪3段？每段上着生的叶子有何不同？
4. 油菜各生育阶段对养分的需要有何规律？
5. 油菜缺氮、磷、钾和硼时分别有哪些表现？

模块七

小豆生产与管理

【知识目标】

通过本模块学习，使学生了解小豆生长发育基本规律；环境因素对小豆产量、品质形成的影响；黑龙江省不同积温带适宜的小豆生长发育的小豆品种；小豆高产、高效栽培技术；小豆病、虫害及综合防治技术。

【能力目标】

具备独立完成并指导小豆的选地、选茬、播前准备、播种、田间管理、收获等栽培、管理的能力。

小豆简介

小豆古名荅，小菽，赤菽等；别称红小豆，赤豆，赤小豆，五色豆，米豆，饭豆。染色体数 $2n=22$。小豆属于豆科豇豆属的一个栽培种，因为大多数小豆品种种皮颜色都是红色，故又称红小豆、红豆、赤豆、赤小豆等。小豆起源于中国，一年生，是我国主要的食用豆类之一，栽培历史有 2 000 多年。全世界种植小豆以亚洲面积最大，非洲、欧洲及美洲也有少量栽培。我国是种植小豆第一大国，主要分布在华北、东北和黄河及长江中下游地区，以河南、河北、北京、天津、山东、山西、陕西及东北三省种植面积较大，其次是安徽、湖北、江苏等省；其余省、市、区种植面积较小或零星种植，近几年，甘肃种植面积有所增加。

小豆的营养成分很高，据对 1 479 份小豆种质资源测试结果，小豆的蛋白质含量平均 22.56%，变幅为 20.92%～24.00%；脂肪 0.59%；总淀粉 53.17%，其中直链淀粉 11.50%。蛋白质中人体必需氨基酸组成较全，但含硫氨基酸的含量较少，是第一限制性氨基酸。籽粒中蛋白质与碳水化合物的比例为 1∶(2～2.5)，而禾谷类仅为 1∶(6～7)。小豆蛋白质含量也比畜产品含量高。如瘦猪肉含蛋白质为 16.7%，牛肉为 17.7%，鸡蛋为 14.7%，牛奶为 3.3%。自古以来，民间常用小豆来治病、防病。

二维码 7-1
小豆的主要价值

小豆对生长环境的适应性很强，较耐瘠薄，所以小豆在我国各地以及世界各地分布都很广。近年来随着人们生活水平不断提高和膳食结构改变，中国城乡居民饮食结构也由原来单一型向多类型方向发展，越来越需要营养型、保健型、药用型食品，小豆的地位得到明显提高。

项目一　小豆栽培的生物学基础

一、小豆的类型

小豆依生长习性分为直立、蔓生和半蔓生3种类型。直立型植株主茎直立；蔓生型主茎和分枝都有缠绕性，左旋，无攀缘物时匍匐蔓生；半蔓生型介于上述二者之间，主茎蔓状但不长，植株斜生不卧。生长习性一般与熟性有关。直立型早熟，半蔓生型中熟，蔓生型多晚熟。

依结荚习性可分为有限结荚习性和无限结荚习性两种。有限结荚习性植株的顶端生长点为花序代替，蔓生和半蔓生类型属于无限结荚习性。

二、形态特征

1.根

小豆的根系为圆锥状根系，由主根、侧根、须根、根毛和根瘤组成。大部分根群分布在地表下10～20 cm耕层中。在潮湿条件下，贴近地面茎节能长出不定根。根瘤菌一般在幼苗展现三出复叶时从根毛侵入，形成根瘤。小豆开花前后根瘤菌活动旺盛，开花后两周根瘤总重量达最高峰。

2.茎

小豆的茎呈圆筒形，多数品种的茎为绿色，少数紫红色。茎有直立型、半蔓生型和蔓生型之分，株高30～150 cm。主茎节10～20个。分枝产生于主茎基部1～3节，一般4～5个。

3.叶

小豆的叶分为子叶、单叶和复叶。幼苗出土时子叶不出土。第一对真叶为对生单叶，多圆形，叶柄短。其余叶均为三出复叶，互生，叶卵圆形、剑头形或中间形，边缘有浅裂，基部有小托叶。叶表光滑，背面有稀疏茸毛。叶柄较长(图7-1)。

二维码7-2
小豆植株

4.花序和花

小豆的花为总状花序，着生于叶腋间及茎的顶部。在花梗顶端着生2～6朵小花。花柄短小。花蝶形，黄色，旗瓣上部有浅缺刻，中部具突起，翼瓣和龙骨瓣左右不对称，龙骨瓣包围雄蕊，向左弯曲呈钩状，雄蕊10枚。雌蕊1枚，密被短硬毛，花柱线形，包被在雄蕊中间。小豆属自花授粉作物，自然杂交率不超过1%。

5.荚和种子

小豆荚长圆筒形，先端稍尖，略弯曲，无毛，长5～13 cm，宽5～8 mm。幼荚绿色，少数红紫色。成熟荚黄白、浅褐、褐或黑色。每荚有种子4～11粒，一般6～10粒。种子有短圆柱、长圆柱和球形3种。种脐大而长，白色条状。种子可分为小粒、中粒和大粒。百粒重6 g以下为小粒，6～12 g为中粒，12 g以上为大粒。种子寿命比较长，在一般条件下贮藏4年，发芽率仍可

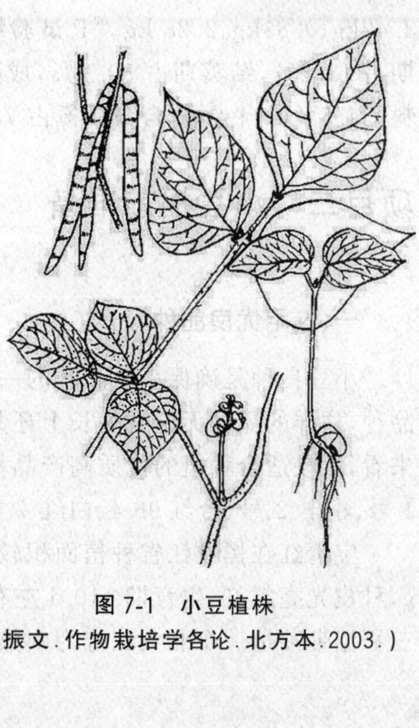

图7-1　小豆植株
(于振文.作物栽培学各论.北方本.2003.)

达 95%；贮藏 5 年以上，发芽率明显降低。

三、对环境条件的要求

1. 光照

小豆是短日照作物，对光照长度反应敏感，尤其是中晚熟品种。光照对小豆不同生育阶段影响不同，幼苗期受影响最大，开花期次之，结荚期受影响较小。小豆幼苗期给以短日照处理，则植株变矮，茎节缩短，节数减少。相反，适当延长日照时间，能使小豆茎叶生长繁茂，叶片增大，产量提高。小豆北种南移，生育期缩短；南种北移，生育期延长。

2. 温度

小豆是喜温作物，适应范围广，从温带到热带都有栽培，但以温带温暖湿润的气候最为适宜。小豆种子在 8～10℃时即可发芽，适宜的发芽温度为 14～18℃。花芽分化和开花结荚期适宜温度为 24～28℃，低于 16℃时花芽分化受到影响，开花结荚减少。从播种至开花一般需积温 1 000℃以上，从开花至成熟一般需积温 1 500℃左右。小豆苗期不抗晚霜冻，成熟期不抗早霜冻，遇霜冻易造成秕荚小粒，降低产量和品质。

3. 水分

小豆是喜湿性作物，每形成 1 g 干物质需水 700～1 000 g。苗期较耐干旱，花芽分化以后需水量逐渐增加，开花结荚期是小豆需水高峰期，也是小豆需水临界期。此时土壤水分不足或天气干旱，都会造成落花、落荚、秕粒或小粒。小豆具有一定的耐湿性，但也有一定限度，如土壤水分过多，通气不良，影响根瘤菌生长发育。小豆要求适当的湿润气候，但空气湿度过大也会降低小豆品质。成熟期要求干燥的气候条件，如遇阴雨连绵天气，易造成荚霉烂和粒发芽。

4. 土壤

小豆对土壤要求不严，但排水良好、保水保肥、pH 中性的壤土有利于小豆高产。

5. 养分

小豆是需肥较多的作物，每生产 100 kg 籽粒，需要氮、五氧化二磷、氧化钾分别为 3.42kg、0.85kg、2.28 kg。^{32}P 试验结果表明，小豆苗期磷素的吸收量占一生的 0.004%，初花期占 13.8%，结荚期占 50.7%，成熟期占 35.5%。^{15}N 研究表明，小豆氮素的 2.2%来源于肥料，24.5%取自土壤，自身固氮占 73.3%。

项目二　小豆播前准备

一、选用优良品种

小豆良种是确保小豆高产的一个必要条件，一定要选择植株高大、荚多粒大、抗病力强的品种，这样的品种无论在生长上还是丰产上都具有优势。根据黑龙江省自然条件和市场需求来看，比较适合种植的优质高产品种主要有宝清红、日本红、东北大红袍、天津红、南京红、垦引 1 号、小丰 2 号、合红 96-4、白红 7 号、垦鉴红 1 号、龙小豆 1 号、建红 1 号、建红 2 号等。

宝清红在黑龙江省种植面积较大，其是一种优质、高产、适应性强的品种，百粒重 16～18 g，种皮光亮鲜红，生育期 110 d 左右，需活动积温 2 200℃左右，适合黑龙江省第二积温带和第三积温带种植。东北大红袍为中熟品种，百粒重 20 g 以上，遇高肥水地块种植易徒长倒伏，产量下降，应选择中等肥力以下地块种植。垦引 1 号是黑龙江省农垦科学院从日本引进的，百粒重 13～15 g，为早熟、优质、高产品种，以主茎产量为主，荚果成熟期一致，适宜一次收获，籽粒饱满、均匀、色泽好。合红 96-4 是黑龙江省农业科学院合江农业科学研究所选育的，粒短圆柱形，粒色紫红，有光泽，百粒重 17～18 g，生育日数 116 d 左右，中熟品种，抗病性强，适合黑龙江省第二积温带和第三积温带种植。垦鉴红 1 号小豆生育期 115～120 d，需活动积温 2 250℃左右，籽粒深红色，百粒重 25 g 左右，为大粒小豆，可在黑龙江省第一积温带和第二积温带种植。龙小豆 1 号百粒重 8.9～9.2 g，为中粒品种，生育日数 95～100 d，喜高温，抗倒伏，较抗病虫害。建红 1 号为中熟品种，适应在活动积温 2 300℃以上地区种植。建红 2 号百粒重 15～18 g，为早熟品种，适应在活动积温 2 050℃以上地区种植。

此外，还有适合各地区种植的传统地方农家品种以及从外省和国外引进的品种。现在市场上以粒大皮薄、粒色鲜艳、饱满丰润、淀粉粒沙性好的品种为上乘。

二、合理轮作

小豆是喜温、短日照作物，具有比较灵活的种植方式。由于其根部的根瘤菌具有固氮功能，因此小豆被视为良好的前茬作物，是轮作过程中较好的选择，对改善生态环境、培肥地力具有重要作用。同时由于部分品种生育期较短，也被视为灾后的良好补栽作物。小豆忌连作，也不能迎茬。多年连作时噬菌体繁衍，抑制根瘤菌的发育。连作根系分泌的酸类物质过多，不利于根系的生长并加重病虫危害，产量和品质均下降。

合理轮作是减少病虫害蔓延、杂草危害、调节土壤养分、培肥地力、提高产量的重要措施。在轮作中，小豆是好茬口，尤其是与禾谷类作物轮作时效果更好，前茬应选用玉米、小麦等禾本科作物为前茬，不选油菜茬、向日葵茬以免感染菌核病。同时，应尽量避免与豆科作物重迎茬，以免感染病虫害而减产。本省小豆主要轮作倒茬有以下几种方式。

小豆—小麦(或亚麻)—玉米；

小豆—小麦—小麦；

小豆—玉米(或高粱)—谷子；

小豆—玉米—高粱；

小豆—谷子—玉米—小麦。

三、整地与施肥

(一)整地

小豆主根入土深度 40～50 cm，侧根入土深度 30～40 cm，主要分布在 10～20 cm 耕作层中。根系比较发达，但入土穿插力不强，又因为根瘤菌活动也需要较好的通气条件，因此要求土壤比较疏松为宜。并且，小豆拱土能力较弱，因此种植小豆的地块，最好是沙壤土，也不要选择低洼积水的地块，整地需要精细，创造一个表面细碎平整、深厚、疏松的耕作层。

整地为伏、秋深翻或深松，整平耙细，表土细碎，秋起垄。秋起垄有利于春季保墒提高地温，保证播种深度一致，做到早出苗，出齐苗。若春起垄，早春要顶凌耙地、起垄，充分利用返浆水，防止因干旱影响出苗。

(二)施肥

小豆要想取得高产，必须要保证足够的肥力，才能确保植株正常生长，一般可根据小豆营养特点和需肥规律施肥，才能达到经济有效的目的。其施肥原则是巧施氮肥，重施磷肥，配施钾肥。科学施肥以基肥和种肥为主，结合花期叶面追肥。一般地块施优质有机肥 15 000 kg/hm^2 左右做底肥，结合翻地均匀撒入。施磷酸二铵 100～150 kg/hm^2，尿素 40～45 kg/hm^2，硫酸钾 30～60 kg/hm^2，其中全部磷肥、钾肥和约 1/3 的氮肥混合，作为种肥分层施用。小豆的追肥应重点掌握在开花初期，将种肥施用后留下的 2/3 氮肥全部施下，开沟施入，及时覆土。花荚期也可采用叶面追肥的方式，可叶面喷磷酸二氢钾和微量元素。

(1)早熟品种　早熟品种施入氮肥和磷肥、钾肥按比例混合施。早熟品种营养生长和生殖生长比较协调，施入氮肥可以促进植株繁茂，增加株高和结荚层次，增加花荚，提高产量。因此早熟品种氮肥、磷肥、钾肥按比例施用是科学的。

(2)晚熟品种　晚熟品种营养生长和生殖生长容易不协调，易发生营养生长过旺，导致花荚减少，产量下降的现象。肥力高的地块不应施入氮肥，以控制晚熟品种植株徒长，能够促进多花多荚。肥力低的地块少施氮肥，重施磷肥和配施钾肥。

四、种子处理

(一)种子精选与晒种

小豆的优良种子是确保小豆稳产高产的关键，所以选好品种后播种前要进行机械或人工选种，要对种子进行精选处理，尽量做到选择品相好、种子大小一致、粒大的种子，去掉虫蛀、杂质以确保种子的净度和纯度，种子精选后晒种 1～2 d 可以提高小豆种子的生活力。要求种子净度达 98%以上，发芽率达到 95%以上。

(二)拌种

1. 根瘤菌剂拌种

小豆的根瘤菌属于豇豆族，与花生、绿豆、豇豆的根瘤菌可以互相接种。

根瘤菌剂拌种是经济有效的增产措施，方法是选用本族根瘤菌剂，每亩播种种子量用根瘤菌粉剂 25～75 g，先用细土或草木灰拌匀，再拌入种子，并立即播种，不可曝晒，因阳光可杀死根瘤菌。

2. 钼酸铵拌种

钼能促进根瘤菌的形成与生长，提高固氮能力，缺钼地区可采用钼酸铵拌种法。每千克种子用 0.5 g 钼酸铵，溶于种子重 1%的水中，均匀地喷在种子上，阴干后播种。

3. 药剂拌种

小豆播种前采用种子重 0.3%的 50%多菌灵＋种子重 0.2%的 50%福美双＋种子重 0.6%的乙基硫环磷拌种，或用种子量 1%～1.5%的大豆种衣剂包衣，可有效地防治苗期多种病虫害。根腐病较重的地块选用黑龙江八一农垦大学生产的大豆种衣剂效果较好，胞囊线虫和苗期虫害较重的地块选用中国农业大学生产的大豆种衣剂效果较好。

项目三　小豆播种技术

一、播种期

适时播种有利于全苗、壮苗、多花多荚、适期成熟和提高产量与品质。在水分适宜的条件下，一般土壤 5～10 cm 深处地温稳定通过 10～14℃时幼苗就能很好地出土。播种过早因地温偏低，发芽缓慢，不利全苗，而且因营养生长期过长，经常引起倒伏而减产。播种过晚，因气温较高，易感染病害，而且营养生长期缩短，花、荚减少，百粒重下降，降低产量和品质。

黑龙江省各地的小豆较适宜的播种期应该在 5 月 10－20 日，其中，5 月 10 日前后 2～3 d 是最佳高产播期。此外，对同一块地还要确保在一天内播完，以使一块地具有同样的成熟期。

二、合理密植

合理密植是小豆增产的重要环节，因为小豆单位面积的产量是由单位面积的株数、每株荚数、每荚粒数和粒重 4 个因素决定的，其中株数和株粒数是决定产量的关键因素。根据自然条件和生产条件适当调节种植密度。气温较低、雨水较少的地区，单株长势弱，则密度应该大些；气温较高、雨水较充沛的地区，单株生长旺盛，密度则适当小些。在相同气候条件下，瘠薄的土地植株生长发育缓慢，株型矮小，因此种植密度应大些，以发挥群体的增产作用。在土质较好、土层较厚、肥水充足的土壤中，生长发育繁茂，所占据的地面空间相对大些，种植密度就应小些，以保证每一个个体有较充足的营养面积，充分发挥单株生产潜力。依品种特性而言，普通型蔓生品种，由于茎蔓分枝多而长，种植密度要小些，直立型品种，由于植株生长比较紧凑，单株所占营养面积较小，所以种植密度应大些。较适宜的种植密度，一般高肥水地，保苗 15 万～22.5 万株/hm^2，中肥水地保苗 22.5 万～30 万株/hm^2，低肥水地保苗 30 万株/hm^2 以上。

三、播种方法

黑龙江省小豆的播种方法主要有垄上穴播和垄上条播两种。穴播是按一定距离、每穴点种 3～4 粒，定苗时每穴留苗 2～4 株，条播是幼苗在行内单株均匀分布。

试验结果证明，双株穴播即有利于通风透光，防止倒伏，又有利于保证密度，增加产量。

1. 垄上穴播

小豆的早熟品种、直立型品种适合密植，采取缩垄增行，行距 50～60 cm，穴距 15～20 cm，每穴保苗 3～4 株，株距可适当加大。晚熟品种应适当稀植，应采用 70 cm 垄距，穴距 25～30 cm，每穴保苗 3～4 株。晚熟品种应遵循高肥水宜稀，瘦地宜密的原则。

2. 垄上精量点播

垄距 60～70 cm，株距 10～15 cm，机械精量点播。

播种量以保苗株数为原则，以品种的百粒重、发芽率、清洁率为依据，予以计算，再加上 15％左右的田间损失率。

四、播种深度

小豆种子较小，拱土能力较弱，播种不宜过深，在墒情好的情况下播种深度以 3 cm 左右为宜，墒情不好时可深些，但最多不能超过 5 cm，否则会影响出苗。播种后应及时进行镇压，避免播种后土壤过于疏松造成失墒，致使种子“落干”。早春干旱地区，也可采用多遍镇压，比如播前、播后各镇压一次。

项目四　小豆田间管理技术

一、查田补苗

小豆苗出土后，要尽早查苗补种是保证合理密植，实现高产的一个重要环节。当小豆苗出齐时，要认真调查，如发现缺苗，应及时用催好芽的种子补种。为保证存活，最好坐水补种。

二、间苗、定苗

小豆的间苗、定苗是控制小豆群体株数、促进壮苗、提高单产的有效措施。通过间苗，使幼苗分布均匀，节间变短，分枝增加。一般在幼苗出齐、两片真叶展开时间苗，第一复叶期定苗，最迟不超过第二复叶期；但在病虫害较重地区和年份，应适当推迟到第二、三复叶期定苗。结合间苗、定苗拔除病株和弱苗，按计划种植的密度留壮苗和大苗。

垄上精量点播一般单株留苗，留匀苗，当断垄缺行时可留双苗。

垄上穴播一般每穴留苗 2～4 株。

三、中耕除草

小豆出苗后要立即进行第一次中耕，既能消除部分田间杂草，而且通过松土还有利于幼苗根系发育，并且能够提高地温，促进小豆的生长。第一次中耕以后，每隔 7～10 天进行一次中耕作业，争取在封垄前进行 2～3 次中耕作业。小豆的生育后期要及时拔净田间杂草。最后一遍蹚地要同时进行培土，可以有效减少倒伏现象的发生。

四、灌水、排涝

试验结果表明，当土壤水分含量不足时，于开花期和结荚期灌水都有明显增产效果，开花期的效果高于结荚期。在开花结荚期，干旱会影响小豆正常的开花结荚，还会加剧花荚脱落，造成减产。所以，在花荚期若遇干旱要及时灌水，灌水方式可沟灌和畦灌，有条件的地区可以采用喷灌。

小豆虽然较耐湿，但幼苗期怕涝，花荚期最怕水涝，整个生育期间都不能出现渍水现象。在渍水情况下，不利根系呼吸和根瘤菌的活动，因此在雨季要注意排涝，保证雨后田间无积水。

五、小豆病虫害防治

（一）小豆病害防治

1. 小豆轮纹病

（1）症状　小豆的整个生育期均可受害，受害部位以叶片、荚部为主。叶片病斑为圆形或近圆形，初呈褐色，边缘深褐色，病斑较大，上有明显的同心轮纹，其上生有很多小黑点（病菌的分生孢子器），干燥后，病斑易穿孔。荚部病斑圆形或不规则形，初为褐色，干燥后也变为轮纹状。荚受害严重时，荚小而瘪，稍有畸形。重病粒也粒小而瘪，过早干枯；轻病粒生灰褐色病斑，表面皱缩，失去光泽。

(2)防治方法

①可与小麦、玉米等禾本科作物进行2年以上轮作,减少田间病原菌。

②秋收后及时耕翻,将病残体深埋入土壤深层。

③清洁田园,秋收时可将病叶、病株集中烧毁。

④药剂防治:在小豆轮纹病初发期,用50%多菌灵可湿性粉剂(或40%胶悬剂)1.5 kg/hm^2,或70%甲基硫菌灵可湿性粉剂1.5 kg/hm^2 兑水喷雾。

2.小豆菌核病

(1)症状　该病从小豆幼苗到成株期均可发生,以花期为害严重。主要为害小豆地上部分茎秆,造成茎腐。幼苗在近地表茎基部,初呈水渍状,深绿色湿腐状,上生白色棉絮状菌丝体,严重时倒伏而死。成株茎或茎基部呈暗褐色,湿润状,扩大后呈深褐色,后变苍白色,病斑不规则,可扩展而绕茎部并向上、下蔓延。病部以上往往枯死,也可造成茎秆折断。潮湿时病部产生棉絮状白色菌丝,病茎生有黑色鼠粪状菌核。该病在小豆成株期,阴雨连绵,田间湿度过大时,最容易发生。

(2)防治方法

①选用无病种子,清除种子间混杂的菌核。

②与禾本科作物(麦类、玉米等)进行2年以上轮作,减少土壤中菌核。

③深翻将菌核埋在3 cm以下。

④药剂防治:发病初期,用50%速克灵或50%农利灵可湿性粉剂兑水喷雾防治。

3.小豆锈病

(1)症状　锈病主要为害小豆叶片,其次为害叶柄、茎叶、豆荚等。先在病部产生黄色小斑点,病斑周围叶组织褪绿。以后在斑点处生出铁锈色夏孢子堆,发病后期病斑上产生黑褐色冬孢子堆。

(2)防治方法

①选用抗病品种。

②合理轮作,提倡适宜比例的间作套种,合理密植。

③搞好田间卫生,收获后彻底清除田间病株残体。提倡秋季翻地,减少初侵染源。

④用高效内吸杀菌剂粉锈宁兑水喷雾。

(二)小豆虫害防治

小豆常见虫害有蚜虫、小豆豆荚螟、四纹豆象等。

1.蚜虫(豆蚜)

豆蚜是东北地区小豆的主要害虫,属于同翅目蚜科。

(1)为害症状　蚜虫多发生在苗期和花期,结荚期温度过高也可能发生。多以成虫和若虫聚集在小豆植株的嫩茎、幼芽、顶端心叶和嫩叶背面、花蕾、花瓣及嫩果荚上为害,严重时使植株矮小,叶片卷缩,生长不良,影响开花结实,甚至全株死亡。豆蚜还可为害绿豆等豆科植物。

有翅胎生雌蚜体卵圆形,浓绿色或近黑色,腹部各节背中有不规则形横带。无翅胎生雌蚜体卵圆形,黑色有光泽,外覆薄的蜡粉。

(2)发生规律　豆蚜1年发生20多代,以卵在寄主植株茎上越冬。来年春天迁入豆田进行危害。喜群集于叶背、嫩茎上危害,夏季繁殖和扩散极快。主要天敌有瓢虫、蚜茧蜂、草蛉和食蚜蝇等。

(3)防治方法　由于蚜虫繁殖代数多，扩散危害快，应注意虫情，做到将蚜虫消灭在初发期。常用药剂为40%氧化乐果2 000倍液或10%吡虫啉可湿性粉剂1 000倍液喷雾防治。也可采取生物防治，利用异色瓢虫、七星瓢虫、草蛉、食蚜蝇、蚜茧蜂等天敌，控制蚜虫的危害。

2. 小豆豆荚螟

小豆豆荚螟又叫豆螟蛾、豆卷叶螟等，属螟蛾科。

(1)为害症状　幼虫紫红色，以幼虫为害叶、花及豆荚，还能吐丝卷叶，在内蚕食叶肉，造成落花、落荚。同时以幼虫蛀食豆类作物的荚果和种子，早期蛀食，易造成落荚，后期蛀食豆粒，并在荚内及蛀孔外堆积粪粒。受害的豆粒味苦，不能食用。严重影响品质和产量。

(2)发生规律　小豆豆荚螟1年发生的代数因地域而异。以老熟幼虫在土中越冬。成虫白天栖息在寄主植物或杂草叶背面或阴凉处，晚间活动、产卵，有趋光性。幼虫可转荚危害。一般转荚1～3次。

(3)防治方法　选用早熟、丰产、结荚期短、少毛或无毛的抗病高产良种；适期播种，使结荚期避开成虫产卵盛期；利用成虫的趋光性进行灯光诱杀。用50%杀螟松乳剂1 000倍液，或40%乐果1 500～2 000倍液，或20%三唑磷乳油700倍液，或5%锐劲特胶悬剂2 500倍液喷雾防治。每7天喷1次，根据虫情喷1～2次，对孵化期的幼虫有很好的防治效果。

3. 四纹豆象

(1)为害症状　小豆的四纹豆象主要为害老熟豆粒。在田间，虫卵散产于老熟而开裂豆荚内的豆粒上，或即将成熟的豆荚外部；在仓库内产卵于干豆粒上，它和绿豆象的习性很相似，只不过寄主比较单一。

(2)防治方法　小豆脱粒后，要立即装袋贮藏。豆粒干后，可用丙溴磷等化学药物进行熏蒸，以杀死虫卵；留种用的浓度可适当降低。

项目五　小豆收获与贮藏技术

小豆上、下部豆荚成熟期不一致，往往基部豆荚已成熟，而上部的豆荚还为青色。一般当田间2/3豆荚变黄时即为适宜收获期。收获过早，粒色不佳，粒形不整齐，秕粒增多，品质降低。收获偏晚，易裂荚落粒，籽粒中部光泽减退，粒色加深，异色粒增加，外观品质降低。种植面积小时，可分批分期摘荚。大面积种植一般多采取一次性收割，收后及时晾晒，以促后熟。

小豆收获后晾晒至豆荚全部变成黄白色，籽粒变成固有颜色和形状，水分在16%～17%时进行脱粒。脱粒时必须严格掌握籽粒水分含量，水分大脱不净，水分小破碎粒增加。人工打场方式进行脱粒，要防止过度碾压造成籽粒破损。不能用纹杆式、钉齿式脱粒机进行脱粒，防止机械破损豆粒。脱粒后，避免曝晒，防止籽粒变色。

小豆脱粒后，选净、晒干随即入库贮存。贮存小豆籽粒的含水量必须控制在13%以下，否则极易变质。小豆豆种贮藏期间，易发生豆象危害，影响豆种发芽率，贮藏中一定注意妥善保管。

模块小结

本模块学习了小豆的类型、小豆在植物学上的形态特征、小豆对环境条件的要求以及小豆的播前准备、播种技术、田间管理技术和收获与贮藏方法。通过对这些知识的学习，我们可以了解和掌握小豆的生物学基础知识和小豆的栽培技术，能够因地制宜地应用于小豆生产。

模块巩固

1. 什么样的环境条件适宜小豆的生长发育？
2. 小豆的良好前作有哪些？
3. 小豆的种子处理技术有哪些？
4. 小豆有哪些播种方法？
5. 小豆的田间管理有哪些技术环节？
6. 小豆有哪些主要病虫害？如何防治？

模块八

绿豆生产与管理

【知识目标】

通过本模块学习，使学生了解绿豆栽培的生物学基础知识，掌握绿豆栽培技术，为指导绿豆生产打下基础。

【能力目标】

具备根据生产实际情况进行绿豆科学选地、选茬、品种选择、种子处理、播种、田间管理、收获与贮藏的能力，能够独立完成并指导绿豆生产与管理工作。

绿豆简介

绿豆是豆科豇豆属一年生草本植物，又称青小豆、菉豆、植豆等。绿豆起源于亚洲东南部，瓦维洛夫(1935)认为，绿豆起源于印度及中亚。世界各地都有绿豆栽培，以亚洲最多，集中产地在印度、中国、泰国和菲律宾等国。中国也被认为是绿豆的起源中心之一，已有两千多年的栽培历史；现今我国是世界上最大的绿豆生产国之一，出口量约占国际市场的20%以上，每年出口13万～15万t，主要销往日本、菲律宾、韩国、越南等国。我国南北各地均有种植，其主要产区集中在黄淮海平原。2018年全国绿豆播种面积达到48.5万hm^2，产量68万t。2018年播种面积最大的省份是内蒙古，其余播种面积较大的省份依次为吉林、山西、河南、黑龙江、安徽、广西。黑龙江省是我国绿豆的主要生产省份之一。

二维码 8-1
绿豆的起源与演化

绿豆营养丰富，其籽粒蛋白质含量为22%～26%，其中球蛋白占53.5%，清蛋白占15.3%，谷蛋白占13.7%，醇溶蛋白占1.0%，人体所必需的8种氨基酸的含量在0.24%～2.0%之间；籽粒含淀粉占50%左右，其中直链淀粉占29%、支链淀粉占71%；绿豆脂肪含量较低，一般在1%以下，主要是软脂酸、亚油酸和亚麻酸；纤维素含量较高，一般为3%～4%。另外，绿豆还含有丰富的维生素、矿物质等营养元素。绿豆具有清热解毒作用，可以入药。绿豆植株蛋白质含量高，脂肪丰富，茎叶柔软，消化率高，是牲畜的优质饲料。

二维码 8-2
我国绿豆发展布局

绿豆适应性广，抗逆性强，耐旱、耐贫瘠、耐荫蔽。生育期短，播种适期长，并有共生固氮、培肥土壤的能力，是补种、填闲和救荒的优良作物。它不仅能单作，也可与禾谷类、棉花、甘薯等作物间作套种。

绿豆作为一种用途广泛的小杂粮，其营养丰富，可食用、药用、饲用，其发展前景广阔。

项目一　绿豆栽培的生物学基础

一、绿豆的植物学特征

1. 根

绿豆的根系属于直根系，其根系由主根、侧根、须根、根毛和根瘤等部分组成。绿豆的主根由种子的胚根直接发育而成，垂直向下生长。主根上长有侧根，侧根细长而发达，向四周延伸。侧根较短，侧根的梢部长有根毛。

绿豆 80％的根系集中分布在 20～30 cm 土层内，有深根系和浅根系两种类型。深根系主根较发达，入土较深，侧根向斜下方伸展，这种类型多为直立或半蔓生品种，具有较强的抗旱性；浅根系主根不发达，侧根细长。

绿豆根上长有许多根瘤，出苗 7 d 后根瘤开始形成，初生根瘤为绿色或淡褐色，以后逐渐变为淡红色直至深褐色，花期前后根瘤生长旺盛，到开花盛期达到高峰。主根上部的根瘤体形较大，固氮能力最强，苗期根瘤固氮能力很弱，随着植株的生长发育，根瘤菌的固氮能力逐步增强。

2. 茎

绿豆种子萌发后，其幼芽伸长形成茎。绿豆的茎为一年生草本茎，茎秆比较坚韧，近似圆形。幼茎有紫色或绿色两种，成熟的茎多呈灰黄、深褐色和暗褐色。根据品种的不同，有的品种茎上有绒毛，有的没有绒毛。植株高度(主茎高)因品种、气候条件、土壤肥力及栽培方式而异，一般株高为 40～100 cm，高者可达 150 cm，矮的仅有 20～30 cm(图 8-1)。

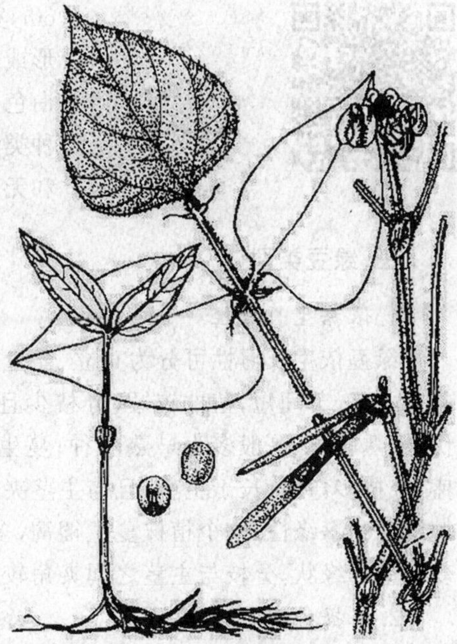

图 8-1　绿豆植株
(于振文. 作物栽培学各论. 北方本 2003.)

绿豆主茎和分枝上都有节，主茎一般有 10～15 节，每节上着生一复叶，在其叶腋处长出分枝或花梗。主茎一级分枝 3～5 个，分枝上还可长出二级分枝或花梗。节与节之间叫节间，在同一植株上，上部节间长，下部节间短。一般在茎基部第 1～5 节上着生分枝，第 6～7 节以上着生花梗，在花梗上着生花和豆荚。

3. 叶

绿豆的叶有子叶和真叶两种。子叶两枚，白色，呈椭圆形或倒卵圆形，出土 7 d 后干枯脱落。真叶有两种，从子叶上面第一节长出的两片对生的披针形真叶是单叶，又叫初生真叶，没有叶柄，是胚芽内的原胚叶；随着幼茎生长，在两片单叶上面又长出三出复叶，复叶互生，由叶片、托叶、叶柄 3 部分组成。绿豆的叶片较大，一般长 5～10 cm，宽 2.5～7.5 cm，绿色，卵圆或阔卵圆形，全缘，也有三裂或缺刻型，叶片两面被绒毛。托叶一对，呈狭长三角形或盾状，长 1 cm 左右。叶柄较长，被有绒毛，基部膨大部分为叶枕。

4. 花序和花

绿豆为总状花序，着生在主茎或分枝的叶腋和顶端花梗上，花黄色或带绿色，对生，小花10～25 朵。总花梗长 2.5～9.5 cm，密被灰白色或褐色绒毛。绿豆小花由苞片、花萼、花冠、雄蕊群和雌蕊 5 部分组成。苞片位于花萼管基部两侧，长椭圆形，顶端尖，边缘有长毛。花萼着生在花朵的最外边，钟状，绿色，萼齿 4 个，边缘有长毛；花冠蝶形，5 片联合，位于花萼内层，旗瓣肾形，外面黄绿色，里面有时粉红，顶端微凹，基部心脏形。翼瓣 2 片，较短小，有渐尖的爪。龙骨瓣 2 片联合，着生在花冠内，呈弯曲状楔形；雄蕊 10 枚，为二体雄蕊，由花丝和花药组成。花丝细长，顶端弯曲有尖喙，花药黄绿色，花粉粒有网状刻纹。雌蕊 1 枚，位于雄蕊中间，由柱头、花柱和子房 3 部分组成，子房无柄，密被长绒毛，花柱细长，顶端弯曲，柱头球形有尖喙。开花前自花授粉。每花梗上有 3～4 朵花结实。

二维码 8-3
绿豆的种子

二维码 8-4
绿豆的种脐

5. 果实和种子

绿豆的果实为荚果，由荚柄、荚皮和种子组成。绿豆的单株结荚数因品种和生长条件不同而有所差异，少者 10 多个，多者可达 150 个以上，一般 30 个左右。绿豆的豆荚细长，呈圆筒形或扁圆筒形，稍弯，具褐色或灰白色绒毛，也有无毛品种。成熟的豆荚黑色、褐色或褐黄色，荚长 6～16 cm，宽 0.4～0.6 cm，每个豆荚含 4～15 粒种子。种子圆柱形或球形，长 3～8 mm，宽 2～5 mm，一般百粒重 2～8 g，种脐白色而不凹陷。有绿(深绿、浅绿、黄绿)、黄、褐、蓝色和黑色 5 种类型。在各色绿豆中又分为有光泽(俗称明绿豆，有蜡质)和无光泽(俗称毛绿豆，无蜡质)两种。

二、绿豆类型

1. 依据生长习性

绿豆依生长习性可分为直立、蔓生和半蔓生 3 种类型。直立型绿豆茎秆直立，分枝长度不超过主茎，节间短，植株较矮，分枝少且短，长分枝与主茎之间夹角较小，生长势不茂盛，抗倒伏，成熟较早，一般多为早熟品种；蔓生型绿豆的茎秆细，节间长，分枝长度超过主茎，枝叶茂盛，分枝多弯曲，长于主茎，且与主茎夹角大，均匍匐生长。花期主茎和分枝顶端有卷须，且具缠绕性和攀缘性，整个植株蔓生匍匐，多属晚熟品种；半蔓生型的茎基部直立，较粗壮，中上部变细呈攀缘状，分枝与主茎之间夹角较大，分枝较多，其长度与主茎相近，多为中早熟品种。

2. 依据种皮的颜色

绿豆依据种皮的颜色，绿豆可分为明绿豆、黄绿豆、灰绿豆、杂绿豆 4 类。明绿豆种皮为绿色、深绿色，有光泽的绿豆占 95%及以上；黄绿豆种皮为黄色、黄绿色，有光泽的绿豆占 95%及以上；灰绿豆种皮为绿色，无光泽的绿豆占 95%及以上；杂绿豆为不符合以上 3 类的绿豆。

3. 依据绿豆籽粒大小

绿豆依据籽粒大小，其可分为大粒、中粒、小粒 3 种类型，一般百粒重在 6 g 以上者为大粒型，4～6 g 为中粒型，4 g 以下为小粒型。东北三省种植的绿豆品种多为大粒型，华北地区种植的绿豆品种多为中粒型，华南地区则多种植中粒型或小粒型。

4.依据结荚习性

绿豆按结荚习性可分为有限型、亚有限型和无限型3种。绿豆以有限与无限两种结荚习性为主，半蔓或蔓生型品种多为无限结荚习性，结荚较分散，多数结荚在主茎与分枝的中下部；在生态条件适宜的情况下，能延续较长开花结荚时间，荚果成熟期不一致。有限结荚习性的品种，结荚多集在中上部，多为直立型品种，结荚在主茎的花梗上及主茎与分枝的顶部，花梗上节间较短，常以花簇封顶。其中，成熟比较一致的品种，随着开花高峰出现的次数，可分批集中成熟。

5.依据生育期

绿豆按生育期可分为早熟种、中熟种、晚熟种3种。早熟种的生育期为70～100 d，如辽绿5号；中熟种的生育期为100～115 d，如白绿6号；晚熟种的生育期为115 d以上，如中绿1号。

6.依据播期

绿豆根据播种季节，结合熟期类型，可习惯地分为春播、夏播、秋播等类型。

绿豆播种适期较长，在南方春播时间一般在3月下旬至4月下旬，北方春播时间一般为5月上旬至6月中旬，南方秋播在8月以后。及时早播是夏播绿豆增产的重要措施之一，早播可延长开花期，增加结荚数，并在早霜前充分成熟，也利于适时播种小麦。

三、绿豆的生长发育

(一)生育期

绿豆生育期是指从出苗到成熟的天数。一般早熟种的生育期70～100 d，如辽绿5号；中熟种的生育期100～115 d，如白绿6号；晚熟种的生育期115 d以上，如中绿1号。

(二)生育时期

1.幼苗期

二维码8-5
绿豆幼苗期

绿豆从出苗到分枝出现为幼苗期。健全的绿豆种子在土壤水分充足、温度适宜、通气良好的条件下，播种5～6 d后即可萌发出土。萌发时胚芽穿过种孔，伸出胚根向土壤深处生长，下胚轴向上伸长，两片子叶顶着种皮包着幼芽出土。子叶和初生真叶几乎同时出土，子叶出土后由黄色变绿色，开始进行光合作用，真叶展开称出苗。

绿豆出苗后，幼茎伸长，长出第一片复叶，地下部根系开始迅速生长。复叶长出后，每片复叶叶腋上开始有叶芽分化，叶芽分化为枝芽与花芽，枝芽分化为分枝，花芽分化为花蕾。绿豆的苗期一般夏播品种为15～20 d，春播品种时间更长。

2.分枝与花芽分化期

二维码8-6
绿豆植株

绿豆自第一个分枝的形成到第一朵花的出现为分枝与花芽分化期，简称分枝期。在光照、温度等因素作用下，茎的分生组织继续形成叶原基和腋芽原基，形成分枝。生长到一定阶段，茎的分生组织不再形成叶原基和腋芽原基而形成花序原基，从花序原基发生到花序分化完成，为花芽分化期。

3.开花结荚期

绿豆从出苗到开花的日数，早熟品种需35 d左右，中熟品种需45～50 d，晚熟品种需50 d以上。从花蕾膨大到花朵开放需2～4 d，每朵花开放时间为3～10 h，花朵开放前花粉已大量落在柱头上。花粉在柱头上发芽产生花粉管，经过花柱进入珠孔，花粉管中的两个精细胞与胚珠内的卵细胞和极核细胞进行结合，完成双受精。一般授粉后 24～36 h 完成受精作用。受精后子房迅速发育成豆荚，子叶细胞充满胚腔，干物质开始积累，形成种子。子房膨大到荚长、荚宽和荚厚的最大值，一般需要 10～15 d。

二维码 8-7
绿豆的生育阶段

4. 鼓粒成熟期

绿豆荚内豆粒开始灌浆鼓起，到最大的体积与重量时为鼓粒期，这是直接关系绿豆产量高低的重要时期。

四、对环境条件的要求

1. 光照

绿豆为短日照作物，只有满足一定的短日照条件，才能正常开花结实。但多数品种对光周期反应不敏感，一般南北或东西引种都能开花结实。相当多的品种不论春播、夏播或秋播均能收到种子。但是，由于各品种长期适应某种光温条件，改变播期会影响籽粒产量。因此，适于夏播的品种，不宜春、秋播种；适于春播的品种，不宜夏、秋播种。绿豆喜光，尤其在花芽分化过程中始终需要充足的阳光，光照充足会使植株光合作用增强，合成的有机物满足花芽分化所需养分，有利于花粉母细胞的形成。如遇连阴雨天会造成落花、落荚。

2. 温度

绿豆是喜温作物，但适应的气候范围很广，温带至热带地区均可种植。一般平均温度 18～25℃时生长发育良好。温度过高提早成熟，但产量低。温度剧降或遇早霜，种子不能完全成熟。种子发芽的最低温度为 12～14℃，低于 12℃时发芽出苗缓慢，30～40℃时出苗快，但苗弱。最适宜的发芽出苗温度为 15～25℃，发芽快，出苗率也高。分枝期日平均温度 18～25℃时生长发育良好，30～36℃时茎叶生长过旺，植株徒长。低于 15℃影响根系发育和茎叶生长。花芽分化一般最适温度为 22～25℃，在这个温度范围内花芽分化速度减缓，分化时间延长，有利于花朵发育完备，提高可孕率，增加荚长和粒数，并减少落花落荚。气温低于 20℃或高于 28℃时开花很少，或落花落荚严重。生长后期对温度较敏感，以 30℃左右最佳。昼夜温差大有利于灌浆鼓粒。

绿豆幼苗对低温有一定的抵抗力，真叶出现后抗寒力减弱。生育期间适温为 25～30℃，花期高于 30℃或低于 20℃都会导致落花、落荚。结荚成熟期要求晴朗干燥天气。绿豆可耐 40℃高温，但对霜冻敏感。绿豆在整个生育期所需 10℃以上积温因品种和熟期类型不同而异，一般为 2 200～2 800℃。早熟品种 2 200℃左右，中熟品种 2 300～2 500℃，晚熟品种 2 500～2 800℃。

3. 水分

“旱绿豆，涝小豆”，说明绿豆具有较耐旱而不耐涝的特性，但绿豆又是需水较多的作物，新鲜的绿豆植株含水量达 80%～90%。苗期需水较少，花期需水较多，成熟期需水次之。据“亚洲蔬菜研究与发展中心”的生理研究指出，绿豆不同生长阶段缺水 7 d，光合率减少 76%～99%，并导致单株产量减少 28.4%。绿豆播种时要求土壤持水量 70%以上，若墒情不好，种子吸水不足，影响发芽和全苗。

绿豆幼苗期根系生长比地上部分快，真叶展开后根系已可吸收土壤较深层的水分，因此，幼苗期抗旱能力较强，一般以土壤持水量 60%左右适宜，利于蹲苗，控制地上部分植株旺长，促进根系进一步向土壤深处发展。苗期开始形成根瘤，根瘤菌属于好气菌，苗期湿度过大会抑制根瘤菌繁殖。绿豆虽然是需水分较多的作物，但土壤过湿，植株易徒长倒伏。绿豆花荚期多雨，易导致绿豆落花、落荚严重；成熟期绿豆较耐涝，但不耐淹，连阴雨天会造成严重落花落荚或使成熟荚发霉；若地面积水 2～3 d，植株即死亡。

4. 土壤

绿豆在富含有机质、结构良好、保水保肥力强、通气性与排水良好、土层深厚、耕作层疏松的土壤中生长得最好。

绿豆耐贫瘠，适应性较强，对土质要求不严，以石灰性冲积土或壤土为宜，在红壤与黏壤中也能生长。土壤酸碱度以中性为宜，耐微酸性和微碱性，适应的土壤 pH 一般不低于 5.5。绿豆不耐盐碱，但在一些盐碱地区可种植绿豆作为绿肥。在滨海盐土上，耐盐极限为土壤含盐量 0.2% 左右；在黄淮海平原的盐碱土上为 0.15%～0.2%；在西北内陆盐土上耐盐能力表现略高。

5. CO_2 浓度

李萍等(2011) 研究认为，大气中 CO_2 浓度升高后，绿豆叶面积、株高、节数、茎粗增加；倒数第一完全展开叶叶面积增加 6.1%～34.65%，倒数第二完全展开叶叶面积增加 4.45%～43.64%；收获期，绿豆株高、节数、茎粗分别增加 19.56%、8.24%、9.71%；绿豆叶片叶绿素含量则有下降的趋势，蕾期和花荚期，倒数第一片完全展开的叶片叶绿素含量分别下降 1.53%、14.21%，花荚期，倒数第二片完全展开的叶片叶绿素含量下降 7.06%；收获后单株地上部分生物量增加 24.45%，单株籽粒产量增加 13.879%，而收获指数则有下降趋势；产量的提高是由于单株有效荚数显著增加，而单荚粒数和百粒重变化不显著。

6. 养分

绿豆栽培过程中，每生产 100 kg 绿豆籽粒，约需吸收氮 9.68 kg，磷 0.93 kg，钾 3.51 kg，同时需要钙、镁、硫、铁、铜、钼等元素。其中除部分氮素靠根瘤菌供给外，其余元素均需要从土壤中吸收。

项目二　绿豆播前准备

一、选地选茬

绿豆适应性强，在沙质土、沙壤土、壤土、黏壤土以及黏土上均可种植。但绿豆忌连作，不宜重茬和迎茬，不宜与豆科作物轮作。连作导致根系分泌的酸性物质增加，不利于根系生长；同时使土壤噬菌体繁衍，抑制根瘤菌的活动，且病虫草害严重，品质变差。因而绿豆最好与禾本科作物轮作，不宜以大白菜为前茬，一般相隔 2～3 年为宜，既可减少病虫害为害，又能调节土壤肥力，提高产量。

绿豆是重要的肥地作物，是禾谷类作物的优良前作，在轮作中有重要地位。古籍《齐民要术》中记有“凡美田之法，绿豆为上，小豆胡麻次之”，“凡谷田，绿豆底为上。”国家制定耕地质量保护措施，防止水土流失、耕地沙化、盐碱化、贫瘠化等。在生产中采用绿豆轮作，有利于培肥地力，有利于耕地的保护和可持续发展。由于绿豆生长快，枝叶封垄早，能抑制杂草生长，保存土壤水分；绿豆有根瘤，能直接补充土壤中的氮素；并且大量的残根、落叶能丰富土壤的有机质，改善土壤结构，提高土壤肥力。

二、整地

绿豆为双子叶植物，子叶大，出苗时子叶出土，幼苗顶土能力弱，同时绿豆主根不发达，根浅，侧根多，因此播种前，要求深耕细耙，精细整地，使土壤疏松，蓄水保墒，上虚下实，无坷垃，深浅一致，地平土碎。若整地不细，有大坷垃，会造成种子盖土不好，深浅不一，易造成缺苗或出苗不齐的现象；同时土壤透气性不好，也不利于根瘤菌的发育和其他土壤微生物的活动。

绿豆春播可在年前进行早秋深耕，耕深 15～25 cm，有条件的地方结合耕地施有机肥 1.5 万～3 万 kg/hm^2。播种前浅耕细耙，做到疏松适度，地面平整，蓄水保墒，防止土壤板结，有利于出苗。南方夏播绿豆多在麦收后播种，在小麦收获后应及早整地，耕深 10～15 cm 为宜，疏松土壤，清理根茬，掩埋底肥，减少杂草。耙碎耙平后进行条播。

有条件的地方最好实行秋翻秋起垄，耕深 15～18 cm，打破犁底层，然后及时耙耢、起垄、镇压达到待播状态。秋翻秋起垄有利于改良土壤结构，提高田间持水量，改善通气透水性，并结合翻地增施有机肥料，增补土壤耕层有机质，促进土壤熟化，增强透气、透水性能，也有利于根群和根瘤菌活动。

三、品种选择

(一)品种选择的依据

绿豆适应性强，耐瘠薄，耐干旱，是一种用于抗灾、减灾种植的作物。绿豆在选择品种时应当根据需要来定。一般贫瘠的地块可选择矮秆匍匐品种，中高肥力地块应选高产直立品种；如果是大面积种植的应选株型紧凑、结荚集中、成熟一致、不炸荚、适宜一次性收获的品种；小面积种植可选多次结荚的品种。此外，根据用途不同选种也不同，一般加工豆沙的以选粒大、皮薄、出沙率高的品种，食用选蛋白质含量较高的品种等。因此各地应按当地生态类型和市场需求，因地制宜选择熟期适宜，优质、高产、抗逆性强的优良品种。

(二)优良品种

1.绿丰 5 号

该品种株高 75～80 cm，植株基本直立，成熟后豆荚黑褐色，荚长 10～12 cm，大粒，百粒重 6.5 g，种皮光亮鲜绿，生育日数 105 d。该品种喜温光，需要中等或较高肥力的土壤条件，最好选择平或岗地土壤透水性良好地块，每公顷保苗 15 万～17 万株。适应在黑龙江省第一积温带和第二积温带种植。

2.中绿 1 号

该品种植株直立、紧凑，茎秆粗壮，株高 50～55 cm。主茎 12～14 节，主茎叶腋分生 3～5 个分枝。叶色浓绿，上有茸毛。豆荚长 12～13 cm，每荚有种子 12～15 粒，荚成熟后为黑色，荚宽扁，弓形。籽粒大，碧绿晶莹，脐色白。百粒重 7.7 g 以上。粗蛋白含量 24.5%，淀粉含量 55.4%。属早熟种，结荚集中。抗叶斑病，适应性强，每公顷保苗 15 万～18 万株。

3.中绿 2 号

该品种早熟，夏播生育期 65 d 左右。幼茎绿色，植株直立抗倒伏，株高约 50 cm。主茎分枝 2～3 个，单株结荚 25 个左右。结荚集中成熟一致不炸荚，适于机械化收获。籽粒碧绿有光泽，百粒重约 6.0 g。种子含蛋白质 24%，淀粉 54%，以及多种维生素和矿质元素。其商品价值高，熬制绿豆汤，好煮易烂，适口性好；发豆芽，芽粗、根短、甜脆可口。抗叶斑病和花叶病毒病。其耐旱、耐涝、耐贫瘠、耐荫性均优于中绿1号。适应性广，在我国各绿豆产区都能种植，不仅适于麦后复播，更适合与玉米、棉花、甘薯、谷子等作物间作套种。

4.杜绿2号

该品种出苗至成熟需90～95 d，需活动积温1 950～2 050℃，比绿丰5号略早2～3 d，株高65～80 cm。有效分枝3～4个，圆叶黄花，每株荚数12～15个，荚长10～12 cm，单荚粒数10～13粒，百粒重5.8～6.3 g，成熟时荚黑褐色，种皮鲜绿有光泽，茎秆粗壮，根系发达，植株直立较好，生长旺盛，较抗根腐病、叶斑病。籽粒含粗蛋白24.16%，粗脂肪1.63 %，粗淀粉53.16%。适宜黑龙江省大庆市区及邻近地区种植。

5.嫩绿2号

嫩绿2号生育期100 d左右，需≥10℃活动积温2 350℃，适应性强，适播期长，生长旺盛，抗性好，耐旱、抗根腐病、白粉病和叶斑病。该品种属于明绿豆类型，百粒重为6.5 g，是大粒型品种，籽粒整齐，色泽鲜艳，商品性好。粗蛋白含量24.01%，粗脂肪含量1.3%，粗淀粉含量51.49%。适宜黑龙江省第二积温带及第三积温带上限种植。

6.白绿6号

白绿6号属于中熟品种，从出苗到成熟生育期为102天左右，需有效积温2 199℃。植株属于直立型、无限结荚习性，幼茎及花蕾均为紫绿色，株高80 cm左右，分枝3～5个，单荚数20～35个，荚长13 cm左右，单荚粒数14粒左右，百粒重7.2 g左右，单株产量23 g左右，蛋白质含量25.7%。籽粒长圆柱形、色泽鲜绿、有光泽、外观品质好。豆荚成熟后呈黑褐色。具有生长繁茂、抗旱耐瘠薄、耐密抗倒、经济性状好，适应性广，抗霜霉病和叶斑病等优点。

7.白绿14号

该品种生育期88 d，需有效积温约2 360℃。生长直立型，亚有限结荚习性，幼茎紫色，花蕾绿紫色，株高62.7 cm，分枝3个，单株荚数16个，单荚粒数13粒左右，百粒重6.7 g，粒短圆柱形，籽粒绿色。粗蛋白质含量26.77%，粗淀粉54.39%，粗脂肪1.11%。高抗病毒病，抗叶斑病和霜霉病。该品种主要适宜在吉林省各地绿豆主产区种植，其粒大饱满、整齐、色泽鲜艳，商品性好，适合于生豆芽用。

8.吉绿11号

该品种籽粒长圆柱形，绿色，有光泽，百粒重6.2 g。半蔓生型，幼茎紫色，复叶卵圆形，株高63.4 cm，分枝2～5个，荚长12 cm左右，成熟荚黑色，单株荚数14个左右，单荚粒数12个左右。籽粒粗蛋白质含量24.26%，粗淀粉含量53.12%。出苗至成熟89 d左右。抗叶斑病和根腐病。推广区域为吉林省绿豆主产区。

9.绿引2号

该品种较早熟，夏播生育期75 d左右。幼茎绿色，植株直立抗倒伏，株高60 cm左右。主茎分枝2～5个，单株结荚10～35个。结荚集中，成熟一致，不炸荚，适于机械化收获。籽粒绿色有光泽，百粒重7.0 g左右，单株产量10.0～30.0 g。种子含蛋白质21%以上，淀粉50%以上，以及多种维生素和矿质元素。商品价值高，制作绿豆汤好煮易烂，口感好。较抗叶斑病、白粉病和根结线虫病。

四、合理轮作

绿豆忌连作和迎茬，实行3年以上轮作。连作导致根系分泌的酸性物质增加，不利于根系生长；同时使土壤噬菌体繁衍，抑制根瘤菌的活动，且病虫草害严重，品质变差。由于绿豆生长快，枝叶封垄早，能抑制杂草生长，保存土壤水分；绿豆有根瘤，能直接补充土壤中的氮素；大量的残根、落叶能丰富土壤的有机质，改善土壤结构，提高土壤肥力。绿豆最好与禾本科作物轮作。绿豆不宜以大白菜为前茬，一般相隔 2～3 年为宜。绿豆是重要的肥地作物，是禾谷类作物的优良前作，在轮作中有重要地位。在生产中采用绿豆轮作，有利于培肥地力，有利于耕地的保护和可持续发展。

五、种子处理

1. 种子精选与晒种

由于绿豆种子分批成熟，其籽粒饱满度和发芽能力也不同，在绿豆播种前要对种子进行精选，以此提高种子质量。除去秕粒和杂质，选留饱满籽粒作种，并晒种，这是提高种子活力，增强发芽势，保证苗全、苗壮的重要措施。

绿豆种子精选时，利用风选、机选，清除秕粒、小粒、杂质、草籽，选留干净的大粒种子播种，使种子的净度达到 95%以上。绿豆种子中有 10%的小硬粒，俗称“石绿豆”或“铁籽”，粒小、色暗、皮糙、组织坚实、吸水力差，播后很难发芽，易造成缺苗断垄，应在播种前将其摊于容器内用新砖来往轻擦，使种皮稍有破损，容易发芽出苗，或者直接将其选出抛弃。

绿豆种子播种前一周，选择在晴朗天气将种子摊放在阳光下晾晒 1～2 次，每次晒 5～6 h，种子厚度 5～6 cm，并经常翻动，可增强种子活力，提高发芽势。

2. 发芽率测定

绿豆播种时，为保证苗全、苗匀，在播种前要进行发芽率测定，以便计算播种量。测定发芽率的方法为随机取出 3 份数量相同的种子，每份 100 粒或 200 粒，分别放在 3 个发芽器皿中，并加水浸湿种子，保持在 20～25℃温度和湿润状态，在 5～7 d 内便可统计出每份的发芽率，求出 3 份的平均发芽率，一般要求播种用绿豆的发芽率在 85%以上，发芽率在 70%以下的绿豆不宜用来播种。

3. 接种根瘤菌

绿豆在播种前将菌肥或捣碎的根瘤加水调成菌液，徐徐倾于种子上；或在种子上撒少量水，将菌剂撒于湿种子上拌匀，随拌随用。根瘤菌切勿与化肥、杀菌剂同时使用。常用固氮菌品种每克固体菌剂含根瘤菌 3 亿个的菌剂每亩用量 125 g；每克固体菌剂含根瘤菌 1.5 亿个的菌剂，每亩用量 250 g。

4. 药剂拌种

绿豆播种前用种衣剂进行包衣可有效地防治苗期多种病虫害，或用 25%的多菌灵拌种，一般用量为种子量的 0.2%～0.5%，对茎枯病和根腐病有很好防治效果。

项目三　绿豆播种技术

一、种植方式

绿豆可单作，也可与玉米、棉花、高粱等作物间作、套种或混播，是禾谷类作物的良好前茬。20 世纪 80 年代期间，绿豆作为填闲作物和开垦沙荒地的先锋作物，在我国单作面积逐年增加。在许多两年三熟的冬小麦产区，如黄淮海平原地区，多采取小麦与绿豆轮作，变两年三熟为一年两熟制。实行麦后种豆，豆后种麦，既可提高小麦产量，又可多收一季绿豆，达到“增产、增肥、增效益”的目的。

1.单作

在同一块田地上只种植绿豆的种植方式。

2.间套作

绿豆常与玉米、高粱、棉花、甘薯、芝麻、谷子等作物间作，也可在果树及林木苗圃行间等地方进行间作。我国农民在间作、套种绿豆方面具有十分丰富的经验，间作、套种的种植密度，应根据主栽作物的种类、品种、种植形式及绿豆的实际播种面积进行相应的调整。

江西省宜春地区，甘薯地中套种绿豆，不仅多收了绿豆，还增产甘薯 8.9%；在湘北滨湖棉区，采用棉花宽窄行方式与绿豆进行间作套种，棉花宽行 80～100 cm，窄行 55～70 cm，宽行中间套种一行绿豆。种植密度为棉花 37 500～45 000 株/hm^2，绿豆 7.5 万～10.5 万株/hm^2（每穴单株或双株留苗）。

3.合理轮作

合理轮作可以合理利用土壤中的养分，改善土壤结构，提高土壤肥力，有利防除杂草和病虫害。一般情况下，采取玉米→玉米→绿豆，玉米→绿豆→经济作物，绿豆→玉米→高粱等轮作方式，做到不重茬、不迎茬，实行三年以上轮作。

二、播种技术

1.播种期

绿豆生育期短，播种适宜期长。南方在 3 月下旬至 4 月下旬进行春播，在 8 月以后进行秋播。北方稍晚，6～7 月为夏播。及时早播是夏播绿豆增产的重要措施之一，早播可延长开花期，增加结荚数。可在早霜前充分成熟，同时有利于适时播种小麦。

在辽宁省既可春播也可夏播。春播在耕层 5～10 cm 处地温稳定在 14℃时就可播种，一般在 4 月下旬至 5 月中旬。夏播以 6 月中旬播种为宜。

2.播种方法

绿豆播种方法有条播、穴播和撒播 3 种，生产上一般以条播、穴播为主，做绿肥和饲料时一般采用撒播的方式。

绿豆条播要防止覆土过深、下籽过稠或漏播，并要求行宽一致，行距 30～45 cm，株距 10～15 cm，播种深度 3～5 cm，根据不同品种而定。因此，播种时下籽一定要均匀，深浅一致，出苗整齐，有利于集中施肥、匀苗密植、中耕培土、排涝或灌水等田间管理作业。黑龙江省大面积播种适宜采用机器进行垄上条播。

绿豆间作、套作和零星种植大多是穴播。穴播要避免因下籽集中而造成的幼苗拥挤。每穴 3～4 粒，出苗后每穴留壮苗 2～3 株。行距 50～60 cm，播种深度应根据土质、墒情等决定，一般深 3～5 cm。

绿豆播种时对墒情较差、坷垃较多、土壤沙性较大的地块，播后要及时镇压，以减少土壤内部空隙，增加表层水分，促进种子早出苗、出全苗，根系生长良好。黏重土壤，或土壤水分含量较大时，可播浅些，播后如遇下雨造成土壤板结，要及时浅松表土有利于出苗。

3. 合理密植

绿豆的种植密度应随着品种特性、土壤肥力而定。一般应掌握早熟品种密，晚熟品种稀；直立型密，半蔓生型稀，蔓生型更稀；肥地宜稀，瘦地宜密；早种稀，晚种密的原则。直立型品种，植株竖向发展，适宜密植，留苗 10.5 万～12 万株/hm^2，半蔓生型品种基本直立，中、上部或顶端匍匐，应适当稀植，留苗 9 万～10.5 万株/hm^2，蔓生型品种横向发展，应稀植，留苗 9 万～9.75 万株/hm^2；一般来说，中等肥力的地块，种植密度为 10.5 万～12 万株/hm^2，肥力瘠薄地 13.5 万～15 万/hm^2，株距根据行距的不同灵活确定。

绿豆播种量要根据品种特性、气候条件和土壤肥力因地制宜。一般条播为 22.5～30.0 kg/hm^2，撒播为 60～75 kg/hm^2，间作套种应根据绿豆实际种植面积而定。

4. 播种深度

绿豆是子叶出土的作物，播种深度对出苗的影响很大。要根据土壤种类，含水量和播种时期等因素来确定。太浅时水分不足，容易落干；深度过大，空气少，子叶顶土困难。土壤疏松，水分较少时播种宜稍深，以 4～5 cm 为好。一般在黏重土壤和水分较多时，播种宜浅，以 3～4 cm 为好。气温高，雨水多时应浅，气温低，水分少时应稍深为好。

绿豆播后轻轻镇压保墒，特别是对播种时墒情较差、坷垃较多、土壤沙性较大的地块，要及时镇压。以减少土壤空隙，增加表层水分，促进种子早出苗、出全苗，根系生长良好。

项目四　绿豆田间管理

绿豆苗期田间管理的目的是在保证苗全、苗匀和苗壮的前提下，促进发根、发棵，为以后的生长发育和丰产打基础。花荚期田间管理的目的是使植株健壮，保花保荚，达到花多荚多，籽粒饱满。即前期要苗全、苗壮，中期要保花、保荚，后期要促灌浆、鼓粒。

一、间苗、定苗、补苗

绿豆籽粒小，拱土能力差，有时发生缺苗断垄，因此，绿豆的播种量常是留苗数的 3～4 倍。因此，出苗后要适时的间苗、定苗，以确保绿豆田间群体分布均匀，既有利于通风透光，又可合理利用土地、空间与养分，从而避免幼苗间互相拥挤，争夺养分，消耗地力，使幼苗有适宜的空间，生长健壮。间苗是在第一片复叶展开时进行，要间小留大、间杂留纯、间弱留壮，留苗的株距是定苗后株距的一半，第三片复叶期按种植密度要求定苗。如发现密度过大时，为使幼苗分布均匀，个体发育良好，应在第一片复叶展开后间苗，在第二片复叶展开后定苗。按既定的密度要求，去弱苗、病苗、小苗、杂苗，留壮苗、大苗，实行单株留苗。条播的定苗时要留单株，不能留双株和丛集苗。若有缺苗断垄现象要及时补苗，实现苗全苗壮。

二、中耕除草

绿豆在生长初期，行、株间易发生杂草，因此，在绿豆播种后出苗前常利用化学除草剂进行封闭或绿豆出苗后对杂草进行茎叶处理。绿豆田间杂草土壤封闭处理一般用乙草胺，以绿豆出土前 2 d 施用效果最佳，48%乳油 1 000～1 500 mL/hm^2，加水 600～750 kg/hm^2，墒情好的情况下可适当减少用药量，墒情差的情况下应适当增加用药量。

绿豆田墒情太差时不宜使用封闭药，可采用茎叶处理。生产 A 级绿色绿豆产品时，应使用低毒的药剂，如35%乳油稳杀得，用450～1 500 mL/hm^2 或15%乳油精稳杀得，用量750～1 000 mL/hm^2 等，进行喷雾1次。人工或机械喷药用水量为600～750 kg/hm^2。

在绿豆生长期，田间易发生杂草。在开花封垄前应中耕2～3次，中耕能破除土壤板结，疏松土壤，减少蒸发，消灭杂草，增加土壤通气性，促进植株生长和根瘤菌的活动。在第一片复叶展开后结合间苗进行第一次浅锄，铲除杂草，增强根瘤菌活动能力；在第二片复叶展开后，开始定苗时进行第二次中耕，以利护根、排涝和防倒；到开花前进行第三次深中耕，并进行封根培土，防止倒伏。如与其他作物间作套种，则应随主作物中耕除草。

三、灌水、排涝

绿豆耐旱主要表现在苗期，由于苗期植株小，生长慢，需水量较少，较抗旱，一般情况下，只要田间苗出齐出全，苗期不进行灌溉，进行蹲苗。三叶期以后需水量逐渐增加，现蕾期为绿豆的需水临界期，花荚期达到需水高峰。花荚期若土壤水分不足，应及时灌水以满足营养生长和生殖生长的需要。一般在始花期和始荚期各灌水一次既可。

绿豆不耐涝、怕水淹，如苗期水分过多，会使根病加重，引起烂根死苗，造成缺苗断垄，或发生徒长导致后期倒伏。后期遇涝，根系生长不良，出现早衰，花荚脱落，产量下降。地面积水2～3 d，会导致植株死亡。因此，若遇到降雨量过多，应当及时排水除渍。

采用深沟高畦种植或在三叶期培土，不仅防旱防涝，还能减轻根腐病发生。50%田间持水量及疏松通气的土壤最适合于根瘤的生长。因此，要注意及时排涝，保证雨后田间无积水。

四、摘心

绿豆在高肥水条件下或播种过早的情况下，植株容易徒长。特别是蔓生型品种，应在后期摘心控制茎尖生长，增加有效结荚数，促进早熟和成熟一致。摘心应在晴天下午进行，以防止遇雨伤口霉烂。

五、施肥

1.施肥时期和用量

绿豆种植的施肥原则是以有机肥为主，无机肥为辅；有机肥和无机肥混合施用；施足基肥，适当追肥。

(1)增施有机肥　结合整地施有机肥1 500～2 000 kg/亩，播种同时深施化肥，一般施磷酸二铵10～15 kg/亩、硫酸钾2～3 kg/亩、硫酸锌1～1.5 kg/亩。绿豆生育期短、耐贫瘠，其根系又具有共生固氮能力，生产上肥沃地块往往可不施肥，但为了提高中低产地块的绿豆产量，要适量增施肥料，一般施种肥磷酸二铵或氮磷钾复合肥75～150 kg/hm^2。在地力较差，不施基肥和种肥的山岗薄地，于绿豆第一片复叶展开后，结合中耕，可每公顷追施尿素45 kg或复合肥120～150 kg，有明显的增产效果。在肥力较高的地块，苗期应以控为主，不宜再追肥。夏播绿豆往往来不及施底肥，可用30～75 kg/hm^2 尿素或复合肥75 kg/hm^2 作种肥。

(2)适时追肥　追肥应当根据土壤肥力和植株生长情况施用，在肥力较低，长势不足的地块，于开花初期可开沟条施尿素，过磷酸钙，硫酸钾。长势正常的植株可不进行根际追肥。结荚期可根外追施0.4%的磷酸二氢钾50～100 kg/亩；在花荚期，叶面喷施钼酸铵、硫酸锌溶液有明显增产效果。

2. 氮磷配比

绿豆播种前选用合适的根瘤菌拌种，对减少使用化学氮肥，降低生产成本，提高绿豆产量具有重要意义。一般在幼苗期可施少量速效氮肥，促进幼苗生长整齐健壮，有利于根瘤菌的繁殖。花荚期是对氮、磷、钾需要的高峰，应根据土壤中氮、磷、钾的含量补充需肥量。在一定的使用范围内，随着施钾量的增加，产量增加。施钾对绿豆根瘤重影响显著，但对根瘤数目影响不大。

3. 施用微量元素

绿豆在鼓粒期，如发现叶片变淡，应及时喷氮、磷及微量元素肥料。喷施钼肥可增加叶片叶绿素含量，植株体内的氮素及耕层中单位体积内根系的重量。

六、病虫害的发生与防治

（一）绿豆病害

1. 绿豆细菌性疫病

绿豆细菌性疫病从幼苗期到成株期均可发生，主要为害叶片、茎蔓、豆荚和种子。病苗子叶呈红褐色溃疡状，茎基部病斑绕茎一周，呈红褐色溃疡状，使幼苗折断而死。成株叶片开始从叶尖或叶缘发病，由暗绿色油渍状小点扩展为不规则形褐色或黑色斑，病斑周围有黄色晕环，变薄后呈半透明状。严重时病斑连片，全叶黑枯。嫩叶受害扭曲畸形。豆荚病斑呈褐色圆形，稍凹陷。湿度大时在病部溢出淡黄色菌脓。

高温多湿、雾大露重及暴风雨后等发病率最高。播种太早、太深、密度大、肥料不足和田间管理粗放等地块发病重。综合防治措施主要有以下几种。

①实行 3 年以上轮作；

②从无病田或无病株上留种；

③用 45℃恒温水浸种 15 min，捞出在冷水中冷却，晒干，或用硫酸链霉素 500 倍液浸种 24 h；

④加强栽培管理，适期播种，播种深度不超过 5 cm，密度不要过大；

⑤喷硫酸链霉素 4 000 倍液或新植霉素 4 000 倍液进行防治；或发病初期喷洒 12％绿乳铜乳油 600 倍液、47％加瑞农可湿性粉剂 700 倍液、77％可杀得（有效成分为氢氧化铜）可湿性微粒粉剂 500 倍液、72％农用硫酸链霉素可溶性粉剂 3 000～4 000 倍液、新植霉素 4 000 倍液，隔 7～10 d 喷 1 次，连续防治 2～3 次。

2. 绿豆炭疽病

绿豆炭疽病在整个生育期均可发病，为害叶片、茎、豆荚和籽粒。幼苗子叶产生红褐色或黑色圆斑，凹陷成溃疡状，重时枯死。成株叶片产生多角形小条斑，初为红褐色，后变为黑色，重时病斑裂开或穿孔，叶畸形萎缩而枯死。柄和茎产生褐锈色条斑，凹陷，龟裂。荚产生黑褐色圆形或长圆形斑，稍凹陷，边缘有深红色晕环。湿度大时，溢出粉红色黏稠物。种子上病斑为黄褐色或黑褐色不定形凹陷斑。综合防治措施有以下几个方面。

①实行 3 年以上轮作；

②从无病田或无病株上留种并进行粒选；

③用 50％多菌灵或 50％福美双可湿性粉剂按种子重的 0.4％拌种；

④加强栽培管理，适期播种，以耕层 10 cm 深处地温在 10℃以上播种为宜。

⑤播种深度不超过 5 cm，密度不要过大；

⑥发病初期喷洒 2%农抗 120 水剂 200 倍液，或 1%农抗武夷菌素水剂 200 倍液，每隔 5～7 d 喷 1 次，连续喷洒 2～3 次；用 75%百菌清或 70%甲基硫菌灵或 50%多菌灵可湿性粉剂 1.5 kg/hm^2，每隔 5～7 d 喷 1 次，连续喷洒 2～3 次。

3. 根腐病

绿豆根腐病发病初期，绿豆幼苗下胚轴产生红褐色到暗褐色病斑，皮层裂开，呈溃烂状。严重时病斑逐渐扩展并环绕全茎，凹陷、缢缩，折倒，绿豆叶片凋零，枯萎，整株死亡。发病较轻时，植株变黄色，生长迟缓，相比健壮植株矮小。病害的发生与温度和苗龄有关，温度 22～30℃时，以出苗后 4～8 d 的幼苗最易被侵染发病。综合防治措施有以下两个方面。

①选用抗病品种；

②采用 50%多菌灵可湿性粉剂或 50%福美双可湿性粉剂（种子量的 0.3%）拌种；发病初期用 75%百菌清可湿性粉剂 600 倍液或 50%多菌灵可湿性粉剂 600 倍液喷洒，或用 75%五氯硝基苯，加干细土撒在绿豆植株根旁。

4. 病毒病

绿豆病毒病又称花叶病、皱缩病。从苗期到成熟期均可发病，表现为花叶、斑驳、皱缩花叶、皱缩小叶、丛生叶。发病轻时，对产量影响不大。发病重时，病株发育迟缓，明显矮化，开花，结实减少，结实率降低，甚至绝产。发病的原因是通过带菌的种子和蚜虫为害植株时汁液传染。综合防治措施有 3 个方面。

①选用无病种子，建立无病种子田，从无病植株上收获种子；

②选用抗病品种；

③及时防治蚜虫，有效地防止病毒病的蔓延和发生。

5. 叶斑病

绿豆叶斑病是绿豆生产中的重要病害。主要有灰斑、褐斑、黑斑和轮纹斑等，生产田中常常几种叶斑病共同进行危害。发病初期叶片水浸状，以后扩大成圆形或不规则黄褐色至暗红色病斑。病斑中心灰色，边缘红褐到暗褐色，整个病斑外围有一圈黄色晕圈。后期几个病斑彼此连接形成大的坏死斑，导致植株叶片穿孔脱落、早衰枯死。一般减产 20%～50%，严重时可达 95%以上。

叶斑病发病与温度、湿度密切相关。温度在 25～28℃，相对湿度为 85%～90%的条件下病原菌分生孢子萌发较快，当温度达到 32℃时，病情发展最快。综合防治措施主要是以下几个方面。

①选用抗病品种；

②选用无病种子；

③与禾本科作物轮作或间作套种；

④加强田间管理，及时排除积水；

⑤发病初期可用 30%绿得宝 400～500 倍液喷雾防治；现蕾期喷洒 50%多菌灵或 80%可湿性代森锌 400 倍液。每隔 7～10 d 喷 1 次，连喷 2～3 次。

6. 白粉病

绿豆白粉病是绿豆生长后期常发生的真菌性病害，在温度 22～26℃、相对湿度 80%～88%时最易发病。在荫蔽、昼暖夜凉和多露潮湿环境中发生最盛。主要为害叶片。发病初期，下部叶片出现白色小斑点，以后逐渐扩大，并向上部叶片发展。严重时整个叶片布满白粉，使叶片由绿色变成黄色，失去光合能力，最后干枯脱落。综合防治措施为两个方面。

①秋季深翻土地将收获后的病株残体埋入土壤深层；

②在发病初期用50%苯莱特2 000倍液或25%粉锈宁2 000倍液，或15%粉锈宁1 000倍液或75%百菌清500～600倍液，进行田间喷洒防治。

(二)绿豆害虫

1.绿豆象

绿豆象属于鞘翅目、豆象科贮藏期害虫。此虫除为害绿豆外，还为害小豆、豇豆、菜豆、扁豆等，其次为豌豆，再次为蚕豆，不喜欢吃大豆。

(1)危害症状　绿豆象以幼虫钻入豆粒取食，可将豆粒蛀食一空，仅剩表皮，损失严重。对绿豆、小豆为害最大。在粮仓内和田间均能繁殖为害，是绿豆主要的仓库害虫。

(2)形态特征　幼虫体长约3.5 mm，乳白色。体型粗肥，两端向腹面弯曲。头小，大部缩入前胸内，淡黄白色，胸足退化成小型的肉质突起。

(3)生活习性　绿豆象每年可发生4～6代，如环境适宜可达11代。以幼虫在豆粒内越冬，翌年春天化蛹，羽化为成虫。成虫善飞，在仓储豆粒上或田间嫩豆荚上产卵。每头雌成虫可产卵70～80粒，以第2～4 d产卵量最多。成虫寿命为5～20 d，完成一代需24～45 d。绿豆象在温度24～30℃，相对湿度68%～90%时，发育最快，低于或高于此限，发育进度减慢，10℃以下停止发育。

(4)防治方法　仓库储存绿豆时可采用隔离防治，即用面袋密封保存豆粒或在豆堆表面压盖15 cm厚的草木灰，可阻止成虫在豆粒上产卵；采用药剂熏蒸处理，每吨豆粒用磷化铝片剂5～10片，25℃室温熏蒸12～15 h，15℃以下需熏蒸5～6 d。也可把200 kg绿豆种子，放入密闭容器内，用56%的磷化铝3.3克(1片)熏蒸3 d后，晾4 d备用；生长期要经常观察虫情动态，鼓粒后期是绿豆象成虫发生盛期，采用0.6%氧化苦参碱1 000倍液或1.8%阿维菌素1 000倍液喷雾，在A级绿豆绿色产品生产中，整个生长期间用药防虫不得超过2次，并且在收获前20 d不得使用化学农药。

2.地老虎

地老虎俗称切根虫、地蚕、土蚕、夜盗虫，是为害绿豆根系的主要害虫之一。

(1)危害症状　低龄幼虫在植物的地上部为害，取食子叶、嫩叶，造成孔洞或缺刻；中老龄幼虫白天躲在浅土穴中，晚上出洞取食植物近地面的嫩茎，使植株枯死，造成缺苗断垄，甚至毁苗重播，直接影响生产。

(2)形态特征　成虫体长16～23 mm，翅展42～54 mm。老熟幼虫体长37～47 mm，头宽3.0～3.5 mm。黄褐色至黑褐色，体表粗糙，密布大小颗粒。

(3)生活习性　地老虎在东北地区每年可发生1～2代。以蛹或幼虫在土中越冬，成虫夜间活动，交配产卵。地老虎幼虫在3龄期以前群集为害绿豆幼苗的生长点和嫩叶，4龄以后的幼虫分散危害，白天潜伏于土中或杂草根系附近，夜间出来啮食绿豆幼茎。成虫有强大的迁飞能力，常在傍晚活动，对甜、酸、酒味和黑光灯趋性较强。地老虎发生的最适温度为11～22℃，幼虫喜湿。前茬作物为绿肥或蔬菜地地老虎的数量较多，低洼地、地下水位高的地块、耕作粗放的土壤为害较重。

(4)防治方法　用黑光灯或糖醋液诱杀成虫；在种植前将新鲜菜叶浸入9%敌百虫晶体400倍液中10 min，傍晚放入田间诱杀；或用50%辛硫磷可湿性粉剂制成毒土，在作物苗期撒于作物行间，可收到较好的防治效果；幼虫在3龄前，用2.5%溴氰菊酯3 000倍液喷施防治。

3. 红蜘蛛

红蜘蛛属于叶螨科，又名棉红蜘蛛、火蜘蛛。红蜘蛛主要为害绿豆的叶片。

(1)危害症状　发生初期，红蜘蛛聚集在绿豆叶片背面结丝成网，以叶片汁液为食，导致叶片正面产生黄色斑点，中期斑点面积逐渐扩大，密布于叶片。发生后期，叶片开始出现红褐色斑块，病斑变成锈褐色，似火烧状，叶片卷曲萎蔫，最后脱落。

(2)形态特征　成虫长0.42～0.52 mm，体色变化大，一般为红色，梨形，体背两侧各有黑长斑一块。

(3)生活习性　红蜘蛛主要以成虫或若虫在叶片背面吸食汁液。一年可发生10～20代。一般在5月底到7月上旬发生，高温低湿时为害严重。

(4)防治方法　红蜘蛛发生时，选择药效好、持效期长，并且无药害的药剂。生产上常用1.8%阿维菌素乳油3 000倍液或73%炔螨特乳油3 000倍液，或用50%马拉硫磷乳油1 000倍液等进行喷雾。红蜘蛛发生严重时，建议几种药剂轮换施用，连续喷施2～3次。

项目五　绿豆的收获与贮藏

一、成熟和收获

同一株绿豆开花结荚是渐次进行的，因此荚果也是渐次成熟，成熟期参差不齐。成熟的豆荚容易爆裂，籽粒脱落，给收获带来困难。绿豆多数品种为无限结荚型，农家品种又有炸荚落粒的现象，许多绿豆品种是分批分期开花，同时也分批分期结荚。因此，要适时采收。采收过早，种子成熟度差，降低产量和品质；采收过晚，先成熟的豆荚遇雨涝天气会在荚上发芽或使籽粒发霉，还会影响下一批花荚形成。只有适时收获，才能实现籽粒饱满、色好、无霉变，保质保量。

生产实践证明，适宜的采收次数和相隔天数是绿豆高产的重要因素，如采收相隔时间短，会加重对绿豆的人为损伤而造成减产。一般在植株上有60%～70%的荚成熟后，开始采摘，以后每隔7～10 d摘收一次效果最好。试验表明，采收三次比摘收一次的产量增加240～750 kg/hm^2。大面积种植情况下常需一次收获，则应以绿豆全部荚果的70%～80%变成褐黑色为适时收获标志。在高温条件下，成熟荚果易开裂，应在早晨露水未干或傍晚时收获。

二、贮藏技术

绿豆收完应及时晾晒、脱粒、清选，使水分降至安全含水量，进行药剂熏蒸后，贮藏于冷凉干燥处。仓贮时应采用磷化铝熏蒸，以防治绿豆象。具体方法是将绿豆放入密封的仓库中，按贮存空间1～2片/m^3磷化铝的比例进行熏蒸，不仅能杀死成虫，还可杀死豆粒中的幼虫和卵，且不影响食用和种子发芽。

使用磷化铝进行熏蒸时，可取1～2片(3.3g/片)磷化铝装入小纱布袋内，埋入绿豆中，用塑料薄膜密封保存，注意该药片遇潮湿会产生毒气。熏过20 d后方可食用。小型容器或水泥池贮藏时，也可在绿豆表面覆盖15～20 cm厚的草木灰或细沙土，防止外来绿豆象成虫在贮豆表面产卵。还可以将绿豆放在水泥场上摊开曝晒，当温度上升到48～52℃后，晒2 h，即可杀死绿豆中的幼虫。

模块总结

本模块学习了绿豆的植物学特征、绿豆的类型、绿豆的生长发育过程和对环境条件的要求，以及绿豆的播种前准备、播种技术、田间管理技术和收获贮藏技术。通过对这些知识的学习，我们可以全面了解和掌握绿豆的生物学基础知识和栽培技术，在生产中可以因地制宜地应用于指导绿豆生产。

模块巩固

1.绿豆的生长发育对光照、温度、水分、土壤条件有哪些要求？
2.绿豆一生对水分的需要有什么规律？
3.绿豆的种子处理技术有哪些？
4.如何根据不同情况掌握绿豆的播种深度？
5.如何进行绿豆间苗和定苗？
6.绿豆田发生红蜘蛛时如何防治？
7.绿豆为什么要分批收获？如何进行分批收获？

模块九

亚麻生产与管理

【知识目标】

通过本模块学习，使学生了解亚麻栽培的生物学基础知识，掌握亚麻栽培技术，为指导亚麻生产打下基础。

【能力目标】

具备根据生产实际情况进行亚麻科学地选地选茬、播种、田间管理、收获的能力，能够独立完成并指导亚麻生产与管理工作。

亚麻简介

亚麻是一年生草本植物，可分成纤维用亚麻、油用亚麻以及纤维和油兼用亚麻 3 种类型。亚麻茎秆中所含有的纤维是人类最早使用的天然植物纤维，距今已有 1 万年以上的历史。亚麻是纯天然纤维，由于其具有吸汗、透气性良好和对人体无害等显著特点，越来越被人类所重视。由于亚麻纤维的散热性能大大优于其他种类纤维，因此夏天穿着非常凉爽、透气；同时，亚麻纤维织物还可以吸收更多的汗液，并能够迅速将汗液排出以保持人体干爽、舒适。

同时，亚麻还是油料作物，油用型亚麻又叫胡麻，胡麻在中国至少有 1 000 年栽培历史。亚麻油含大量不饱和脂肪酸，对人体健康有益。

亚麻的开发利用价值高，亚麻茎制取的纤维是纺织工业的重要原料，可纯纺，也可与其他纤维混纺。由于亚麻纤维与动物纤维、其他植物纤维、合成纤维相比，具有许多独特的、不可替代的优点，决定了它在国民经济中占有重要地位。首先，亚麻纤维强韧、柔细，其强度是棉纤维的 1.5 倍、绢丝的 1.6 倍，可纺支数高，适宜制作高级衣料。其次，亚麻纤维具有吸湿性强、散热快、耐摩擦、耐高温、不易燃、不易裂、导电性小、吸尘率低、抑菌保健等独特优点，适宜制作飞机翼布、军用布、消防、宇航、医疗和卫生保健服装及帆布、水龙带、室内装饰布及工艺刺绣品等。但其也有易褶皱、染色性差、手感粗硬、悬垂性差等缺点。

二维码 9-1

国内外亚麻生产现状

世界亚麻的产地主要集中在法国、比利时、荷兰、俄罗斯和中国。因为寒冷潮湿的地中海气候最适合亚麻的生长，法国、比利时、荷兰 3 国的亚麻质量也是世界上最好的，尤其是法国的诺曼底地区。这 3 个国家降雨多且分布均衡，空气湿润，日照强度不高，温度凉爽而又变化平缓，土质肥沃，是得天独厚的亚麻产区。法国是世界上最大的亚麻出口国，排在第2位的是比利时，白俄罗斯、立陶宛、埃及也有部分亚麻种植。

我国亚麻原料生产分成3个主产区：黑龙江、新疆和云南。其生产方式各有特点，黑龙江以其得天独厚的自然条件占尽天时地利，是我国最适宜的亚麻种植区。

“昼出耘田夜绩麻，村庄儿女各当家。”我国古代诗人的一首传世之作，写出了我国古代劳动人民种植亚麻时的勤劳和辛苦，现在我国以及世界各地的亚麻生产已经在很大程度上实现了机械化，亚麻加工业也实现了机械化生产，逐渐把人们从繁重的体力劳动中解脱出来，随着社会的发展和科技的进步，人们的生活水平和生活舒适度越来越高了。

项目一　亚麻栽培的生物学基础

一、亚麻的分类

根据亚麻的形态特征和人们的生产目的，栽培亚麻可分为3个类型(图9-1)。

1.纤维用型

纤维用型亚麻属于1年生长日照作物，生育期70～80 d，株高70～150 cm，单茎含纤维20%～30%。茎细而均匀，基部不分枝，仅上部有少数分枝，每个分枝上结蒴果3～4个。每个蒴果有8～10粒种子，种子小，千粒重为3.5～5.5 g。种子含油量为36%～39%，蛋白质含量为24%～26%。黑龙江省是纤维用型亚麻的主产区。

2.油用型

油用型亚麻属于1年生短日照作物，生育期80～100 d，株高30～50 cm。茎基部分枝多，每株可结100多个蒴果。种子较大，千粒重为5～10 g，种子含油量为41%～45%。茎内含纤维少，品质差。主要用于制油，亚麻油是我国华北、西北地区的主要食用油之一。近年来由于亚麻油的保健功能逐渐被人们所认识，亚麻油作为食用油的地位正逐渐上升。

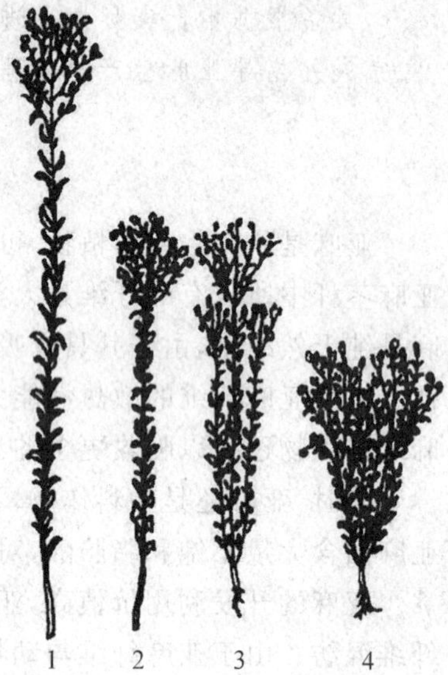

1.纤维用亚麻　2～3.兼用亚麻　4.油用亚麻

图9-1　亚麻的类型

(于振文.作物栽培学各论.北方本.2003.)

3.纤维和油兼用型

纤维和油兼用型亚麻是纤维用型和油用型的中间类型。株高50～70 cm，茎基部偶尔分枝，结蒴果较多。种子含油量为39%～48%，茎中含纤维12%～17%。

二、亚麻的形态特征

1.根

亚麻的根系属于直根系，由主根和侧根组成，主根细长，侧根短小细弱。主根入土深度可达1～1.5 m，侧根分布在20 cm土层内。纤维用亚麻根系发育细弱，入土浅，吸收能力差，植株易倒伏，不耐干旱。所以，种植亚麻时要精细整地，增施有机肥，给根系生长创造一个良好的条件，为获得亚麻优质高产打下基础。

2. 茎

亚麻的茎呈圆柱形，浅绿色，成熟后变黄色，表面光滑附有蜡质。不经加工的茎叫原茎，茎上部有少数分枝。茎长一般在 60～120 cm，茎粗 1～1.5 mm。茎的粗细与播种密度有关，过粗的麻茎出麻率低，纤维品质差。

亚麻的株高是由子叶痕到植株顶端的长度，工艺长度是由子叶痕到第一分枝着生处之间的长度(图 9-2)。

亚麻茎不同部位纤维含量不同，茎基部纤维含量最低，约占该部分茎重的 12%，其次是茎上部占 28%～30%，茎中部最高约占 35%。茎中部纤维细胞数目多，细胞大，因此亚麻茎越高，茎中部占的比例愈大，出麻率高，纤维品质也好。

在亚麻茎的横断面上，由外向里依次为：表皮、皮层，韧皮部，形成层、木质部和髓。表皮位于茎的最外层，由一层厚壁细胞组成，外面附有蜡质。表皮之下是由数层细胞所组成的皮层。紧接皮层的为韧皮部，在韧皮部内有 20～40 个纤维束，呈环状均匀分布。每一个纤维束由 30～40 个单纤维细胞相互胶结而成。纤维细胞呈狭长的纺锤形，平均长 20～30 mm，宽 10～20 μm。在韧皮部与木质部之间为形成层，在植株生长过程中，形成层不断向外分生形成次生韧皮部，向内分生出次生木质部，当亚麻茎成熟时形成层细胞死亡。形成层的内侧为次生木质部和初生木质部，导管逐渐变厚而木质化。茎的中心部位是髓部，由薄壁细胞组成，在茎成熟时薄壁细胞干枯破裂，形成中空的髓腔。

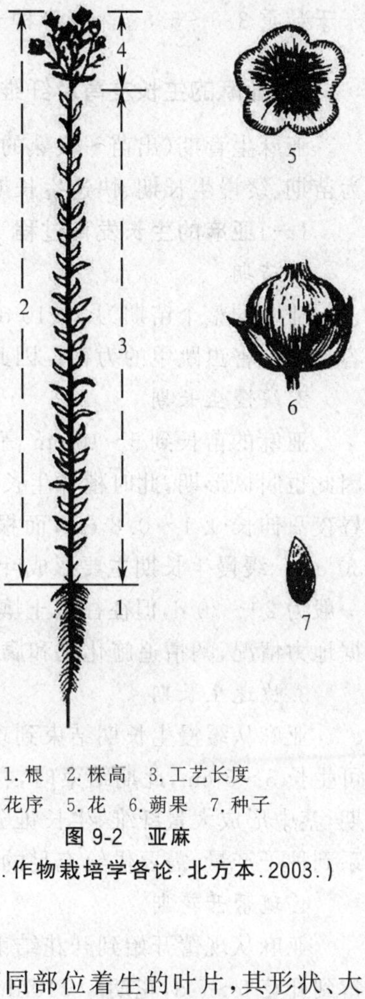

1. 根　2. 株高　3. 工艺长度
4. 花序　5. 花　6. 蒴果　7. 种子

图 9-2　亚麻

(于振文. 作物栽培学各论. 北方本. 2003.)

3. 叶

亚麻的叶呈绿色，全缘，无叶柄，着生在茎的不同部位。不同部位着生的叶片，其形状、大小以及在茎上的排列方式和着生密度均有所不同。下部叶多为互生，叶片较小呈匙状；上部叶则呈螺旋状排列于茎上，叶细长呈披针形；中部叶较大呈纺锤形。亚麻茎上、下部着生的叶多而密，中部稀而少。一般一株亚麻生长的叶有 50～120 片，叶长 1～2.5 cm，宽 0.3～0.8 cm。

4. 花

亚麻的花序为总状伞形花序，着生在分枝的顶端。不同品种花色不同，常见的有蓝色、浅蓝色、蓝紫色或白色，也有少数为红色的，花型呈漏斗状或圆盘状。花萼、花瓣、雄蕊各 5 枚，雌蕊 1 枚。子房呈球形，5 室，每室有胚珠 2 个，受精后发育成为种子。亚麻是严格的自花授粉作物，天然杂交率仅 1%左右。

5.蒴果及种子

亚麻的果实为桃状蒴果，成熟时呈黄褐色（俗称麻桃），直径为5.8～10.5 mm。一般每果有种子6～7粒，多的有10粒。

亚麻种子呈扁卵形，前端稍尖且有弯曲，似鸟嘴的形状，表面平滑有光泽，颜色有白色、淡黄色和深褐色。种子表皮层内含果胶质，吸水性强，阴雨天易引起种子发黏成团，种皮失去光泽，甚至变黑发霉，影响发芽。种子长3.2～4.8 mm，宽1.5～2.8 mm，厚0.5～1.2 mm。种子千粒重3.5～5.5 g。亚麻种子由种皮、胚乳和胚构成。

三、亚麻的生长发育及纤维形成

亚麻生育期（出苗～成熟的天数）一般为70～80 d。按内部结构和外部形态的变化，可分为苗期、缓慢生长期、快速生长期、现蕾开花期和成熟期。

（一）亚麻的生长发育过程

1.苗期

亚麻的整个苗期为5～10 d。此时，幼苗嫩小，黑龙江省又正处在较干旱缺雨时期，幼苗最容易受到害虫跳甲的为害。因此，出苗后要经常查看，发现虫害及时防治。

2.缓慢生长期

亚麻的苗长到5～10 cm高时，幼苗有3～6对真叶，叶片聚生在植株顶端，呈小丛树苗状，因此也叫枞形期，此时植株生长缓慢，故称为缓慢生长期。其生长特点是地上部生长缓慢，每昼夜只伸长0.1～0.8 cm，而根部生长迅速，在土壤墒情较好的条件下，根系长度可达25～30 cm。缓慢生长期主要形成叶片和节间，是决定亚麻叶数与节数的关键时期。缓慢生长期一般为20～30 d，但往往因土壤水分不足而延长。这一时期在生产上，应及时松土除草，并根据地力情况，酌情追施化肥和腐熟的有机肥，可促进亚麻的生长发育。

3.快速生长期

亚麻从缓慢生长期结束到现蕾为快速生长期。这一时期的特点是植株生长迅速，每昼夜可生长3～5 cm，此期结束时，株高可达成熟时株高的70%。快速生长期一般20 d左右，此期，茎中形成大量纤维，生长锥分化成结实器官。因此，此期不仅决定纤维的产量和品质，也关系到种子产量，需要供给充足的水分和养分，才能获得高产。

4.现蕾开花期

亚麻从现蕾开始到开花结束的时期为现蕾开花期，纤维用亚麻从出苗到开花50～60 d，现蕾到开花5～7 d，花期7～10 d。现蕾初期地上部生长迅速，现蕾后不久，茎的生长速度减慢，花期结束，株高的增长接近停止。此期茎上部纤维细胞数目还在增加，其余部分纤维细胞壁加厚形成纤维束。这一时期是形成纤维品质的重要时期。

5.成熟期

纤维用亚麻开花后14～20 d植株即达工艺成熟期，此期茎组织开始木质化，表皮变黄绿色，茎下部有1/3叶片脱落，蒴果有1/3变黄褐色，种子变成棕黄色。蒴果的发育过程可分为青熟期、黄熟期和完熟期3个阶段。青熟期：即开花后10 d左右，亚麻茎和蒴果呈绿色，挤压种子能出现绿色的小片或汁液，无种用价值。黄熟期：全株蒴果大部分呈黄色，少数种子呈褐色，种子坚硬有光泽，茎纤维强度高，品质好，是纤维用亚麻的适宜收获期。完熟期：亚麻茎全部变成褐色，叶片脱落，蒴果呈暗褐色，种子坚硬饱满，摇动植株时种子在蒴果内沙沙作响，但纤维已变粗硬，品质下降、变劣。

（二）亚麻纤维的形成

亚麻在第一对真叶出现时，韧皮部中的纤维细胞原始体就已经开始形成。进入缓慢生长期时纤维细胞已经形成，但数量少，壁薄，呈椭圆形，排列疏松。到快速生长期，纤维细胞形成加快，排列比较紧密，细胞呈圆形，细胞壁开始加厚。进入开花期后，纤维细胞大量形成，是整个生育期中纤维细胞形成最旺盛的时期，细胞壁加厚，细胞变成多角形或棱形，纤维细胞紧紧连在一起形成纤维束。开花结束后，纤维细胞的形成基本停止，细胞进一步加厚，直到工艺成熟期，纤维发育完全成熟，这时候是纤维品质最好的时期。此后，纤维细胞不断木质化，使纤维变硬、变脆、变粗、拉力减小、品质变坏。

（三）纤维用亚麻等级标准

亚麻原料厂收购亚麻时，根据亚麻的质量定等、定价进行收购。亚麻原茎的等级标准如下（表 9-1）：

表 9-1　纤维用亚麻原茎品质标准

等级	色泽		标准色率/%≥	工艺长度/mm≥	细度/mm	标准茎率/%≥
	颜色	光泽				
一	黄	好	90	700	1.0～1.5	75
二	浅黄、黄褐	好	80	600	1.0～2.0	70
三	绿黄、浅褐	较好	80	500	0.8～2.0	70
四	黄绿、褐	较好	70	400	0.8～2.0	65
五	杂色	差	—	300	—	—

四、亚麻的生长发育对环境条件的要求

1. 温度

亚麻种子充分吸水后，温度直接影响发芽出苗的快慢。亚麻种子在 1～3℃的低温条件下也能发芽，但发芽出苗缓慢，且容易得立枯病，温度低于 1℃时不能发芽。亚麻种子的发芽出苗速度随温度的升高而加快，最适温度为 20～25℃。幼苗出土子叶即将展开时，抗寒能力较弱，遇低温容易受伤害，造成缺苗。但亚麻在 2 对真叶时能忍耐短暂低温。

黑龙江省亚麻生育期间适宜的气候条件如下（表 9-2）。

表 9-2　黑龙江省亚麻不同生育时期和适宜气候条件

生育时期 / 气象条件	苗期 5.19～6.2	缓慢生长期 6.3～6.22	快速生长期 6.23～7.12	现蕾开花期 7.13～7.20	成熟期 7.21～8.2
平均适温/℃	18.85	19.35	21.1	23.7	24.3
降水/mm	53.2	59.3	85.8	43.5	116.9
日照/h	190.0	151.0	147.0	76.0	90.0

（黑龙江省经济作物研究所）

气温适当，昼夜温差小，有利于亚麻的生长。在这种条件下，麻茎长得高，细而均匀，原茎和纤维的产量高、品质好。从出苗到开花的适宜温度为 11～18℃，缓慢生长期要求温度较低，气温回升缓慢对亚麻生长最为有利。若快速生长前期平均气温超过 22℃，则加快发育，提前

现蕾开花，由于亚麻茎长得快，致使纤维组织疏松，纤维产量和品质降低。开花以后温度稍高，对纤维产量和品质影响不大，有利于种子成熟。

2. 水分

亚麻是需水较多的作物，各生育时期对水分的需求是不同的。种子吸收自身重量110%～160%的水分才能发芽，从出苗到快速生长前期的需水量占全生育期总需水量的9%～13%，快速生长期至开花期占75%～80%，开花后至工艺成熟期占11%～14%。快速生长期至开花期是亚麻的水分临界期。

亚麻在生育期间遇高温干旱时，亚麻茎矮，纤维发育不良，缺乏弹性。但水分过多，则麻茎长得软弱，易倒伏，容易造成贪青晚熟，导致出麻率低、纤维品质差。实践证明，全年降水450 mm以上，亚麻生长季节每月平均降水量在100 mm以上的地区适宜种植亚麻。

3. 光照

纤维用亚麻不要求强烈光照，在密植和云雾较多的条件下，由于光照不足，营养生长期延长，亚麻茎长得高，分枝少，原茎产量高，纤维品质好。开花和成熟阶段，需要充足的光照，以促进纤维细胞的发育成熟。此期若光照不足，会影响纤维细胞的增厚和成熟，亚麻茎易倒伏，使产量降低，品质变劣。

4. 土壤

亚麻根系浅，种植亚麻要求土层深厚、土质疏松以利于亚麻扎根。除此之外还要求排水良好，否则扎根不深，易倒伏。亚麻最适的土壤pH为6.5～7.0。土壤含盐量超过0.3%亚麻会受到盐害，含盐量在0.2%以下亚麻才能正常生长。

5. 营养

亚麻每生产500 kg原茎需要从土壤中吸收氮2.05 kg，五氧化二磷0.35 kg，氧化钾2.1 kg。亚麻在缓慢生长期吸收的氮素最多。在开花期吸收磷素最多，其次为工艺成熟期。钾是在开花期吸收最多，其次是快速生长期。

项目二　亚麻播前准备

一、选地选茬

1. 选地

亚麻是浅根系作物，相对于多数作物，亚麻的根系发育弱，吸肥水能力差，幼苗生长缓慢，易受杂草危害。亚麻对土壤要求严格。种植亚麻要选择土层深厚、土质疏松、土壤肥沃、保水保肥、地势平坦及杂草少的黑土地或排水良好的二洼地。亚麻适于中性及微酸性土壤，最适pH6.5～7.0，土壤有机质含量2.7%～5.3%可实现高产。不宜选择岗地、山坡地、风口地，这样的地块种亚麻易遭受风害。土壤黏重和排水不良的涝洼地块也不宜种亚麻，因为这样的地块地温低，通透性差，春季地温回升慢，种亚麻出苗慢，且易发生苗期病害。而且由于地温低，导致春季微生物活动弱，养分分解释放缓慢，出苗后不易发苗。沙土地也不宜种亚麻，因为沙土地肥力低，保水性差，而亚麻由于根系浅，抗旱能力、吸肥能力都较差，所以不宜种在沙土地上。

2. 选茬

不同的前茬对亚麻的产量、质量有很大影响。亚麻的最好前茬是玉米茬、大豆茬，其次是小麦茬，谷子茬、高粱茬较差。黑龙江省多选择玉米茬种亚麻，因为在种植玉米时，施入大量有机肥和化肥，土壤中余肥较多，玉米又是中耕作物，种亚麻后田间杂草少。大豆茬为软茬、油茬。大豆也是中耕作物，根瘤菌能固氮，可提高土壤肥力，适合种植亚麻。小麦茬如能在收获后及时进行伏翻，消灭杂草，恢复地力，也是种植亚麻的良好前茬。谷子、高粱茬施有机肥少，而且属于硬茬，土壤肥力低。特别是谷茬，杂草多，种植亚麻产量低。但黑龙江省克山拜泉地区曾有选谷茬种亚麻的习惯，主要原因是该地区黑土层深厚，土质肥沃，种谷子时注意铲镗灭草，特别是近年来进行的化学除草效果较好，收获后又增施有机肥，实行秋翻整地，第二年播亚麻墒情好，能保全苗，原茎产量也高。因此，种植亚麻时，应根据各地具体情况来选择前茬。

亚麻种植时，要注意施用过除草剂地块的间隔期，避免其对亚麻生长发育的影响。用过普施特的地块需超过 48 个月以上才能种亚麻，用过氯嘧磺隆需间隔 40 个月以上，用过氟磺氨草醚需间隔 18 个月以上，用过烟嘧磺隆需间隔 18 个月以上，用过异恶草松需间隔 16 个月以上，用过唑嘧磺草胺需间隔 26 个月以上才能种亚麻。

种亚麻不能重茬、迎茬，否则容易造成或诱发苗期病害。亚麻病菌在土壤中可存活 4～5 年，目前又无高效药物防治，很容易造成死苗，导致减产，因此亚麻要实行 4～5 年以上轮作。

二、整地

亚麻种子小，播种时覆土浅，种子发芽需水量大，所以提高整地质量，保证土壤墒情良好，是亚麻一次播种保全苗的关键。黑龙江省历年春季风大，降水少，蒸发量大，给亚麻保全苗带来了很大影响。在一定的抗旱措施范围内，亚麻田间出苗率和原茎产量，随着整地质量、土壤含水量的提高而增加。近年来，亚麻种植业随着机械化水平的提高，采取翻、耙、耢、压连续作业的整地方法，使土壤有了表面平整、上虚下实的理想耕层状态，提高了蓄水能力，为亚麻种子萌发、出苗、促壮创造了良好的土壤条件，减轻了春旱对亚麻生产的影响。

1. 伏秋翻整地

小麦茬、油菜茬种亚麻，要在小麦、油菜等夏收作物收获后抓紧时间进行伏翻整地。玉米、大豆、谷子等秋收作物茬口种亚麻，要搞好秋翻整地，翻耙耢连续作业。伏秋翻整地有利于充分接纳伏雨和秋雨，使耕层贮存大量水分，做到“春旱秋防”。伏秋翻整地还可以解决低洼易涝地区春季土壤水分含量高，机车不能下地作业的矛盾，不误农时，保证全苗。

2. 原垄耙茬整地

亚麻地在整地时要根据不同的茬口采取不同的灭茬方式。如果前茬是玉米茬，则通过玉米灭茬机作业一遍后，再用重耙作业两遍，耢平。耙茬整地不仅能创造平整疏松的表土层，还能减少 10 cm 以下耕层的水分大量散失，有明显的保墒作用。采用原垄耙茬的整地方法，比春翻整地的土壤含水量提高。

3. 旋耕整地

旋耕具有碎土性强、土壤细碎、地面平整的特点，作业一次可收到翻、耙、耢的综合效果。旋耕深度一般 12 cm 左右，而亚麻根系浅，旋耕是一种非常适合亚麻的整地方式。

4. 春季顶浆整地

春整地应及早进行，以减少水分流失。当表土层化冻深度达 10 cm 左右的耙地深度时，及时进行顶浆耙地，保墒效果较好。要耙耢连续作业以免水分过度蒸发。

镇压也是一种有效的抗旱保墒的土壤耕作措施。镇压能使土壤中的毛细管连通，使下层水分上升到表层上来，供给种子萌发出苗的需要。镇压应根据土质和土壤墒情灵活掌握，土质疏松、保水性差的偏沙性土，要重压、多压；土壤湿度大的地块或土壤黏性过大的地块可少压、轻压或不压。

三、品种选择

目前黑龙江省亚麻的主要栽培品种如下。

1. 华亚 8 号

该品种属于中熟品种，苗期生长健壮，茎叶绿色，花序长而集中，茎秆直立有弹性，抗倒伏，抗旱、抗病性较强，较耐盐碱，种皮褐色，千粒重 4.1～4.5 g。在云南省冬季种植生育日数为 153 d，株高 98.4 cm，工艺长度 83.7 cm，分枝 4～5 个，单株蒴果 6～10 个；在黑龙江省春季种植生育日数为 75 d，株高 79.3 cm，工艺长度 56.7 cm，分枝 5～7 个，单株蒴果 15～18 个。高抗立枯病、枯萎病。

2. 黑亚 23 号

该品种生长健壮，茎绿色，叶片墨绿色，花蓝色，花序短而集中，株型紧凑，种皮褐色，千粒重 4.6 g。株高 85.5 cm，工艺长度 69.0 cm，茎秆直立，有弹性，抗倒伏能力强，较耐盐碱。立枯病发病率 4.2%，炭疽病发病率 3.8%。生育日数 74 d，属于中熟品种。适宜种植区域为黑龙江省 1～6 积温带。

3. 黑亚 22 号

黑亚 22 号生长健壮，茎绿色，叶片墨绿色，花蓝色，花序短而集中，株型紧凑，种皮褐色，千粒重 4.1 g，生育日数 75 d，属于中熟品种。株高 91.2 cm，工艺长度 73.7 cm，茎秆直立，有弹性，抗倒伏能力强，较耐盐碱。全麻率 31.3%，纤维强度 255 N。立枯病发病率 4.5%，炭疽病发病率 3.9%。适宜在哈尔滨、大庆、绥化、齐齐哈尔、牡丹江、黑河等地种植。

4. 黑亚 16 号

其苗期生长健壮，茎绿色，叶片墨绿色，花蓝色，花序短而集中，株型紧凑。种皮褐色，千粒重 4.3 g，生育日数 78 d，属于中熟品种。株高 100 cm 左右，分枝 3～4 个，蒴果 5～7 个，茎秆直立，有弹性，抗倒伏能力强。该品种的立枯病发病率 1.4%，炭疽病发病率 0.3%，不感染锈病及白粉病。长麻率 20.6%，纤维强度 259.22 N。

5. 黑亚 15 号

该品种苗期生长健壮，根系发达，抗旱能力强，茎绿色，叶片墨绿色，花蓝色，花序短而集中，株型紧凑。种皮褐色，千粒重 4.6 g，生育日数 77 d，属于中早熟品种。株高 78.7 cm，工艺长度 65.1 cm，分枝 3～4 个，蒴果 5～7 个，茎秆直立，有弹性，抗倒伏能力强。长麻率 20%，纤维强度 261.0 N，其立枯病发病率 1.55%，炭疽病发病率 0.4%，不感染锈病及白粉病。

6. 中亚麻 4 号

中亚麻 4 号为纤维用亚麻，株高为 85.6 cm，工艺长度为 68.3 cm，属于中等高度纤维亚麻品种。在新疆北疆地区生育期 89 d，属于中熟品种。茎粗 1.5 mm，花蓝色，种皮褐色，蒴果球形黄色，叶片互生，披针形，深绿色。单株蒴果数 6～8 个，分枝数 2～3 个，籽粒千粒重 4.9 g，出麻率 30.3%，抗倒伏、抗枯萎病和立枯病。通过田间病害调查发现，中亚麻 4 号无立枯病和枯萎病发生。

7. 华亚1号

该品种花蓝色，茎绿色，叶披针型，叶片相对细长。种皮褐色，千粒重4.6 g，在安徽省种植生育日数93 d，属中早熟型品种。株高112.5 cm，工艺长度80.13 cm，分枝5～6个，蒴果16～18个，茎秆直立，有弹性，抗倒伏和抗病性强。适应性较强，可以在安徽、云南等省以及黑龙江省的哈尔滨、绥化、齐齐哈尔、牡丹江、黑河、佳木斯等地区种植。

8. 华亚3号

该品种花紫红色，茎深绿色，叶披针型。其种皮黄色，千粒重5.2 g，安徽省种植生育日数78 d。株高90.3 cm，工艺长度67.9 cm，分枝5～7个，蒴果20～25个；出苗密度1 956株/m^2，茎粗为2.196 mm，茎秆直立，有弹性，抗倒伏和抗病性强，适应性较强。适合在黑龙江、安徽、云南等地种植。

9. 双亚17号

该品种生育日数77 d左右，属中晚熟品种。苗期长势繁茂，株高80～100 cm，茎秆粗细均匀，整齐一致，抗倒伏性强。花蓝色，花期集中。单株分枝数3～4个、蒴果数7～9个，种子褐色、椭圆形，千粒重4.0～4.5 g。全麻率30.3%，纤维强度265 N。立枯病发病率为1.0%，枯萎病发病率为0.9%，抗旱和耐盐碱性较强。

10. 双亚15号

该品种生育日数78 d，属中晚熟品种。苗期长势繁茂，株高80～100 cm，茎秆粗细均匀，整齐一致，抗倒伏性较强。花蓝色，花期集中。单株分支数3～4个、蒴果数7～8个，种子褐色、椭圆形，千粒重4.0～4.5 g，抗倒伏性较强，抗旱和耐盐碱性较强。长麻率19.2%，全麻率29.2%，纤维强度262 N。其立枯病发病率0.9%，炭疽病发病率0.7%。

11. 双亚14号

该品种生育期75 d，属中熟品种。苗期长势繁茂，幼苗、茎叶均呈绿色。株高80～100 cm，工艺长度70～80 cm，茎秆直立，有弹性，抗倒伏能力强。花蓝色，花期集中。分枝较短，4～7个。蒴果数为6～9个，种子褐色，有光泽，呈椭圆形，千粒重4.7 g左右。品质分析结果为长麻率20%，全麻率29.8%。纤维强度262.2 N。抗病鉴定结果为立枯病发病率0.9%，枯萎病发病率0.5%。

12. 双亚12号

该品种生育日数76 d，属中熟品种。苗期长势繁茂，幼苗、茎叶均呈深绿色。株高110 cm左右，工艺长度80 cm左右，茎秆直立，有弹性，抗倒伏能力强。花蓝色，花期集中。分枝较短，3～5个，蒴果数为5～7个，种子浅褐色，有光泽，呈椭圆形，千粒重5.0 g左右。成熟时茎杆为淡黄色，其立枯病发病率1.1%，炭疽病发病率0.9%，不感染锈病和白粉病。长麻率19.6%，全麻率29.8%，纤维强度257.34 N。

13. 双亚10号

该品种生育期77 d，属中熟品种。苗期长势繁茂，花蓝色，花期集中。株高100 cm左右。分枝短，3～4个分枝，5～8个蒴果，种子浅褐色，有光泽，一般种子一侧表面有凹痕，种子千粒重4.5 g左右。抗倒伏、抗病和抗旱性较强，抗枯萎病、炭疽病，不感染白粉病。长麻率20.6%、全麻率29.9%，纤维强度262.0 N。

四、种子处理

1. 精选种子

亚麻选种时，用亚麻种子精选机进行，清除杂质、草籽、菟丝子及瘪粒，使亚麻种子清洁率达到 98%以上。

2. 发芽试验

亚麻播种前要多次进行发芽试验，选用发芽率 90%以上的种子播种。发芽率低于 90%的种子不能用于播种，在发芽试验过程中，要按技术标准搞好浸种及发芽率计算，确保准确。

3. 晒种

亚麻播种前，为提高种子发芽率，促进种子后熟，可在播前 4～5 d，选晴天将晒种 1～2 d。

4. 药剂拌种

为了防治亚麻苗期病害，播种前要进行药剂消毒处理。用锌拌种可以增强光合作用和抗倒伏能力，提高纤维产量和品质。其方法是：用 3g/hm^2 99%的硫酸锌配制成 0.06%的溶液，将种子摊在塑料布上，用喷雾器边喷边拌，种子风干后可进行其他药剂拌种。亚麻的拌种药剂一般用种子重量 0.3%的 80%炭疽福美或 50%多菌灵拌种，可防治亚麻苗期病害，提高保苗率。也可采用 80%的福美双进行拌种。

项目三　亚麻播种

一、播种期

亚麻播种深度的土温稳定在 7～7.5℃，土壤含水量达到 20%左右时，为黑龙江省亚麻适宜播种期。一般情况下，黑龙江省南部、中部及东部地区为 4 月 25 日至 5 月 5 日，北部地区为 5 月 1—10 日。

亚麻适期播种对提高亚麻纤维的产量和品质有着重要意义。如果播种过早，麻苗易受冻害，并在快速生长期遇到“掐脖旱”，麻茎长不起来，造成减产。播种过晚虽能躲过“掐脖旱”，但出苗到开花正处于高温多雨的环境中，不利于纤维的形成和积累，降低出麻率，有时甚至倒伏，导致严重减产。因此，适期播种，对提高亚麻的产量和纤维品质有重要意义。最佳播种期是能够充分利用返浆期土壤水分使得取苗齐苗壮的时期，最佳播种期播种的亚麻苗期长势好，到快速生长期赶上雨季，能躲过“掐脖旱”。

二、合理密植

黑龙江省在有施肥基础，土壤肥力较高的平川地和二洼地，保苗 1 500 万～2 000 万株/hm^2，播种量为 105～120 kg/hm^2，采用重复播法。一般肥力的地块，保苗 1 350 万～1 500 万株/hm^2，播种量为 97.5～105 kg/hm^2，采用 7.5 cm 行距条播或重复播法。肥力较差的平岗地，保苗 1 200 万～1 360 万株/hm^2，播种量为 90～97.5 kg/hm^2。采用 7.5 cm 或 15 cm 行距条播。

亚麻如果播种量过大，密度过高，则麻株高，但麻茎细，毛麻多，亚麻产量不高、质量不好；如果播种量过小，密度过低，则麻茎粗，分枝多，亚麻品质差，群体产量低。因此必须因地制宜地选择合适的密度来协调亚麻个体和群体的关系，做到合理密植，取得最高的群体产量和质量。

三、基肥和种肥的施用

（一）亚麻需肥特点

亚麻虽然根系细弱，吸肥能力差，但需肥较多，吸肥早而且集中。据黑龙江省甜菜研究所试验，每公顷生产 7 500 kg 原茎，需要从土壤中吸收氮 30.75 kg，磷 5.25 kg，钾 31.5 kg。从出苗到开花吸收的氮、磷、钾分别占全生育期吸收总量的 77.9%、71.8%和 77.7%。氮在缓慢生长期到快速生长期需要量较多，以后逐渐减少。磷在现蕾开花至成熟期吸收较多，特别是开花期吸收最多。钾在快速生长期和开花期出现吸收高峰。由于亚麻生育期短，所以生产中要重视种肥的施用。亚麻不仅需要氮、磷、钾等大量元素，而且还需要锌、硼、铁、锰、铜等微量元素，缺少其中任何一种元素都会影响亚麻的正常生长发育。因此，在亚麻生育进程中，平衡供给各种养分，才能促进亚麻的生长发育，协调营养生长和生殖生长的关系，达到提高原茎产量和纤维品质的目的。

（二）基肥和种肥的施用

1. 增施有机肥

为获得亚麻优质高产，增施有机肥是重要措施，即把大量的优质有机肥结合整地以底肥形式施入土壤中。前茬施肥少，肥力低的地块，在秋翻前施入腐熟的有机肥，施肥量为 15～30 t/hm^2。若秋季来不及施有机肥，也可在早春整地时，施入腐熟的有机肥。要做到随施、随耙、随压，防止春旱跑墒。另外，有机肥作为一种分解缓慢的肥料，也可以在其前茬上施入，使亚麻利用有机肥第二年的肥效。

2. 施用种肥

亚麻在施用有机肥的基础上，施用化肥做种肥，有良好的增产效果。不同类型的土壤，由于氮、磷、钾等元素的含量和有效性不同，因此使用不同的氮、磷、钾配比，在不同类型的土壤上有不同的增产效果。轻碱土类型提高磷的比重，白浆土提高氮的比重，黑土增加氮的比重。

亚麻施肥要遵循"三结合"的原则，即有机肥与化肥相结合，底肥、种肥、追肥相结合，氮、磷、钾肥相结合。确定氮、磷、钾配比，要因地制宜，在肥力高或前茬残肥多的低洼地块，应提高磷、钾的比例；在地力差或前茬残肥少的平岗地，可适当加大氮的比例。氮、磷、钾不同配比的增产效果，还与土壤中氮、磷、钾的含量有关，在每百克土中有效氮含量低于 8.5～11.0 mg 时，施氮有增产效果，高于 14.0 mg 时增产效果不明显。过量施氮会引起贪青倒伏，因此，亚麻不能单独施用氮肥。每百克土中有效磷和有效钾的含量分别低于 1.5～3.0 mg 和 2.8～3.0 mg 时，施磷和钾不但增产效果好，而且有提高纤维品质和防止倒伏的作用。

一般情况下，黑龙江省中等肥力的土壤施磷酸二铵 120～150 kg/hm^2、硫酸钾 50～75 kg/hm^2。微肥在亚麻生长过程中也有着重要作用，据试验，黑土地区亚麻施硫酸锌 15～22.5 kg/km^2，原茎增产 3%，施硫酸铜 12～15 kg/hm^2，原茎增产 4.5%。

亚麻根系多密集在 10 cm 左右的土层中，结合春整地用播种机先将化肥播于 7～8 cm 土层中，形成营养丰富的土壤环境，根系形成后可以充分地吸收土壤养分，促进亚麻生长。深施肥 8 cm，有良好增产效果，其是我国亚麻产区的重要增产措施。据黑龙江省经济作物研究所大面积试验，深施肥 8 cm 比施种肥 4 cm 增产 19.7%，增产效果相当可观。

四、播种技术

1. 机械条播

亚麻进行机械条播时，可用拖拉机牵引 2BF—48 型谷物播种施肥机，将种子和化肥同时播下，行距 7.5 cm。圆盘开沟器后带有覆土环，并在播种机后连接镇压器，使播种、覆土、镇压连续作业 1 次完成，保墒效果好。如用小型拖拉机牵引的 2BF—10 型谷物播种施肥机，可进行 15 cm 行距的条播。

2. 机械重复播

亚麻在进行机械条播时，可去掉 48 行谷物播种机的分种器，把行距 7.5 cm 改成 15 cm，播种机先播 1 次后，第 2 次返回时，开沟器在第一次已播种的两行之间再播 1 次，同一播幅内播种 2 次。重复播种的优点是种子下地散落均匀，苗眼由单条播的 2～3 cm，增加到 4～6 cm，行间界限不明显。解决了单条播植株个体营养面积小，亚麻苗互相拥挤，个体与群体不能均衡增长的矛盾，增加了有效成麻株数。

黑龙江省农业机械运用研究所研制出的 2BYM—20 行亚麻专用施肥播种机，用于亚麻播种、施种肥效果很好，可在亚麻种植区推广。

3. 播种深度

亚麻种子小，拱土能力弱，因此播种深度相对一般大田作物较浅。如果播种过深，出苗期长，易受病虫危害，造成死苗或形成弱苗；播种过浅，春旱时种子易落干或芽干，造成缺苗而减产。亚麻的适宜播种深度为 2～3 cm。若土壤黏重，水分充足，春季雨水较多的年份或地区宜浅播；在土壤干旱、墒情不好的情况下，播种深度可深些，但最深不能超过 4 cm。

4. 播后镇压

亚麻播种后及时镇压是一次播种保全苗的重要措施。播后镇压能使种子和湿土层紧密接触，连通土壤中的毛细管，有利于土壤下层水分上升到表层来，保证种子发芽所需的水分，加快出苗，同时也有利于幼苗扎根。镇压的时间与次数，应根据当时土壤的疏松程度、含水量多少和天气状况而定。在土壤水分充足或土质黏重的地块，可在播后 1～2 d 或土壤稍干后镇压一次，要轻压；反之，在土壤含水量少、土壤疏松和气候干旱的条件下，应在播种后立即镇压，最好是在播种机后直接带镇压器，随播随镇压。镇压的工具多采用“V”型镇压器，也可用石磙子，土壤湿度较大的地块可用木头磙子。

项目四　亚麻田间管理

一、化学除草

亚麻种植密度大，行距小，不方便人工除草；亚麻苗早期生长缓慢，抑制杂草能力弱，杂草生长迅速，因此亚麻田容易造成草荒，抑制亚麻生长，如杂草过多，收获时拔麻费工，在麻中拔草费工，从而影响亚麻的生产。因此，要想获得高产优质的亚麻必须彻底消灭杂草，为亚麻营造一个良好的生长环境。

亚麻田中安全的化学除草方案是拿捕净加二甲四氯。拿捕净主要消灭单子叶杂草，二甲四氯主要杀灭双子叶杂草。在亚麻 5～10 cm 高时，根据田间杂草种类除草：禾本科杂草 3 叶期选用拿扑净，配成 0.25%～0.30%水溶液喷洒，拿扑净用量 1.2～1.5 kg/hm² 可以达到 99% 防除效果，也可采用精稳杀得、烯草酮等除草剂按药品说明剂量进行禾本科杂草的防除；对双子叶杂草用二甲四氯，用量 1.0～1.2 kg/hm²，配成 0.2%～0.3%的水溶液喷施，使用二甲四氯应在亚麻高于 10 cm 时，用药不可过量；还可视田间双子叶杂草类型选用苯达松、辛酰溴苯腈等除草剂。一般亚麻田除草多采用拿扑净与二甲四氯复合配方，每 667 m² 用 20%拿扑净 75～100 mL 和 40%二甲四氯 50 g，兑水 40～50 L，防除效果好。上述药剂对亚麻安全，一次喷药可控制亚麻全生育期的杂草危害。

二、灌溉

亚麻一生需水较多，不同生育时期需水量不同。快速生长期至开花期耗水量最大，占全生育期总耗水量 75%～80%，需要有 90～120 mm 的降水才能满足需要。若此期供水不足，将导致产量的严重降低和品质的下降。而此时对于黑龙江省来说正处于 6 月中下旬，多数年份此期高温、少雨、干旱，植株蒸发量大，自然降水量不能满足亚麻对水分的需求。必须进行补水。因此，在快速生长期至开花期，如果干旱应及时灌水 1～2 次，灌水原则是浇透犁底层为宜。只有这样才能增加亚麻的工艺长度，减少毛麻，提高原茎产量和质量。

三、病虫害防治

(一)亚麻病害防治

1.亚麻炭疽病

(1)危害症状　亚麻炭疽病为害亚麻的幼苗、子叶、叶片、茎及蒴果。

①子叶。初生暗褐色病斑，逐渐扩大呈椭圆形、圆形、微有同心轮纹，其边缘色深，并稍有隆起，外缘有淡黄绿色的窄环，后期中央呈灰褐色，一直到子叶全部变褐后脱落，严重时整株小苗死亡。

②叶片及茎部。病斑小，水渍状，圆形，暗褐色，叶片病斑上有轮纹。

③蒴果。病斑褐色。湿度大时，可在病部产生许多橙红色点状黏质物，即病原菌分生孢子盘上聚集的大量分子孢子。

(2)侵染循环及影响发病的因素　病原以分生孢子盘或菌丝在病残体及种子上越冬。春天种子带菌先侵染幼苗，后在田间循环侵染，传播蔓延。阴湿条件下易流行。过量施入氮肥、种植密度大的连作田发病重。

(3)防治方法

①药剂拌种。播种前用种子重量 0.2%的 50%多菌灵可湿性粉剂，或 0.2%的 50%苯菌灵可湿性粉剂，或 0.2%的 80%炭疽福美可湿性粉剂拌种，或 0.2%的 60%多福混剂拌种。

②农业防治。合理轮作。雨后及时开沟排水。

③药剂防治。发病初期喷 50%苯菌灵可湿性粉剂 1 500 倍液，或 60%多福混剂 1 000 倍液，或 70%甲基硫菌灵可湿性粉剂 1 000 倍液，或 25%溴菌清可湿性粉剂 500 倍液。

2.亚麻立枯病

(1)危害症状　亚麻立枯病主要发生在苗期，为害茎基部。先在茎基部的一边出现淡黄色病斑，后变为红褐色，逐渐凹陷腐烂，严重时扩展到茎基部四周，病部缢缩，易从地表处折倒死亡。发病轻的亚麻植株，地上部不表现症状，只在地下茎或直根部位形成不规则褐色稍凹陷的病痕。条件适宜时，病部现褐色小菌核。

(2)侵染循环及影响发病的因素　亚麻立枯病病原以菌丝体及菌核在土壤中或植物残余组织上越冬。来年以菌丝体直接侵染幼苗。在病部又可产生菌丝进行再侵染。病菌在土壤中营腐生生活可达2～3年。

(3)防治方法

①种子处理。用种子重量0.5%的40%拌种双可湿性粉剂，或0.5%的20%稻脚青可湿性粉剂，或0.5%的50%退菌特可湿性粉剂，或0.5%的50%苯菌灵可湿性粉剂拌种。

②农业防治。与甘薯、禾谷类作物轮作3年以上，可大大减轻病害。施足基肥，适当晚播，减少幼苗出土时间，可有效减少发病。

③药剂防治。可在发病初期用70%甲基托布津800倍液，或50%福美双500倍液，或50%多菌灵500倍液隔5～7天喷施1次，连续2～3次。

3. 亚麻枯萎病

(1)危害症状　亚麻枯萎病在苗期至成株期均可发病。苗期染病幼茎萎蔫，叶片枯黄，根部变为灰褐色；成株染病病株矮小黄化，顶梢萎垂，病茎维管束变褐，严重的全株萎蔫枯死。湿度大时病部可见粉红色霉状物，即病原菌分生孢子梗和分生孢子。该病流行时危害严重。

(2)侵染循环及影响发病的因素　亚麻枯萎病病原以潜伏在种皮内的菌丝体和黏附在种子表面的孢子或在病残组织内、土壤中的菌丝体及厚垣孢子越冬，成为翌年初侵染源。早期病死株上的病原菌通过雨水或农事活动进行传播，从根系侵入危害。侵染适温为16～32℃，此时土壤湿度高，有利于病原菌侵入和扩展。生产上连作地发病重。

(3)防治方法

①选用抗病品种。选用黑亚6号、黑亚2号等抗枯萎病的品种。

②实行轮作。实行5年以上轮作。

③药剂防治。用种子重量0.2%的15%粉锈宁可湿性粉剂或0.3%～0.4%的25%多菌灵可湿性粉剂或0.2%的40%福美双粉剂拌种。

4. 亚麻锈病

(1)危害症状　亚麻锈病主要为害叶片、茎、花及蒴果，是亚麻重要病害。多发生在开花期前后。植株上部叶片现鲜黄色至橙黄色凸起的夏孢子堆，圆形；后期在下部叶片上产生不规则形黑褐色冬孢子堆。茎、花、蒴果染病也可形成夏孢子堆和冬孢子堆。

(2)侵染循环及影响发病的因素　亚麻锈病病原以种子上黏附的冬孢子及病残体上的冬孢子堆越冬。翌春条件适宜时，冬孢子萌发产生担孢子进行初侵染，以后病部产生的锈孢子和夏孢子通过风雨传播蔓延，进行再侵染。春季气温14～18℃及雨露有利于担孢子的形成，18～20℃利于锈孢子和夏孢子的侵染。多雨年份、亚麻田低洼潮湿、施用氮肥过多易发病；播种过晚、不抗病的品种发病重。

(3)防治方法

①选用抗病品种。选用早熟丰产抗病品种。

②农业防治。合理轮作，收获后及时处理病残体。适当早播。选择高燥地种植亚麻，低洼地注意排水。不要偏施、过施氮肥，适当增施磷、钾肥，提高抗病力。

③药剂防治。播种前用种子重量0.3%的20%萎锈灵可湿性粉剂拌种。发病初期喷洒20%三唑酮(粉锈宁)乳油2 000倍液或20%萎锈灵乳油或可湿性粉剂500倍液，或12.5%三

唑醇可湿性粉剂 1 500～2 000 倍液。隔 10 d 喷 1 次，连喷 2～3 次。

(二)亚麻虫害防治

跳甲是亚麻苗期常见的害虫。亚麻幼苗个体小，生长缓慢，易受跳甲危害。东北地区以亚麻蓝跳甲为优势种，危害最大。亚麻蓝跳甲是小型害虫，成虫体长 1.8～2.0 mm，呈蓝黑色或青铜色。该虫以成虫危害，在东北地区一年发生两代，以成虫在土缝中越冬。春季 4～5 月出土为害，亚麻幼苗的子叶、生长点均可受害，可引起死苗减产。发生密度大时，严重影响亚麻的保苗率。

防治方法：实行 4～5 年以上的合理轮作。常用的防治药剂有 2.5％溴氰菊酯乳油，或 10％氯氰菊酯乳油 1 500～3 000 倍液喷雾防治。

项目五　亚麻的收获与贮藏

一、收获时期

适期收获的亚麻才能有最高的产量、最佳的品质。如果收获过早，则纤维成熟度差，出麻率低，纤维强度低，亚麻茎叶子多，水分大，不好贮藏；如果收获过晚，则纤维成熟过度，纤维粗硬，脆弱，质量变差。只有在黄熟期(工艺成熟期)收获，才能收获到最高的亚麻产量和最佳的亚麻品质。

亚麻工艺成熟期的主要特征是亚麻田有 1/3 蒴果变黄褐色，1/3 的亚麻茎变为黄色，亚麻茎下部有 1/3 叶子脱落。在雨水较多的年份或施氮肥过多的地块，以及土壤水分较多的低洼地，亚麻虽然成熟，也不表现工艺成熟期的特征，反而亚麻茎浓绿，叶子不黄、不落，在这种特殊情况下，要根据亚麻从出苗到成熟的天数来确定收获期。当蒴果有 1/3 变黄褐色，生育期达到 75～80 d，就可进行收获。亚麻田达到成熟特征标准时，要组织好劳动力和机械力量，争取在 2～3 d 内收完。

二、收获方法

1. 人工收获

亚麻的人工拔麻要选晴天在露水消失后进行。拔麻时要把高矮麻拔净，把杂草挑净，把根部泥土摔净，把麻根墩齐。对整齐度差和成熟不一致的亚麻田应分期、分批、分次收拔。按照株高相差 10 cm 以内，原茎粗细度基本均匀的原则分出等级。用毛麻捆扎于根上部 20 cm 处。

2. 机械收获

亚麻收获机有牵引式及自走式两种。牵引式亚麻收获机没有动力装置，价格比较低。机械作业幅度 1.5 m，按照 8 h 工作制，每天可以收获 90～120 亩。在收麻前要先用人工拔出 1.5 m 宽的行车道。自走式亚麻机收获装置在机械的前部，不需要拔出行车道。目前使用的自走式亚麻收获机有两种类型，一种是作业幅度为 1.5 m 左右，拔下的亚麻铺成一行，每天可以收获 120～150 亩。一种是作业幅度为 3 m 左右的，拔下的亚麻铺成两行，每天可以收获 225～300 亩。其适于亚麻黄熟初期和黄熟期的拔收，秆端梳理脱果作业并将亚麻秆铺放在田间晾晒，其脱出的果实收集在跟随的拖车中。

三、亚麻的脱水和晾晒

亚麻植株的脱水大多采用自然风干法进行。亚麻收拔后应及时降低呼吸热，抑制亚麻植株呼吸作用，减少霉变，不能马上堆垛。在脱水晾晒中应确保亚麻茎落色正常和脱水均匀。收拔后若天气好可将 10～20 把亚麻把捆成伞形立于田间晾晒，也可先不扎把，散铺在田间晾晒，厚度以 5～10 株厚为宜。等脱水率达 75%～80%时再扎把于田间或于晾晒场等通风透光处堆垛，垛底用石头或者木架垫高 20 cm，再用秸秆铺 10 cm 厚，然后将亚麻把根对根、分枝向外码成垛，垛高 2 m，垛顶覆盖遮雨物。脱水晾晒中要勤翻动多检查减少损失。

模块小结

本模块学习了亚麻的分类、形态特征、生长发育过程及纤维形成、亚麻的生长发育对环境条件的要求，以及亚麻的播前准备、播种、田间管理、收获贮藏等方面的知识。通过对这些知识的学习，我们可以全面了解和掌握亚麻的生物学基础知识和栽培技术，在生产中可以因地制宜地应用于亚麻生产。

模块巩固

1. 亚麻栽培种可分为哪 3 种类型？每种类型有什么特点和用途？
2. 亚麻一生可划分为哪几个生育时期？每个时期的生长发育有何特点？
3. 种植亚麻前如何选地选茬？
4. 黑龙江省亚麻的公顷保苗数一般是多少？
5. 亚麻种子的播种深度一般是多少？
6. 如何判断亚麻的工艺成熟期？

参考文献

1. 于振文. 作物栽培学各论(北方本). 北京:中国农业出版社. 2003.

2. 李振陆. 作物栽培. 2 版. 北京:中国农业出版社. 2008.

3. 李振陆. 作物栽培. 3 版. 北京:中国农业出版社. 2016.

4. 秦越华. 农作物生产技术. 2 版. 北京:中国农业出版社. 2010.

5. 张亚龙,陈瑞修. 作物栽培技术. 北京:中国农业大学出版社. 2015.

6. 马新明,郭国侠. 农作物生产技术(北方本). 北京:高等教育出版社. 2005.

7. 霍志军. 经济作物生产技术. 北京:中国劳动和社会保障出版社. 2011.

8. 杨克军,李钟学. 作物栽培. 哈尔滨:黑龙江人民出版社. 2005.

9. 周国绵. 作物栽培学. 哈尔滨:黑龙江科学技术出版社. 1992.

10. 吴广文. 黑龙江省亚麻产业发展现状及对策研究. 中国农业科学院 2013 年硕士论文. 2013.

11. 郑殿升等. 高品质小杂粮作物品种及栽培. 北京:中国农业出版社. 2001.

12. 赵国磐,佟屏亚. 绿豆小豆栽培技术. 北京:金盾出版社. 1999.

13. 郑卓杰. 食用豆类栽培技术问答. 北京:中国农业出版社. 1998.

14. 王树安. 作物栽培学各论(北方本). 北京:中国农业出版社. 1999.

15. 山东省花生研究所. 花生栽培技术. 北京:中国农业出版社. 1982.

16. 宋志伟. 现代花生生产实用技术. 北京:中国农业科学技术出版社. 2011.

17. 王在序. 怎样种花生. 上海:上海科学技术出版社. 1983.

18. 山东农学院. 作物栽培学. 北京:中国农业出版社. 1983.

19. 河南省中牟农业学校. 作物栽培学. 北京:中国农业出版社. 1994.

20. 孙大容. 花生栽培. 北京:中国农业出版社. 1984.

21. 段碧华. 中国主要杂粮作物. 北京:中国农业科技出版社. 2013.

22. 刘玉波. 绿豆栽培技术要点. 现代农业研究,2016(12):21.

23. 刘海荣. 绿豆的栽培技术. 农民致富之友,2018(19):7.

24. 卢秉福. 甜菜制糖产业发展分析. 农学学报,2019(06):82-86.

25. 姚文秋. 现代甜菜产业技术. 北京:中国农业出版社. 2014.

26. 于立河. 经济作物栽培学. 长春:吉林科学技术出版社. 2000.